酷兒政治與台灣現代「性」

黃道明 著

香港大學出版社
中央大學出版中心

遠流

目錄

英文版致謝

這本書始於我在1996年到2001年間，於英國薩克斯大學所進行的博士論文，而書後面的三分之一則是在我現執教的國立中央大學所進行的研究。在這段漫長的時間裡，假如沒有老師、同事、朋友、家人與機構所撐起的支持網絡，我是絕無可能進行研究與寫作的。首先我要感謝我的博士論文指導教授Mandy Merck。是她的耐心和嚴謹的治學態度支持了我完成博士論文。而若非Chris Berry的熱忱與鼓勵，這本書是無法問世的。我由衷感謝他把這本書收進香港大學出版社的「酷兒亞洲」叢書裡。

特別要向中央大學英文系的性／別研究室致謝。我跟性／別研究室的關係可說是淵源流長，因為我還在博士生階段時就已經到性／別進行多次的研究。而我非常榮幸能自2007年起成為性／別研究團隊的一份子。在此感謝我在性／別與我共事的朋友：何春蕤、丁乃非、甯應斌（卡維波）、Amie Parry（白瑞梅）與謝莉莉。特別要向性／別研究室的召集人何春蕤致謝。打從大學時代當她學生起，何春蕤就一直是我的偶像，而在我加入團隊後，她更從不吝在研究和教學上幫助指引我。再來是要感謝丁乃非，謝謝她無止盡的慷慨以及無數關於酷兒生命的對話。無論是正式場合或私下閒聊，性／別的同仁都激勵了我的書寫。我也要感謝英文系這樣一個大家庭給我的全力支持，特別是在2010年秋季讓我減授一門課來完成書稿。感謝Steve Bradbury、郭章瑞、李振亞、梁美雅與曾安國在減授這件事上的支持。同時，我也要感謝性／別研究室助理蔡孟珊、沈慧婷、宋柏霖以及英文系系辦助理楊佳穎與葉淑惠，謝謝他們在行政、教學與研究上所給我的協助。另外，我先前的國科會助理李佳霖在書稿的準備過程中幫了不少忙，在此致謝。

我要向Petrus Liu, Lisa Rofel，特別是Fran Martin致謝，因為他們

對第四章稍早的版本都給了寶貴的意見。我分別要感謝Duke大學出版社以及Taylor & Francis Ltd (http://www.informaworld.com/) 准許我以修改過後的版本將以下的論文收錄於本書中。第四章 "From Glass Clique to Tongzhi Nation: Crystal Boys, Identity Formation and Politics of Sexual Shame" 曾出版於 *Positions: East Asia Cultures Critique*, 18.2 (Autumn 2010), pp. 373-398。第三章 "State Power, Prostitution and Sexual Order: Towards Genealogical Critique of 'Virtuous Custom'" 曾出版於 *Inter-Asia Cultural Studies* 5.2 (August 2004), pp. 237-262。 第五章 "Modernising Gender, Civilising Sex: State Feminism and Perverse Imagination" 曾以 "Modernising Gender, Civilising Sex: Perverse Imagery in the State Feminist Politics of Liu Yu-hsiu" 出版於 *Inter-Asia Cultural Studies* 8.4 (December 2007), pp. 540-558。

我也要向以下的朋友致謝：陳光興、Harriet Evans、Ian Lewis以及性別人權協會的王蘋、倪家珍、陳俞容。謝謝他們在寫書過程中所給我的鼓勵與協助。我的家人在這個過程中亦扮演了重要的角色。感激我的父母與妹妹的堅忍與付出，使得我能夠最後在家中經濟困難的狀態下完成博士學位。

在書的生產過程中還有些重要的人是我要表達謝意的。首先是Nick Downing，他幫我編輯與校對多次，也處理了索引的部分，他的專業深刻讓這本書讀來流暢。在香港大學出版社這邊，我謝謝社長Michael Duckworth以及本書的編輯劉曦與張煌昌，他們在過程中耐心地導引我。還要特別感謝本書的兩名匿名讀者。他們寶貴的建議讓我受益許多，特別是在改進整本書的論證和組織上。

這本書是獻給和我一起走過十三個年頭、一直在身旁挺我的T.B.。謝謝他所給我的照顧和實踐自由的空間。

中譯版致謝

中譯版得以問世，首先要謝謝香港大學出版社、中央大學出版中心以及遠流出版公司。特別感謝香港大學出版社社長Michael Duckworth、中央大學性／別研究室的何春蕤與助理蔡孟珊、中大出版中心的張翰璧主任與徐億君小姐以及遠流出版公司主編曾淑正。

我很幸運找到了四位極為優秀的譯者。蔡孟哲、賴麗芳、陳柏旭、張永靖都做出了令人激賞的翻譯，在此一併致謝。我的研究助理賴麗芳以及性／別研究室博士後研究員鄭聖勳在中文版的準備過程中幫忙許多，特別向他們致謝。每章的譯稿皆由我所校閱過，所以一切疏失由本人負責。除了第六章有增加些許註腳外，本書的中譯版大致與英文版相同。

本書的第四、五、六章各別以不同版本的形式發表於《台灣社會研究季刊》。第四章曾以〈從玻璃圈到同志國：認同型塑與羞恥的性／別政治──一個《孽子》的連結〉發表於《台灣社會研究季刊》，62期（2006年6月）：1-36。第五章曾以〈良家婦女的性變態想像：劉毓秀與台灣國家女性主義的文明教化〉發表於《台灣社會研究季刊》，75期（2009年9月）：45-83。第六章曾以〈哀悼無色青春：反娼女性主義之濫情政治與哀傷現代「性」〉發表於《台灣社會研究季刊》，85期（2011年12月）：5-50。

導論

> 文化認同來自於某處,是有歷史的。但是,就像每樣事物都是歷史的一樣,它們經歷持續的轉變。它屬於**歷史**、**文化**和**權力**的連續性「作用(play)」,而非固定於某種本質化的過往之中。
>
> ——史都華·霍爾(Stuart Hall)[1]

酷兒性相(Queer Sexuality):歷史、文化、權力

自1949年以來,台灣的男同性戀是如何形構於國族╱國家文化的空間之中?男同性戀的身體在什麼樣的正典情境裡以及性別和性相的規範體制(regulatory regimes of gender and sexuality)中被物質化?被召喚為男同性戀的個體,又是透過哪種論述方式,將自己接合成為一個慾望主體,並且從這個文化形勢裡作出反抗形式的政治?最後,在台灣做為一個酷兒意謂著什麼?《酷兒政治與台灣現代「性」》藉由著眼於酷兒性(queerness)和國族╱國家文化的交織區塊,企圖建構一個台灣性相的文化史與政治。

藉由導論,我首先將思考一段來自當代台灣的特殊敘事,本書所要檢視的重要議題與這段敘述所衍生出來的討論有關。這段敘事出自知名作家白先勇的小說《孽子》的開頭(出版於1983年,並於1990年翻成英文版 *Crystal Boy*)。除了它眾所周知被推舉為第一本關於男同志主題的現代中文小說之外[2],這本文學作品的重要性還顯現於作者的一段話裡。因為白先勇以其人道主義關懷著稱,所以他試圖在以

---

1 Hall 1990: 225,粗體字為我所加。

2 事實上,光泰的通俗小說《逃避婚姻的人》(1976)才是台灣第一本「同性戀」小說。在第一章的討論裡,我把這本通俗小說做為精神醫學論述的產物。

下這段訪談裡，把小說定位為主要是關心同性戀壓迫的問題：「《孽子》所寫的是**同性戀的人**，而不是**同性戀**，書中並沒有什麼同性戀的描寫，其中的人物是一群被壓迫的人。」[3] 在接下來的訪談裡，他強調這個有問題的壓迫有其文化特殊性：「（關於同性戀的再現）中國文學裡沒有可供參考的作品。然而，我堅持要從中國人的角度去看同性戀的問題，去寫一個中國人的世界。」[4]

《孽子》設定在1970年，由一名做為「被拋棄的」青少年以敘事者身分揭開序幕，從以下這段關於新公園的描述展開（新公園在1996年更名為「二二八紀念公園」，是中華民國在台灣的首都台北一處同志釣人的場所）：

> 在我們的王國裡，只有黑夜，沒有白天。天一亮，我們的王國便隱形起來了，因為這是一個極不合法的國度：我們沒有政府，沒有憲法，不被承認，不受尊重，我們有的只是一群烏合之眾的國民……[5]

白先勇所喚起的「白天／黑夜」意象——此二元的象徵對立是透過諸如「正當／不正當」、「揭露／祕密」、與「像樣／見不得人」等意義所展現出來的[6]——立即清楚顯示台灣同性戀的社會困境。更進一步來說，相對於當時主流的同性戀論述裡，男同志總是被對象化（objectified），而且總是被再現為他者的奇觀（spectacle of the other），這個段落的獨特性與重要性在於，台灣同性戀壓迫的問題以史無前例的方式被提出來而且引起了注意。令人印象深刻的是，受

---

3 白先勇，1995: 457，粗體字為我所加。這段訪談首刊於1988年7月的《花花公子》中文版，爾後重刊於白先勇，1995。
4 白先勇，1995: 462。
5 白先勇，1992: 3。
6 趙彥寧，1997a: 59。

壓迫者的處境以集體的方式發聲；它接合自一個第一人稱—複數—言說的主體位置，一個主體性認同的位址，一個被驅逐的敘事者所認同的「我們」。的確，就是這個毫不曖昧模糊的同性戀認同接合位置（articulatory position），使得《孽子》成為當代台灣男同性戀最重要的再現。也因為如此重要，小說的名字到了1980年代末，成了公共論述裡男同性戀的新意符（signifier）。

　　1990年代，台灣的同志運動開展之時，《孽子》累積了更多的象徵意義。1995年，當時市長是陳水扁（後來成為2000年到2008年的台灣總統）的台北市政府宣布著手進行一項都市重劃方案，名為「首都核心區規劃歷史保存計畫」。透過歷史記憶的重新改寫，這個方案打算驅逐中央政府行政特區的威權氛圍（此氛圍乃在《戒嚴法》之下所形成的），藉此體現陳水扁的競選口號要將台北轉型成一個「希望、快樂」的「市民城市」。新公園的歷史位址因為在總統府旁邊而被納入規劃之中，但是新公園做為台灣最出名的男同志釣人地點的歷史重要性，卻完全沒有被寫進計畫所要拼湊的集體記憶之中。[7] 為了抗議這種排他性的市政工程，一群以當時正在大學校園發展的女男同志社團學生為主體的運動者，以「同志空間行動陣線」（簡稱「同陣」）為名組織起來。令人深思的是，這場政治抗爭的過程中，當性公民（sexual citizenship）的概念首次在台灣的公領域被喊出來時，《孽子》被部署成了一個接合的媒介（medium of articulation），而且被高度政治化。[8]《孽子》不只被宣示成為一部男同志歷史的書寫，其描寫1970年代以新公園為基地的男同性戀地下文化；它也成為一個身分認同的位址，其自我選擇命名「同志」來指稱一種同性戀意識的新模式。在一封叫做「同志尋找同志」的連署書裡，「同陣」特別引述小說裡的以下這一段話，藉由對1970年代「悲情」筆調的改寫，以突顯

---

7 以新公園做為一個同志空間的民族誌研究，見賴正哲，2005。

8 關於這個事件的簡要記錄，見謝佩娟，1999；Martin 2003: 73-101。

出1990年代台灣同性戀的社會困境：

> 在同志的王國裡，不再害怕白天，不再被迫隱形，因為這不再
> 是一個不合法的國度：
> 我們擁有政府的資源合理分配，
> 我們擁有法律的充分保障，
> 我們被眾人承認和祝福，
> 我們被歷史尊重和書寫……[9]

《孽子》的再度表意化（resignification）——從1980年代第一個處理同性戀壓迫問題及其文化特殊性的文本，到一個1990年代新興「同志」運動形塑政治認同的文本——指向了一個在當代台灣關於性身分打造的歷史與表意過程。在此，在這裡我們可以分別對白先勇的敘事本身、及其在同志運動裡所被賦予的新政治意涵，提出兩組關於認同形塑的問題。首先，白先勇的敘事所展演的「我們」是如何被建構的？假若這個社群／共同體總是「被想像出來的」，那麼在那個特定的社會裡，想像一個既「不合法」而且又不「被尊重」的社群到底意謂著什麼？[10] 進一步來說，在台灣法律從未明文禁止同性戀的情況下，這樣的禁制感從何而來？那個自貶自抑的羞恥感，是如何結構、並運作於本地文化？最後，如果說國族—國家本身是一個想像的共同體，其在後殖民世界裡以異質而非同質時間被敘事化，那我們該如何定位這種與既定國族—國家的論述空間有所關聯的文化想像？[11]

第二組提問在於，作為宣達同志主體的「我們」和《孽子》裡無以名之的「我們」到底有何歧異？這兩個「我們」的連結，在什麼程

---

9 同志空間行動陣線，1996。幾年之後，在台灣戒嚴後的第一次民選總統時，這份連署書也成為當時反對黨總統候選人彭明敏（其鼓吹台灣獨立）所背書的政治文宣。

10 我在此所提及的「想像的共同體」的概念來自Anderson 1991。

11 Chatterjee 2004: 4-8.

度上是建立在過去和現在全然的歷史斷裂，抑或是侷限的歷史連續體上？更進一步來問，想像同志公民權與當下性與社會秩序關係的重要關鍵是什麼？如果說採用「同志」這個新身分認同標識著一種對於同性戀壓迫過往的集體拒絕，那麼在什麼程度上，要求社會認可的呼聲卻無法挑戰那個原初生產並裁定了「我們」的既存社會常規？最後但尤其重要的是，做為被治理的「我們」如何在這樣的地理政治場域裡，重新想像描繪出一種進步的性政治？[12]

　　本書著手切入於這兩組提問，以《孽子》做為一個接合的媒介，來建構一項台灣男同性戀的歷史與政治。提及「接合」這個概念，我採用的是史都華・霍爾對於接合理論與政治的倡議，如以下這段來自霍爾及其同僚的解釋：

> 提及「接合」，我們指的是把各種不同的異質元素連結起來，以形成一個暫時性的整體（a temporary unity）的過程。因此「接合」指的就是在某些特定的情況之下，能夠讓二種或更多差異或獨特的元素結合為一的連結形式。它是一條並非總是必要、有決定性，抑或絕對且本質的鏈結；相反的，這條鏈結的存在或浮現的各種情境狀態，需要被置放在不同的環境機遇性（the contingencies of circumstance）之中。[13]

　　霍爾強調「暫時性的整體」的機遇性（此結合體是在某些既定的情況之下、由文化實踐者從不同的元素中所組合而成的），他的接合實踐（praxis of articulation）提供了一套方法，當進行策略和及時的政治介入時，這套方法使文化在其複雜的確切處境裡有所意義。因此，藉由描繪這兩組提問所造就的文化想像，也就是說，藉由闡釋分別在

---

12 我在此對於這個新身分認同「同志」的問題化，相當受惠於朱帝斯・巴特勒（Judith Butler）批判「女人」做為女性主義的穩固主體。見Butler 1990。

13 du Gay et al. 1997: 3.

《孽子》裡被再現以及**透過**《孽子》而形塑的兩種同性戀意識模式，本書進一步連結它們，以勾勒出一條認同形構的軌跡。這個「暫時性的整體」不可避免地由一項迫切的系譜學提問所形成（此提問構成本書的核心問題意識）：亦即，對彼時正在發展中的「同志」運動而言，在賣淫仍是非法的國家裡，挪用一本關於男同性戀賣淫的小說的意義為何，特別是當時正處於1990年代台灣反娼主流女性主義強勢崛起的歷史時刻？

　　做為酷兒文化研究，本書有著雙重目標：一方面想要解釋再現於《孽子》裡那種男同性戀的特殊性，另一方面則是進一步探尋前述《孽子》政治「時刻」之中所展開的性別與性相政治。本計畫採用局勢分析（conjunctural analysis）和系譜學調查（genealogical investigation）的方法論取徑，來檢視台灣國家文化和各種性相的生產。提及局勢分析，我指的是史都華・霍爾以葛蘭西式（Gramscian）的理解，把認同形構視為一種文化產物，其構成總是「在特定的國族社會裡，特屬於一個特殊的歷史階段」。因此，局勢分析將認同形構的問題與其政治置放於「任何特定於歷史社會的實踐、再現、語言以及習俗之實質場域」[14]。尤其是，它把認同形構的問題與霸權的運作放在一起來看，將之理解為一段持續進行的歷史／政治過程，據此過程「特定的社會團體以各種不同的方式來鬥爭（包括以意識形態的方式），以贏得其他團體的同意，並且同時在思想與實踐方面佔據一種凌駕於它們之上的支配地位」[15]。至於系譜學調查，我則是沿用了傅柯（Michel Foucault）對於生命權力（bio-power）的分析以及此權力的操作，其操作乃透過各式各樣肯定生命（life-affirming）的現代技藝而來，例如國家的人口政策和各種專業化的專家知識。對於傅柯來說，性相是權力藉以運轉的渠道，它透過那些技藝在不同領域裡被部

---

14 Hall 1992 (1980): 15-47.
15 Hall 1996: 441-440.

署。是性相的布局造就了性作為想像理想（imaginary ideal）這樣一個概念，也是賦與它引人遐想的表意力量。[16] 我特別援用了朱帝斯・巴特勒（Judith Butler）對於性、性別及慾望的傅柯式批判，其「拒絕探尋性別的起源、女性慾望的內在真相，以及壓抑所遮蔽的純正性認同；相反地，系譜學著手調查政治利害關係（political stakes），發現標誌為**起源**（origin）和原因（cause）的身分類屬，事實上都是制度、實踐與論述的**效應**（effect），而它們有著多樣且分散的起源點。」[17] 巴特勒沒有把再現政治或認同政治的主體視為理所當然，反而仔細檢查性的正規權力及其作為一種規範性的理想的作用，是如何透過社會成規的反覆運作而驅動了身體的物質化過程（materialisation of the body）。[18] 的確，她的主體化過程理論，讓本書能夠探問：各種性別化的性主體（gendered sexual subjectivities），是在什麼樣的正典規範限制與情境底下被生產出來的，也能進一步探查那些在特定歷史脈絡裡，總是伴隨著管制生產（regulatory production）一起發生的社會排除（social exclusion）。

《酷兒政治與台灣現代「性」》將再現：主體性座落於國族文化與國家女性主義所建立的正規脈絡之中，刻畫了各種性別化的性主體（無論是主流或抵抗的）其複雜且多樣的輪廓樣態。在此同時，藉由基進地把這些脈絡加以歷史化，本書也同樣以自折（self-reflexive）的方式，對早先生產出這些性別認同與性身分的那個特定的文化提出批判。特別的是，將《孽子》脈絡化與再脈絡化的過程用以檢視台灣現代「性」（sexual modernity）之形構，將其理解為國族打造／國家再造過程的重要面向。透過仔細地分析廣泛的第一手材料（包括了從1950年代到現在關於媒體、官方、文學、知識份子和女性主義的性論述），提出了一個台灣過去五十年來關於性相部署的歷史論證。本書

---

16 Foucault 1990 (1976).

17 Butler 1990: viii-ix.

18 Butler 1993.

指出男同性戀作為社會排除的建構、釐清，性相如何經由國家對賣淫的禁制而被部署起來，也進一步顯示這樣的性相部署如何造就了當代台灣主流性道德秩序（moral-sexual order），而那個性道德秩序，是由國家以及從1990年代開始的反娼國家女性主義所聯手頒訂的。本書將論證，各種非婚姻的性相（non-marital sexualities）臣服屈從於高尚的光輝真理之中，而此真理的論述生產體制已經從冷戰時期國族主義所高舉的文化道德，轉變成近年來的性別主流化治理。藉由《孽子》的接合以追蹤認同形構過程的軌跡，本書強調賣淫在現代「性」形構裡的核心地位，並且提出一項酷兒政治學，挑戰著台灣當前被國家所鼓舞的異性戀正典規範（heteronormativity）。

在確認完本書的問題意識之後，我將在導論後面的段落裡，簡述本書在歷史、方法論以及理論上的架構。跟隨霍爾對於文化認同極具影響力的提問（即導論一開始的那段引文），我將酷兒性在台灣的問題當成一個辯證過程來處理，其屬於「**歷史、文化和權力**的連續性『**作用**』」。我詳細說明本研究所處的「環境機遇性」，進一步描繪目前台灣酷兒生活的迫切性如何推動了本書的批判計畫。[19] 因此，除了注意有關台灣特質（Taiwaneseness）的性相地理政治學（geopolitics of sexuality），我將解釋為何本計畫要從男同性戀的歷史化來展開，而且演繹成為對台灣主流女性主義的批判。換句話說，以下小節將要刻畫一項這個酷兒計畫所倚賴的接合政治。

性相與文化的地理政治學

本書立基於目前亞洲酷兒學科研究所倚賴的一個重要前提。[20] 亦即，當強調流動知識的跨國匯流之重要性時（此知識形塑著各種新的

---

19 du Gay et al. 1997: 3.

20 關於這個新的學科研究，見Martin 2003，Jackson and Sullivan 2001，Berry et al. 2003，Martin et al. 2008，Leung 2008。

性文化與性主體），這個新的學科研究，在本著重視自身混雜性與鑲嵌於歷史之地方特殊性（particularity of the local）的同時，也挑戰了西方的性帝國主義（sexual imperialism）之普同性。而就本書來說，與性相地理政治學最有政治利害關係的，莫過於傅柯式的性相歷史學物種觀是如何被挪用來建構現代「中國」同性戀。

傅柯著名的歷史論證提到，現代同性戀的出現而成為新「物種」（species），是他稱做「變態的根植（perverse implantation）」的結果，其發生於十九世紀後期歐洲醫療／精神科學的新論述體制之下。此說對於以下的提問來說一直是重要的：「變態的根植」在現代化過程裡是如何在中國（或在中國的離散）成形，而且產生什麼影響。[21] 重要的是，傅柯策略地運用性行為及性身分的二元論來強調現代性相的組織乃是新形式建制權力之論述效應。值得注意的是，此認識論的移轉經由前述二元論的傳達，造成了某些關於中國現代「性」過於化約且憂鬱的敘述。在其中值得注意的是韓獻博（Bret Hinsch）對於古代中國男同性戀傳統的建構，此建構明白地奠基於性行為的流動而非本質或固定的身分。韓獻博哀悼在西方醫療科學的霸權之下，那個「寬容的」「中國同性戀傳統」的失落（loss）[22]，而許多批評者已指出他的這種文化本質主義被一種懷舊的殖民幻想（colonial fantasy）所驅動，因而在一個早已無法磨滅的西化世界裡發生了穩固東方—西方二元論的作用。例如，馬嘉蘭（Fran Martin）就已明確指出韓獻博的憂鬱控訴（melancholic accusation），因為他責難當代中國同志模仿西方都會同志認同及生活方式而不夠「中國」。[23] 相對地，晚近作品如桑梓蘭（Deborah Tze-Lan Sang）與康文慶（Wenqing Kang）的專書，

---

21 在《性相史》（*History of Sexuality*）第一卷裡，傅柯認為：「當同性戀從雞姦的實踐移轉到某種內在的中性特質（androgyny）、一種靈魂的雌雄同體（hermaphrodism）時，同性戀便顯示為性相的一種形式。過去雞姦者是一種暫時性的偏差，而現在同性戀則是個物種。」（Foucault 1990 (1976): 43-44）。

22 Hinsch 1992.

23 劉人鵬與丁乃非（Liu and Ding 2005: 38-39）也有類似的論點，她們精彩地批判許多在中國研究／漢學領域裡從事性別與性相研究的學者採取自我東方化的傾向。

則細緻地描述了在二十世紀前葉中國現代化的過程裡，從性學分類「同性戀」翻譯而來的辭彙**同性戀**或**同性戀愛**，是如何經由既有的論述管道被接合進來的。桑和康皆指出中國知識份子和翻譯家透過愛與性的相競論述以挪用西方性學論述時的能動性，以不同的軌跡來說明同性情慾在民國時期如何逐漸地被汙名化。桑梓蘭在《乍現的女同志：女子同性情慾在現代中國》（*The Emerging Lesbian: Female Same-Sex Desire in Modern China*）裡說明，由於民國時期「浪漫愛／自由戀愛」的意識形態使然，同性戀被接合成為**同性愛**（same-sex love），而她也因此提出了一個些許去性化的陳述。康文慶則在《癖：中國男同性關係（1900-1950）》（*Obsessions: Male Same-Sex Relations in China, 1900-1950*）更加仔細地探尋**同性戀**一詞是如何在一種被認為是平等主義的脈絡之中，與在地男男同性關係的中文辭彙（而這些用語皆有階級和性別階序的歷史印記）產生了種種不同的表意，並顯示出男同性戀陰柔化的建構深刻鑲嵌在國族打造過程之中，且被半殖民現代性（semi-colonial modernity）所制約。[24]

在這裡，我們必須提出一個伊芙・賽菊蔻（Eve Sedgwick）曾發出的尖銳提問，亦即，到底「在**誰**的生命裡，同性戀／異性戀的定義是個一直都很重要且艱難的議題？」[25] 這個提問主張要強調「同性戀」的現代定義不斷從賽菊蔻稱之為「常群化的觀點」（行為）和「殊群化的觀點」（身分）的交疊裂隙中湧現出來。對賽菊蔻而言，對於一個反恐同的文化詰問來說，無論是在二者中取其一或兩者都棄之不用，都將會「遮蔽性身分現在的處境」。[26] 是這個前提讓我去探究「變態的根植」在台灣脈絡裡的生成。因此，我將分別在第一章和第二章指出同性戀如何透過心理學論述被部署，以及同性戀如何被接合到標明著偏差的性別表現和性行為的本土詞彙或蔑稱之中；而在第

---

24 Sang 2003: 99-126，Kang 2009.
25 Sedgwick 1990: 40，粗體字為我所加。
26 Sedgwick 1990: 44.

五章，我將進一步檢視某些性行為和身分如何在主流女性主義政治所豎立之正規脈絡裡，被生產成為性變態。因此，本書在任何方面都不同意那種將行為／身分對立化約的文化本質主義。文化不是用來表示價值或理想的一種穩固參照觀點，而是如同文化研究所強調的，應該被理解為一個論述建構的位址，它被針對不同政治目的進行意義爭戰的敘事結構所交織而成。在此，由霍爾所提出的一組問題，對思考組成一個既定文化的排序力量（ordering force）深具啟發性：

> 一個主宰文化秩序「受到偏好」所憑藉的過程是什麼？誰偏好這個秩序而不愛那個？一個社會形構裡的特定文化排序對其他階序化社會配置的效應為何？在特定的社會形構裡，這個受偏好的文化秩序如何協助維持「**特定形式的生命**」？社會如何且為何變得在文化上「結構於」宰制？[27]

惟有這般地理解文化，我們才能夠為那些被召喚為「同性戀」的人以及關於她／他們此刻在台灣所面對的歷史環境，做出有意義的探問。

　　台灣的酷兒政治學者劉人鵬與丁乃非在中文語境裡，觸碰到了霍爾關於文化秩序的提問。在她們具影響力的論文〈含蓄美學與酷兒政略〉（1998年首度以中文發表）裡，劉和丁對香港學院作家周華山（在港台出版了許多酷兒研究的書籍）關於中國社會面對同性戀時心胸較為開闊的說法提出質疑。周華山附和韓獻博關於中國文化和中國男同性戀的東方主義觀點，在《後殖民同志》（1997）裡，他認為雖然有西方進口的恐同，中國文化大致上仍對同性戀較為寬容，主要是因為它靠和諧這個傳統資產所組織（也因此認為對酷兒施行的肢體暴力在中國文化裡比較少見）。在這個寬容的傳統裡，他進一步提出一種在華語社會裡男女同志「現身」（coming out）的「中式」範例，

---

27 Hall 1992 (1980): 27，粗體字為我所加。

而不是西式的：「非對抗式的」、「非宣言式的」及「不以性為中心的」。[28] 劉和丁挑戰了周的說法，她們指出一種特定的「中式」恐同，其主要透過寬容的修辭來運作，可以回溯到「含蓄詩學」的儒家美學—倫理—政治傳統，而周則毫無保留地頌揚這種歷史修辭。在論及傅柯所提默言是秩序的多重效應、由一個既定的論述領域／生產所組成的說法時，劉和丁也引用了台灣學者蔡英俊研究中國古典文學思想中的含蓄詩學。蔡認為含蓄是一種表詞達意的獨特形式，在其中主體的情感或意向透過各種詩風而被間接地傳達出來。最重要的是，這種溝通要能運作的話，含蓄的接合邏輯必定得依賴某種未言而明的社會共識，而此其中發言者所部署的間接性表達就被賦予意義而符碼化了。由於儒家成為古代中國裡的國家哲學，含蓄的接合就被那維繫著既定社會秩序的「自律」與「守己」所部署。劉和丁說：

> 守己與自律長久成為維繫既定秩序的機制。在這樣的脈絡下，「自律」與「守己」也就不單是個人內蘊「對待自己」的問題，而是與「社會—家庭」與「個人—政治」關係、以及政治社會要求等等有關「對於別人」該如何表現的問題了。配合既定秩序者，在正式空間扮演好妥貼合宜的角色，通常要在自律方面更加實踐含蓄。行動與言語上不安分守己而逸軌者，通常被要求含蓄自律。「賦詩言志」其實是一種在政治或公領域的遊戲規則中，將遊戲規則與個人內在的忠誠連結；而含蓄委婉間接性的表達方式，如果又成為一種約制力，假設共享某個空間的一群人都只有一心，那麼，秩序就可以用一種不需明說的含蓄力道，使得秩序中心之外的個體，喪失生存或活躍的可能。我們認為，這種向心性的強制規訓與保守力，其作用於魅

---

28 周華山，引自劉人鵬、丁乃非，2007: 4。

劉和丁釐清這個主流的、前現代的文化力道的具體物質化過程，以及在例如「文化中國（Cultural China）」或「跨國中國（Trans-national China）」之中它的現代樣貌，這仍然是一個需要被研究的重要歷史問題。[30] 透過深入地閱讀杜修蘭的《逆女》（一本台灣1990年代獲獎的女同志大眾小說），劉和丁顯示含蓄美學，做為一種精緻且有力的文化力道，是如何偽裝成「寬容」、「同情」和「愛」而交織進日常生活語言之中；而且它那不亞於身體暴力傷害程度的象徵暴力，又是如何以一種修辭比喻來操作，其經由帶著階級印記的性別與性相被再現於當代的台灣。因此，對劉和丁來說，周的「中式」現身範例於是與主流秩序對性相的規訓深刻地共謀，其規訓主要是透過秩序化了的靜默情境。因此，它不僅沒有挑戰那個女男同志做為社會賤斥（其在最好時被保護和最壞時被懲罰）的既定正典化政體，也進一步鞏固了那個把受壓迫者緊捆在主流社會情操的一種「一心」向心性力道。最重要的是，在紀錄了「一心」的情感面向，劉和丁對於含蓄美學的批判強烈暗示了情感結構的抵抗模式，其關乎了酷兒的存活。[31]

　　本書延續劉和丁對於「中國」同性戀的反本質主義批判，藉由刻畫台灣那個「一心」的特定輪廓，強調她們所提出關於文化秩序與酷

---

29 劉人鵬、丁乃非，2007: 11，粗體字為我所加。

30 「文化中國」這個在1991年由新儒家學者杜維明（Tu Wei-ming）所介紹的詞彙，盛行於1990年代。它指的是由各個中華民族社群所繼承的文化世界，這些社群位於不同地理空間的內部與外部，諸如中國大陸、台灣、香港和新加坡；同時也被其他非中華民族認同的知識份子所繼承，他們與這個特殊的文化密切地互動（Tu 1991）。批評家如陳奕麟（Allen Chun）（1999: 117）和陳光興（Kuan-hsing Chen）（1998: 15-19）曾指出這個詞彙被視為一項回應西方文化帝國主義的新文化認同，其實重蹈且拓展了它所要對抗的那個帝國主義者實踐的邏輯。楊美惠（Mayfair Yang）（1999: 7）在一本論及中國社會女性公共文化的文集裡介紹「跨國中國」這個詞彙，用以指出中國文化的地理擴張，其穿越了中國、香港和台灣的邊界。

31 相似的是，美國酷兒藝術家／愛滋行動者葛鮑格·波德維茲（Gregg Bordowitz）引用雷蒙·威廉斯（Raymond Williams）的「情感結構（structures of feeling）」概念，強調酷兒的情感結構乃透過支配而辯證地被生產出來，並提出酷兒做為「一個經由反抗異性戀歧視社會所打造而成的存在的接合（an articulation of presence）」。見Bordowitz 2004: 49。關於「情感結構」概念，見Williams 1985: 132。

兒性生產的重要問題。因此，當突顯出建制性力道的時候——此力道是藉由「一心」做為一個主流的情感結構，在台灣國族—國家文化的空間之中，以性道德秩序的形式被物質化和被穩固住——本書也試圖努力形塑那個正在進行中的酷兒抵抗，其挑戰著異性戀正典規範生活方式。現在，讓我概略描繪這個酷兒計畫所正要介入的台灣政體。

性相、同性戀與台灣國族—國家

本書著重國家權力在台灣性別與性相的建構裡所扮演的關鍵角色。這個分析焦點是由台灣過去五十年來的發展所形成，其發展被冷戰的地理政治學所高度制約。南韓學者曹喜昖（Cho Hee-yeon）描繪出戰後南韓國族—國家做為「威權主義的、發展主義的、國家主義的和反共產主義的」，這些特徵也相當切合地適用於描述台灣，因為兩者在冷戰期間都以類似的方式被結構定位。[32]

在1894-1895年中日戰爭之後，台灣被滿清帝國割讓給日本，成為日本第一個海外殖民地。在佔領台灣的五十年期間，日本帝國實行殖民統治，其特徵為：即刻以殘忍的軍國主義方式來鎮壓反殖民起義，同時也以文化同化及皇民化（imperialise）殖民主體的努力來維持靖綏招安。因此，這個殖民政體以經濟剝削的方式對島嶼進行一項現代化計畫，此計畫深刻地改變了台灣社會，使其經歷急速的工業化及都市化。而重要的是，這個殖民現代性生產出一種深刻的矛盾感，作用在某些殖民主體身上：她／他們厭惡殖民地化（colonisation）、卻慾望此過程所帶來的紀律化繁榮及嚴控式文明。[33] 1945年第二次世界大戰日本戰敗，台灣歸還給中國大陸，當本省台灣人發現她／他們面對著腐敗的中國國民黨（簡稱國民黨）時，這個殖民矛盾感很快地

---

32 Cho 2000: 408.
33 關於日本殖民主義及其文化認同的建構，見Ching 2001。

轉變為對日殖時期生活方式的鄉愁。而因為大陸戰後的重建剝削了本地資源所導致台灣經濟嚴重衰退，導致新來的大陸統治者與本省台灣人之間的衝突很快地變得激烈起來。1947年2月28日，這個對政府不滿的妒恨情緒後來演變為一場在台北發生的暴動，被稱為「二二八暴動」；在此事件中超過一萬名本省台灣人遭到國民政府的處決。在後來的三十年裡，國民黨政府不只明確地拒絕為大屠殺負責，而且只要提到它就是政治禁忌。1949年，當時毛澤東的中國共產黨在內戰裡取得對中國的掌控，超過一百五十萬名大陸難民隨著蔣介石的國民政府來台，這個介於大陸人和本省台灣人之間的省籍區隔進一步地加深。隨後的幾十年，國民黨政府對本土族群的壓制生產了一個族群階序：大陸漢人在上層、台灣漢人在中間和被汙名化為「山地人」的原住民在底層。

在1949年，蔣介石承諾會光復大陸，於是將台北設為暫時的首都，並且在美國的戰略背書之下將台灣轉變成為一個「復興基地」。同年，蔣持續進行戡反共匪叛亂的「聖戰」以確定其政治的穩固，在《戒嚴法》之下頒布了名為《動員戡亂時期臨時條款》的命令。在此命令之下，蔣於是獨裁統治了二十五年，儘管他宣稱相對於毛澤東政權他是擁護民主的。在依據國民黨右翼反共正統性所執行的嚴厲檢查制度之下，由《憲法》（於1946年生效實施到民國時間結束）所保障的公民權利如言論自由、公共集會和組織政黨，都被高度地限制甚至禁止。政治與社會的自由進一步被威權政體以特殊軍事祕密組織的設置所侵犯——此組織就是惡名昭彰的台灣警備總司令部——並用來鎮壓政治異議和本土台灣意識。整個1950年代被稱為「白色恐怖時期」，估計至少三萬名本省台灣人（多數為專業的、地主的和知識份子階級）因為政治立場的對立而被監禁或被祕密處決。

從1950年到1965年在美國援助的庇護之下，蔣式政權發布進行發展「復興基地」的經濟命令。因此，台灣在1950年代成功實施農地改革之後（此改革大大地促進了資本的流動），從1950年代晚期開始進

行另一個快速的工業化過程：發展出口導向的經濟。在1970年代，這個奠基於中小企業的巨大經濟成長讓台灣享譽於國際，成為「世界工廠」。但是，伴隨著這種發展主義模式的是受到蔣式管理所傳布的保守文化國族主義。蔣式政權宣稱這個「真實的」中國就處在這個過去曾被殖民的小島上，為了維持這個宣稱，他必須藉著重新確認其島民就是中國的主體，來清除日本的影響。此國族打造的方案最顯而易見的就是強迫採用北京話做為國家語言。日語被禁止出現在大眾媒體裡面，而台灣方言如閩南語和客語（被本土漢人多數的人口所使用，這些人來自中國東南方的福建省）以及原住民語在公共生活的使用也被嚴格限制。北京話就被國民黨政府有效地加以工具化，成為中華民國國家意識和中華文化認同的灌輸工具。

陳奕麟在他的論文〈從國族主義到國族化：戰後台灣的文化想像和國家形構〉裡，研究國民黨進行國族打造的霸權過程，乃以強化中華文化認同的方式來完成。對於陳來說，戰後台灣中華文化的國族化過程乃是現代國族國家形構的典型。自從中華民國的建立開始，藉由反覆灌輸「橫向團結」、堅守反對西方帝國主義及它所吸收的各種物質文化的儒家倫理道德，以鞏固國家意識的界限，一直是國族主義者的任務。在戰後台灣的例子裡，這項任務在毛的共產政權威脅之下，對國民黨自身的生存來說是迫在眉睫的。然而，如同陳所認為的，國民黨政府想要復興傳統中華文化的企圖，與其說是回歸那個不可挽回的過去，不如說是一項往前看的政治發明，例如在1960年代中期蔣介石為了反制文化大革命所發起的中華文化復興運動：

> [國民黨]政府實際上在創造文化時（藉建構傳統、族群、倫理哲學和道德心理的論述），是一個主動的角色（做為作者）。它也透過「正典化」機制如學校、媒體、家庭和軍隊來反覆灌輸這些重建過的傳統概念（做為文化），以建構紀律化的生活方式與儀式化的行為樣態，而它們能兼容於國家的基礎精神特

質。[34]

陳也顯示「中國性（Chinese-ness）」（其依賴於儒家倫理觀的自我修養）以學校灌輸的多種方式，來打造中華民族／文化認同。諷刺的是，蔣雖然極力清除日本殖民對台灣的影響，但是他卻必須倚靠那個控制的規訓機制，而這個機制已然由日本現代性銘刻於民國時期的中國和殖民時代的台灣之上。

在1950年代早期，流亡的蔣式政府因為從美國那邊獲得大量的經濟援助與軍事支持，所以能夠抵擋來自中國大陸的侵襲。1954年《共同防禦條約》的簽訂進一步穩固美國與台灣之間的連繫，其所帶來的影響就是在島上建了二座美軍基地。由於美國扮演台灣最大後台撐腰的重要角色，傾美／親美的意識形態因此在冷戰期間遍及全台。隨著越戰爆發，美國大兵大量地流至本島的「官兵度假中心（Rest and Relaxation）」，美國的存在對於台灣而言越來越明顯。國民黨政府為了調節美國政府的需求，不僅放寬對於舞廳的嚴格管制，也在台北設立第一家官方的性病防治所。[35] 在此期間，美國流行文化也深刻地影響當時新興的青少年文化，美式文化產物例如電影、風尚和音樂，以「美國夢」銷售到台灣。

1975年隨著蔣介石的去世，蔣經國繼承父親成為這個一黨獨大制國家的領袖。然而，具專制與反共特徵的蔣經國政權卻做了朝向所謂「本土化」的重要決定，其使得更多的台籍本省精英能夠進入以往一直由大陸人所獨佔的政府單位。但是這個一黨獨大的政權逐漸面臨富有活力的反抗，結果演變成1980年代一段活躍的民主化過程。政治異議者援用「人民權利」對國民黨獨裁專制的挑戰，開始獲取公眾支持，結果就在1987年《戒嚴法》廢止前的稍早，這個地下政治運動導

---

34 Chun 1994: 54，粗體字為我所加。
35 關於這段社會史的非學術描述，見柯瑞明，1991。

向民主進步黨（簡稱民進黨）——台灣第一個反對黨——的成立。

1988年蔣經國去世，李登輝繼任為第一位台籍本省閩南人總統，在面對後冷戰年代中國進入全球經濟之下，他開始進行國族意識重建的工作。在李對於國家重構計畫之中最核心的是，他提議組成四大族群的「生命共同體」。如同甯應斌曾指出的，這個分類化過程的仲裁必須建立在父系體制特權的前提之上，這種虛偽實體的意識形態建構乃是李所要創造一個台灣國族認同的託辭，此認同要超越且對抗過去在「蔣家王朝」底下所建構的那種認同，並在此過程中深刻塑造它那種以閩南人為中心的文化議程。[36] 重要的是，在2000年，當前任台北市長（1994-1998年）陳水扁代表民進黨打敗了分裂的國民黨，贏得總統選舉，於是這個以族群為基礎的意識形態在政權轉移之後，就開始主導了民選政治。陳氏政府認為自己把「本土的」台灣人從國民黨五十年來的專制統治給救贖出來，它在執政的八年來無情地剝削兩種東西以進行國族打造計畫：剝削族群緊張、操弄冷戰時期形成的「省籍情結」。[37] 陳氏政權在「（公開表示你）愛台灣」（這裡的意思暗指要恨中國）的愛國修辭底下，實行一種民粹式的民主，其絕大程度繼承了吸收於1990年代早期蓬勃發展的社會運動裡，從中所噴發出的反獨裁專制的社會力。同時，民進黨政權表面上擁護「人權」的自由價值，卻同時行使國家權力徹底地排除底層主體例如性工作者和東南亞移工，來維繫其國族身體的中產階級理想樣型。陳光興引用弗朗茲·法農（Franz Fanon）與阿席斯·南地（Ashis Nandy）並有力地指出，去殖民化的提問不能夠被化約為國族主義對於獨立的奮鬥努力，他主張去殖民化應該被理解為一項持續不斷的政治計畫，而必須強調所有的壓迫形式，並且特別去注意國族—國家在追求主權時所操作和正當化的壓迫形式。[38] 悲慘的是，民進黨所滋養的台灣國族主義後來

---

36 見何春蕤等，2005: 17。關於台灣國族主義，見Chen (Kuan-hsing) 2000，Jiang 1998，Taiwaner 1996。

37 Chen 2002a; 2002b.

38 陳光興，1995。

變成一項國家主義計畫，持續對階級、性別、性相、族群及種族的跨界區隔進行內部殖民。

　　1990年代台灣「同志」運動的發端即可被視為一項集中於性相問題的去殖民計畫。台灣的制度性恐同狀況從那時候開始被女男同志運動所挑戰。1993年在女男同志運動者對國會遊說把同志權利納入《反歧視法》草案失敗之後，1995年她／他們在「同志」這個新身分的旗幟之下，走上街頭並且上演台灣第一次的同志示威抗議活動。這場活動在台北的衛生署大樓門口前舉辦，為了抗議涂醒哲教授論文〈同性戀者流行病學研究報告〉（Homosexual Epidemiology）的出版，這是一篇由國家委託進行的愛滋研究報告，裡頭卻充滿科學偏誤和恐同。1996年，如前所述，則是組織「同志空間行動陣線」去抗議台北市政府將同志驅除出台北新公園的新都市計畫。在此同時，女男同志們也開始對抗由警察所執行的國家權力暴力。[39] 1999年，警察衝入台北一家叫做「AG健身房」的同志三溫暖，命令兩名顧客在小房間裡擺出性交姿勢而後拍照，以捏造證據將他們起訴。在過去會被視為警方掃黃的例行公事，結果被女男同志運動者政治化為一項國家暴力的具體例證。[40]

　　1990年代台灣「同志」反抗文化的興起，馬嘉蘭已經在她的專書《定位性相：台灣小說、電影與公共文化中的酷兒再現》（*Situating Sexualities: Queer Representation in Taiwanese Fiction, Film and Public Culture*）[41] 裡做了廣泛地檢視和分析。此書在亞洲酷兒文化研究的新興領域裡是一本模範之作，指出「同志」文化的發展及「同志」主體的形構是全球及地方之混合所形塑而成的，即「全球在地化（glocalisation）」乃由文化再意義化的連續過程所形成，並同時被特定的在地歷史以及知識和資本的跨國流通所制約。馬嘉蘭分析了各類不同模

---

39 關於1990年代台灣「同志」運動和行動的尖銳分析，見倪家珍，1997。

40 關於這次重要意外的深刻報導，見Dior、墨鑑，1999。

41 Martin 2003.

式的酷兒再現（從都會同志到揮之不去的幽魂），充分地解釋台灣當代同性戀的意義乃密不可分地連結到都會空間的再生產、「儒家」家庭意識形態的運作以及公共領域裡公民權定義的政治爭論。重要的是，她以社會運動（movement-wise）的角度來閱讀「同志」文學，精闢地說明戴上面具的「同志」運動策略如何反制一種在地的恐同，而此種恐同主要透過羞辱偏差的性主體來操作。馬嘉蘭探究這種台灣的「現身」實踐，並在結論提出一個「現身」的理論。她把「現身」視為塑造一種認同政治的情感模式，而此模式建立在通過對愛的索求而達到心理修復補償的集體意志，而非建立在重新銘刻於認同立場（identity claim）核心的支配權力及其尼采式妒恨（ressentiment）上。

雖然馬嘉蘭巧妙地用《孽子》的文學批評和新公園的位址，去接合出1970到1990年代間國族─家庭意識形態的轉變，以做為她研究「同志」次文化的背景（這是她所聚焦的），但是她的分析並未處理冷戰期間的同性戀建構。關於在「同志」出現之前的同性戀主體，吳瑞元未出版的碩士論文《孽子的印記──台灣近代男性「同性戀」的浮現（1970-1990）》乃是一本開創性的研究。吳瑞元援用了代米留（John D'Emilio）有關西方資本主義與同志認同形構的論點，認為1960年代台灣經歷工業化和都市化過程提供了1970年代同志認同浮現的物質條件。他檢閱了那個時期幾則主要關於同性關係的殺人案件的新聞報導，指出性變態是如何表意成同性戀，也詳述1980年代關於男同性戀的論述擴散（discursive proliferation）是如何圍繞著愛滋而被公眾的歇斯底里所引發。[42] 同樣的，文化人類學者趙彥寧的重要研究也已指出台灣在冷戰時期性別與性相的建構。她關於台灣女同志酒吧文化的民族誌顯示出，台灣女同志認同直到《戒嚴法》的廢除才浮現，乃由於國家對於非傳統社會空間放寬其管制之故；也指出在後戒嚴時

---

42 見吳瑞元，1998。

期，國族打造過程是如何藉由否定當代台灣女同志關係的社會意義及性的合法性，來置換集體的社會焦慮。[43] 重要的是，她對於冷戰時期的性政治研究顯示了性變態（例如施虐受虐狂）是如何被寓言化為1950年代同性情慾小說裡，成了另一種反共產主義軍事政權的異他。另外，她也指出1990年代新興、女人認同女人的女同志女性主義裡那個深刻的階級偏見及其進步與禮貌的冷戰修辭，這樣的修辭否定了T-婆女同志酒吧文化（其非精英起源展露於趙的民族誌裡），並認為這樣的文化是陳舊過時的。[44]

　　本書在兩個重要面向上不同於上述的研究。首先，本書除了擴展1950與1960年代關於同性戀論述的考查之外，還聚焦於兩個再現於國族文化範疇之內的領域，也就是心理衛生和國內的新聞生產。透過檢視這些我所挖掘出來較為早期的男男同性關係論述，我詳細描繪出性與性別的正典文化，並探究在此中形構的男同性戀社群想像，也就是1970到1990年代間所蔑稱的「玻璃圈」。本書藉由分析冷戰期間醫療道德（medico-moral）論述，審視男男性行為和關係的意義如何連結到變態、賣淫和愛滋而形塑出來。第二，雖然學者們都曾觀察到以下的現象：儘管台灣沒有法律禁止同性間的性行為，但是同性戀卻一直被國家視做公然違反所謂的「傳統文化」而因此受到懲治。這些學者皆未深入研究讓男同性戀屈從的「傳統文化」道德體制。本書將處理這種隱晦的同性戀管制，將它追溯到一個由現已廢止的《違警罰法》

---

43 Chao 1996; 2000a。

44 Chao 1998; 2000b。 重要的是，趙的研究挑戰了桑梓蘭在她的著作《乍現的女同志：女子同性情慾在現代中國》裡所提到的台灣女同志女性主義的化約描述。桑的書追溯女同志關係在現代中國文學裡的再現，其研究結束於1990年代台灣女同志認同政治的討論。桑深刻地受到莉莉安‧菲德曼（Lillian Federman）《怪女孩與暮光情人：二十世紀美國女同志生活史》（*Odd Girls and Twilight Lovers: A History of Lesbian Life in Twentieth-Century America*）（這本書摒棄勞工階級女同志男人婆陽剛T的酒吧文化）的影響，以線性歷史敘事建構了一種女人認同女人、女同志連續體（lesbian continuum）的女同志文學史，就在1990年代的台灣女同志女性主義裡達高峰。雖然她註明了女同志不滿於由異性戀女性主義所主導的女性主義運動，但是女性主義總是被設想為台灣後戒嚴時期高度現代性的標誌，這個假設卻從沒被質疑過。結果，女性主義異議者對女性主義運動所服膺的家庭性道德之不滿，就這樣被掩飾掉了，而不見於桑對1990年代女性主義政治的描述。見Sang 2003: 225-274。

所撐起、名為「善良風俗」的道德體制。《違警罰法》頒布於晚清時期，在台灣卻被國民黨政府違憲沿用到1991年，才被《社會秩序維護法》所取代。這部行政法賦予警察巨大的權力，在戰後的國族文化形塑中扮演了重要的角色。它的管制領域包含了幾乎公共生活裡的每一個面向，從電影放映時強加國歌的播放，到糾正「放蕩姿態」和「行跡不檢」；從禁止「奇裝異服」，到所有商業形式之性活動（除了少部分有牌照的公娼館外）。在《違警罰法》的權限範圍之下（警察無須經司法程序就可以處罰「違警人」），男同性戀就像未婚女子常被懷疑是妓女那般，總是被看成是性犯罪的可疑份子，以違反「善良風俗」為名而被取締。

本書認為，同性戀問題鑲嵌在複雜的歷史形構裡，無法獨立於整體的性相問題之外，所以在第三章試圖透過對於「善良風俗」的系譜學式批判，以闡明這個對於男同性戀的隱晦國家管制，是如何且必須在一個更寬廣的架構以及正規脈絡裡來理解；此架構乃是國民黨為了打造「中華民族」認同而對「善良風俗」強力維護，各種非婚姻的性相於是由國家**透過**性別人口的道德評價來進行監管，依據的是其極為矛盾的娼妓政策。

立基於性的監控文化以及國家對性別與性相管制之研究，本書進一步發展一項質疑正典情境的批判計畫，而這個正典情境正是「同志」認同政治在自由化的台灣浮現的脈絡。如同我將在第四章指出的，新興的「同志」運動雖然致力於將《孽子》政治化，卻很關鍵地抹去了再現於小說中那個同性戀的歷史特殊性，而我認為這個特殊性主要關乎於男妓的議題。我主張這樣的疏忽對於彼時正在發展的「同志」運動來說，必須放在1990年代反娼國家文化的新脈絡裡來進一步理解。此文化充滿著性別平等意識，而這得歸功於所謂台灣國家女性主義的強勢崛起。本書的最後二章打算描繪這個新的正規脈絡的輪廓，以及發生於其中的酷兒抵抗。

邪（斜）化性別與國族—國家：做爲「酷兒」的性／別

　　這個新的正規脈絡可以透過「性／別」這個詞彙的概略描述勾勒
出來。它是一個新字眼，在「性別」這個詞裡插入一條斜線，用以表
示一種特殊的酷兒政治，是在1990年代台灣女性主義對性的能動性
（sexual agency）與性工作的辯論中所浮現出來的。更確切地來說，
它是聚焦於性相政治的一種論述運動及行動，批判地介入性別主流化
的過程。如同何春蕤的研究所顯示的，從1990年代開始，這個性別主
流化的過程深入地疊合於國家改造的過程之中。何透過她對於後戒嚴
時期台灣公民社會性別化的系譜學研究，追溯了一個霸權宰制的過
程，彼時正在發展的婦女運動透過參與反對人口販賣運動，在此中取
得了政治和道德正當性。這個陣營由基督教團體和婦女非營利組織所
聯合組織，於1987年開始行動去拯救被賣或被強迫賣淫的原住民未成
年少女；本著人道主義訴求，它成功地在後戒嚴時期吸收了不同社會
光譜的異議，很快地就蓄積動能。但是根據何的研究，由於宗教團體
隨後把問題從年齡壓迫轉移到性別的壓迫上，此倡議活動於是轉進成
為一場反娼的道德聖戰。在連結了自由派女性主義者之後，這個反娼
／反色情的集團因而形成，並且強勢地遊說新法案誕生，即爲1995年
所頒布的《兒童及少年性交易防制條例》，也就是1993年原先起草的
《雛妓防治條例》。[45] 如同何所指出的，此項立法帶著「常規」
（Norm）的鮮明印記，不但規定罰則，更包含了行政程序與預防措
施。重要的是，何指出聯盟不斷干預後續修法以擴展它的管制範圍，
也強調法律如何被部署成爲一個「綿密的社會規訓網絡」，其在一個
「童稚化的社會空間」裡管制有關性的一舉一動。何春蕤指出，非營
利組織對國家權力的近用見證了一項關鍵性的新發展，而憑藉著這個

---

45 在此要特別注意的是，在1995年這個法案的生效僅早於下列事件幾個月而已，即前述同陣透過對於《孽
　子》的政治化而接合了性公民這個概念。

權力的近用，自由主義所區分的公民社會和國家之間的界線，在全球化治理的深刻影響下變得越來越模糊。藉由國際連線所獲得的培力，那些自詡正義的台灣非官方組織於是挾著聯合國所制定的兒童福利普世律令，駕馭著去中心化的國家權力，來實現她們的道德議程。[46]

　　有個重要事件標記了反娼／反色情女性主義在這個新正規脈絡裡攪動的關鍵時刻。1997年，陳水扁喊出打造台灣首都成為「希望與快樂」城市的口號，在接受他的女性主義盟友建議之後（這些盟友與他關係密切，被他聘僱去運作新成立的台北市政府性別平等委員會），他突然撤銷了大多不太識字且已屆中年的公娼婦女執照。然而，這個粗暴的政策卻也激起了公娼們激烈反抗，進而點燃了妓權運動的火苗。[47] 在此同時，這個事件也導致婦女運動自身內部對於性異議份子的清除。因為多數身為中產階級的女性主義者為陳水扁背書、滔滔不絕地主張「情慾自主」的重要而反對性交易的實踐，一小群與公娼站在同一陣線的性基進女性主義者和酷兒們就正式被趕出女性主義門戶。[48] 在面對來自性基進份子的挑戰之時，某些自我宣稱為「國家女性主義者」如林芳玫和劉毓秀，聲稱她們只在與家庭相關的「性別議題」上有興趣和陳水扁的行政團隊合作。[49] 這樣的婦女運動乃是以家庭主婦位置為中心，而國家女性主義的目標不僅是要將國家轉變為照顧者，而且還要為了「所有」婦女而去接管與管轄國家（在進入主流選舉政治之前，以動員家庭主婦參與在地社區的運作做為開始）。[50]

---

46 Ho 2005a; 2005b; 2007; 2008.

47 經過近兩年的戰鬥，公娼們最後獲得二年的緩衝期。關於這場重要的政治抗爭與支持妓權的女性主義觀點，見《性／別研究》（第一、二期合刊）：「性工作：妓權觀點」專題。

48 三位婦女新知基金會資深的女同志員工因為她們積極支持公娼爭取性工作權利而被開除；婦女新知是台灣主要的女性主義組織，設立於1987年。一些女性主義者包括何春蕤、丁乃非，在反對基金會開除這些女同志員工時，也退出該基金會。這些女同志女性主義學者／運動者後來成立了「Queer n' Class」這個團體，其後成為「性別人權協會」（簡稱「性權會」），是台灣倡議性權最基進的組織之一。關於婦女新知基金會如何從曾經是支持窮困底層的進步婦女組織，轉變成以中產階級為基礎的女性主義組織，這一段歷史描述見王蘋、丁乃非、倪家珍、隋炳珍，1998。

49 林芳玫，1998。

50 關於劉毓秀所提倡的國家女性主義概念的初步陳述，見李清如、胡淑雯 1996: 23。

在她對台灣國家女性主義形成階段的強力批判裡，丁乃非敏銳地觀察到國家女性主義者對於性相議題的排除，指出她們所堅持的家庭道德正來自儒家思想裡的聖王道德教養。此外，丁還注意到由於國家女性主義者毫無批判挪用儒家的道德式教條，某種「含蓄」於是在她們要包含「所有」女人的宣稱裡運作著。這樣的位置排除了那些無法或拒絕接受儒家的家庭標準的人，例如娼妓和酷兒。[51]

何春蕤和丁乃非的政治挑戰了彼時正形成中的女性主義國家，同時替「性／別」的理論位置做出一個示範，而這也是國立中央大學性／別研究室的中文名稱由來。1995年，在研究室成立的同時[52]，「性／別」這個詞也在現已停刊的基進文化刊物《島嶼邊緣》專號「色情國族」裡首次出現。在一篇名為〈姓「性」名「別」，叫做「邪」〉的文章裡，筆名為「邪左派」的作者闡述了這個新字眼：

> 「性／別」這個符號簡潔地將「性別」與「性」合成為一。其次，「性／別」也表達了「性」中有「別」的概念。亦即，性（sex）或情慾（Sexualities）其實不是單一純粹同質的，而是複數多元異質的，是有內部差異的，而且還有壓迫宰制關係的。……另外，「性／別」也曖昧了原來「性別」所表達的兩性絕對有別意義。「性／別」要動搖而非穩定兩性之別，所以把習以為常的「性別」以「／」介入，來尋求其他可能，而這些其他可能則和「性」的政治與「別」（社會差異）的政治有關。[53]

---

51 Ding 2000: 315。

52 中央大學性／別研究室的成立就在何春蕤被台灣女性學學會（成立於1993年）趕出來之後。何春蕤因大力提倡女人性的能動性而被新興的學院女性主義文化所逐出。這個挺性（pro-sex）的位置何在她的書《豪爽女人：女性主義與性解放》（1994）就強力地表達，也清楚說明了女性主義關於性自主的概念沒有包含性解放。關於女性主義把性排除在外的行動，見Ho 2007: 129-130，甯應斌，2001。

53 邪左派，1995: 43。

就此看來，「性／別」以一種批判性的理論工作在發揮功用，它提出了對於性別認同的**反本質主義式**理解，同時也強調社會區別（social divisions）如何透過各種不同的再現系統，以論述的方式被生產為差異。再者，藉由強調差異政治，「性／別」政治尤其要對抗既有的國族文化，因其霸權操作傾向於同質化因而壓迫了那些橫跨了年齡、種族、階級、族群、性別與性相等範疇之內部差異。

由於「性／別」運動承諾要對受到壓迫的性別和性主體培力（例如正浮現的跨性別運動）[54]，它的政治意涵也持續在衍生發展中。同時，特別要指出的是，「性／別」運動從一開始就是要跟「壞的性」（bad sex）站在一起，而在面對國家機器所認可的那種「好的性」的管制幽魂時──包括後來以國家女性主義形式展現的那種「獨尊性別」的政治──採取一個邊緣對抗的位置。這種以變態和猥褻的方式「邪（斜）化」台灣國族國家的強力主張，或許可以在前述《島嶼邊緣》專號的名稱裡看出來：在這專號裡，英文的「queer」被翻譯成為**色情**──一個在中文裡普遍被用來指涉性的行為或性的表現，例如賣淫或色情書刊影片。如此一來，有著異性戀規範象徵標記的台灣國族國家，就被一個「色情聯合國」所取代與改造，這個色情國族的政治認同不僅拒絕在後來逐漸擴大的「統一或獨立」爭論之中選邊站，而且還特別去挑戰根深蒂固於左派和右派的「忌性（sex-negative）」文化價值[55]。因此，在編輯報告裡它就試圖召喚「色情酷兒」公民：

> 討厭正人君子嗎？大家來做邪（斜）人吧！正人君子是父權捍
> 衛者，邪（斜）人則是妖男妖女、性／別邊緣。邪人或邪國人

---

54 例如，在聲稱其立場時，性／別研究室雖然主要沿用了邪左派在1995年所提出的「性／別」理論和政治基礎，但仍藉著點出剛浮現的跨性別主體位置而修正了它要問題化的性別二元問題意識。見http://sex.ncu.edu.tw/history/history.htm, accessed，2009年1月15日擷取。

55 編輯室，1995: 3-4。「忌性」一詞的翻法來自何春蕤。

嚮往色情聯合國。[56]

色情聯合國的想像共同體描繪了它與國族正典主體兩者間的歪斜關係，而且動員了各式各樣被性別與性偏差所標記出來的邊緣性（marginalities）；於是，這個想像共同體可以被理解為推進一種批判式烏托邦的姿態，持續挑戰由主流性道德所維持的現狀。[57] 劉奕德（Petrus Liu）在他精彩的論文〈酷兒馬克思主義在台灣〉（Queer Marxism in Taiwan）裡，就刻畫出由性／別研究室及其運動伙伴台灣性別人權協會所體現的酷兒運動之反國家政治。劉詳細說明此運動全力對抗台灣自由主義式治理及其非階級化約的物質主義政治；他也閱讀國家女性主義關於性別知識生產的獨佔壟斷，如何深刻地造成學術勞動的階序化分工，而這個階序化分工使得運動裡頭對抗正典規範（anti-normative）的性知識生產受到汙名。[58] 重要的是，在1990年代台灣酷兒文化想像所形成的脈絡裡，我們可以指出渴望烏托邦的兩種模式與差異：這兩種烏托邦的渴望同樣是被不滿所驅動，一種是被色情聯合國所標記，另一種則是由「同陣」對《孽子》的接合而標記出來。前者關乎邊緣性與差異性的政治以推進對於主流權力的抵抗，後者則傾向被國家體制認可的接納政治。這或許也可解釋為何「同陣」對小說的再度意義化，後來在1996年總統選舉裡變成被民進黨重新挪用。

　　本書所要描繪的酷兒政治，屬於由性／別運動所開啟的批判式烏托邦計畫。特別的是，它企圖歷史化那個被台灣紳士淑女等正人君子所佔據的統治位置（positionalities）。於此，我特別引用了劉人鵬與

---

56 《島嶼邊緣》專號「色情國族」的編輯前言。

57 關於英美酷兒政治的「批判式烏托邦」概念，見Berlant 1998，Muñoz 2009。

58 Liu 2007. 值得注意的是，在強調被後殖民性（postcoloniality）所制約的文化翻譯政治以及知識跨國流動時，批判家關於台灣挪用英美「queer」──不管它被翻成「酷兒」（字面上的翻譯稍微受到「酷炫（being cool）」的影響）或「怪胎」──的評論裡，幾乎都忽略了這個台灣酷兒政治裡重要的反國家政治面向。見Martin 2003，Lim 2008。

丁乃非的研究（她們兩位都是性／別研究室的成員）。在她們各自與共同合作的研究裡，劉和丁主要關注於分析現代中文歷史語境裡的現代性的形構及其象徵暴力。她們引用路易‧杜蒙（Louis Dumont）對於階序的研究，揭示出在權力階序格局裡所形成被宰制主體之能動性，是如何可以透過一種閱讀的政治被再現出來。這種閱讀政治持續地質問主流美學—道德價值的限制，例如前面討論過的含蓄。在劉對於晚清及民國初年國族主義關於女權論述的重要研究裡，她強力地論證指出那個時期的男女平權意識形態，是如何透過一種在儒家道德傳統裡所堆疊而成的男子德性的論述位置———一個在儒家道德哲學裡稱作「聖王」的主體位置———而被接合起來。劉認為「聖王」這個典範以一個道德階序而運作著，此階序依賴著一種**先驗**的整體。在這個杜蒙式的架構裡，此預設的整體包含了概括者（聖王）與被概括者（聖王的對反）這二元對立間的兩種層級關係。在較高的層級裡，存在著「聖王」及其對反之間的互補關係，在預設的整體之下他們共享同一種認同；但是在較低的層級裡，則是聖王與對反者間的尊卑關係與矛盾：聖王含括了對反者，並將其排除於外。換句話說，因為沒有基進地質問此預設的整體，我們都假設聖王的說話位置是有能力以仁慈之道來處事的，因而他們就被認為是道德的上位者。重要的是，此假設的整體非**全面概括**，因為它必須建立在**先行排除**（foreclosure）之上。於是，當一個預設的整體能夠在它的秩序之下把各種差異給同化而持續拓展其範圍，它就永遠排除掉在它認可條件之外的其他人。因此，這個含括的邏輯實際上就造成另一組被含括者和被先行排除者之間的階序格局。劉借用來自莊子「罔兩問景」的寓言做為譬喻，進一步以三個階序化的位置來重塑杜蒙式的階序：形（身分／既存的整體）、影（被整體所含括者）和罔兩（「影子的影子」，其構成於整體之外）。[59] 在晚清論述的例子裡，因為男女平權的修辭被融進了聖

---

59 Liu 2000: 1-72.

王典範裡，一個新的階序依著那種整體的準則規範且區隔了女人；這個整體出現在一個特殊的歷史糾纏處，當時中國對現代性的慾望，透過對殖民西方複雜且矛盾的認同，進而產生而且被性別化。當女人的範疇被涵蓋在道德完美的整體下時，那些被認為是道德有問題的女人（例如娼妓）、屬於社會下層地位的女人（例如僕婢），以及被判定為「落後的」女人（例如纏足女），全都成了不合格的現代婦女，因此就變成了「相信男女平權的現代婦女的微陰眾罔兩」。[60]

在類似的脈絡裡，丁乃非所研究的「卑賤女性特質」則進一步揭示出這樣一種排除過程，乃透過性別的現代化而發揮效應。丁犀利地批判台灣當代主流國家女性主義拒絕承認性工作者的能動性，以及她們對私領域中外籍幫傭受虐的默言含蓄；丁分析出她們這種特殊的階級位置，乃是被一種深刻的性別羞恥感所結構，這個羞恥感由「婢妾」的文化記憶所驅動著；在「傳統」中國社會裡，婢妾是一種卑賤的形象，她們被賣到別人家，以提供家庭裡的性與家務工作。丁透過檢視女性主義社會人類學與小說論述如何再現這種特殊形象，指出其卑賤地位在象徵層次上令人懼怕的汙染力，是如何阻撓她被完全地整合到理當平等的社會裡，甚至在二十世紀已經廢除奴婢制度的香港及台灣都是如此。重要的是，透過置疑女性主義想像中所再現婢妾能動主體性的侷限，丁極富洞察力地觀察到，現代平權意識形態所壓抑（類似於種姓制度）的社會階序，在以良家婦女為主體位置的中產職業婦女身上產生了一種特殊的情感結構：體現在婢妾身影之中的卑賤性，轉變為一種性別化之性羞恥的個人化感受，而此感受則是圍繞在現代性工作與家務工作周邊。台灣國家女性主義者非但忽視了自身主體位置的形構是如何在現代化進程裡和婢妾的軌跡相對應而成，更將這種羞恥感投射到那些選擇性工作和／或家務工作的人（而不是其他高尚職業的人身上），並強迫那些人去居於卑賤女性特質的象徵位

---

60 劉人鵬，2001: 77。

置。[61]

　　劉人鵬與丁乃非的研究提供了一種有用的模式，用以指明各種性別化的性主體是如何在社會—象徵條件中被生產出來。更重要的是，她們透過罔兩描述了一種酷兒位置，並據此來批判社會—象徵秩序及其預設的性與性別整體。沿著這條歷史化論證的線並推進反正典的性／別政治，本書的系譜學分析希望能勾勒出兩種治理與性別化的主體位置及其所造就的性道德秩序。我將冷戰期間在國民黨管理底下所形成的「善良風俗」管制政權稱做「聖王」，而把國家女性主義所擁護、看似自由但卻極度規訓的「性自主」政權叫做「聖后（sage-queen）」。本書將描繪這兩個統治位置的象徵面向及其意識形態與情感基礎，也追溯聖后女性主義主體興起的霸權過程，看她們如何從聖王國族主義主體的影子裡冒出而成為新道德權威。這樣的路徑讓我得以刻畫正規國家異性戀在台灣的歷史建構，並顯示性的現代性是如何在一種由國家女性主義所孕育的憂鬱狀態裡形構。藉由揭示賣淫在現代「性」形構裡的核心地位，本書寄望能對中國性別現代性的研究領域做出貢獻。[62]

章節概述

　　本書共有六章。每章關注不同場域裡的性相部署。第一章，〈心理衛生與性相體制：以《逃避婚姻的人》為例〉，指出1960及1970年代「同性戀」這個範疇是如何透過心理衛生的論述而被生產出來。我沿用傅柯式系譜學的現代性相研究（此研究認為現代性相是一項醫學—科學的建構），提議將sexuality這個詞看做「性心理」。基於傅柯所顯示的一種普遍的性的心理學化過程（psychologisation of sex），

---

61 丁乃非，2002a: 135-168。另見Ding 2002b。
62 關於此文獻，詳見Evans 1997，Hershatter 1997，Rofel 1999; 2007。

這個詞在中文語境裡早已成為日常生活用語。我將sexuality翻譯為「性心理」乃是一種策略性的運作，因為我想要突顯性心理這習以為常的詞乃是知識／權力複合體的論述產物，同時我也追溯性心理這個裝置是如何透過心理衛生這樣的規訓實踐被彼時方興起的「心理」產業專家所操作出來。我指出心理學家和醫生是如何經由病理化偏差的性行為來進行道德教化，同時強調性變態，也就是偏離異性戀生殖性目的論的性，是如何與中文的「癖」字接合起來。進一步，我把《逃避婚姻的人》（1976）放在由性心理機制所建立之性正規文化裡來閱讀，這本小說是台灣第一本同性戀通俗小說，由羅曼史小說家光泰所著。我認為，這本小說做為一項同性戀書寫行動之所以可能，在相當程度上是因為美國精神醫學會於1973年決定將過往被視為精神疾病的同性戀去病理化。我認為這本小說對同性戀的正名有相當的侷限性，因為同性戀情慾的正當性是建立在作者對德性訴求的呼籲上。

第二章，〈賣淫、變態與愛滋：「玻璃圈」的祕密〉，關注1950到1980年代間男同性戀做為偏差的社會建構。這一章檢閱了男同性關係的報章雜誌報導，分析各種不同的知識體制——包括警政管理、精神病學與流行病學——將男同性戀生產為一「物種」，從1970年代以後，這個「物種」就以本地所蔑稱的「玻璃圈」而為人所知。值得注意的是，上一章處理的心理衛生論述很少提及本地的男同性戀案例，而本章則顯示，男同性關係乃透過報紙對於男性賣淫地下次文化的譴責而被看見。而當新聞記者開始採用精神病學式的原因去病理化同性關係和性行為時，後者便逐漸淪陷於性心理的論述體制。在此同時，我透過分析報紙關於警方取締色情的報導，指出「玻璃圈」如何被等同於是賣淫這檔子事，而男同性戀者也因而被國家當成男妓來監管。這種把男同性戀與賣淫劃上等號的情況，持續在愛滋的懼色／恐同論述裡運作：「玻璃圈」被視為威脅國家健康的致命汙染源而被當作可丟棄處置的人口。

第三章，〈公權力、賣淫與性秩序：邁向一個「善良風俗」的系

譜式批判〉，進一步脈絡化國家對於男同性戀的監管，將之置放於1950與1990年代之間由現已廢除的《違警罰法》所維持著的「善良風俗」性監控文化。本章將檢視所謂「善良風俗」做為一個冷戰高峰時期正典國族生活的重要場址之建構。國家強力介入干預當時急速擴張的性產業，而這樣的擴張是台灣急速工業化所促成的。這章檢視了官方及公共的性論述，以及國家的娼妓政策，企圖描繪出在那個特殊環節裡，關於性的政治經濟轉變。尤其是，它分析了蔣介石政權戰略地部署《違警罰法》的方式，以其高度矛盾的賣淫政策如何衍生出「善良風俗」的管制體制。本章認為「善良風俗」是一種依據儒家聖王道德階序而形成的意識形態建構，揭示它如何透過道德評價而以一種性的規範來運作，其影響了在性產業裡頭工作的人，特別是被規訓、懲罰以及分類成羞恥階級的女人們。一種奠基於軍、公、教、與學生人口群的「聖王」國民主體位置之上的社會秩序和性秩序，因而透過國家對於性別化賣淫主體的監管而有效地設置起來。最後，這個系譜學批判以闡述這番分析對於現今政治的歷史重要性來做結。本章藉由關注主流女性主義在1990年代對於法律改革的介入，指出「善良風俗」管制體制是如何因為「聖后」女性主義道德的興起而擴張，同時它也預先鋪陳了第五章及第六章將會詳細處理的新正規脈絡。

第四章，〈從玻璃圈到同志國：《孽子》、認同形構與性羞恥的政治〉，可以說是本書的樞紐。在前述章節所詳細鋪陳的脈絡裡，本章對這本小說提出了一種歷史化閱讀，同時也把這本同志小說的閱讀政治連結到當代女性主義政治。它以這本小說如何在1980年代成為一個同性戀符號表徵的描述開始，接著以逆著小說人道主義敘事的逆讀方式繼續讀下去。特別的是，這一章揭示《孽子》再現出一種特殊的男同性戀羞恥感，其不僅連結到賣淫，而且這個羞恥感的成形更是透過戰後台灣卑賤女性特質而形構。本章指出，雖然《孽子》在同志政治裡被用來做為一個符號表徵，但其做為「玻璃圈」歷史再現的遺產卻整個被遺忘了：那種連結到賣淫、性別化的性羞恥之特殊「國家—

情感（state-affect）」，被新興的同志運動透過「現身」的政治實踐所置換、取代。本章認為，對於這樣一種規範性排除，必須要置入反娼女性主義所頒定的新正規脈絡加以理解，而反娼女性主義已涵蓋了高尚女性特質的霸權位置。

最後兩章將在1990年代中期以降由國家女性主義所建立的新正規情境，持續處理《孽子》所再現的那種帶有性別印記的性羞恥感，並分別聚焦於兩位主要女性主義知識份子的實踐。我採用劉毓秀與黃淑玲的論述為分析主軸，來做為我的戰略介入集中點，以說明兩者所概括的高尚女性特質的論述位置：前者是台灣國家女性主義的首要理論者，後者是反娼／反色情的女性主義社會學家。而且我還要質問那個看似自由但卻深刻道德化的性別政治，如何透過這樣一種主體位置而成為可能。劉與黃做為親密的盟友及經常合作的對象，在國家女性主義的優勢地位裡扮演重要的角色；她們生產了一個正典女性主義知識的場域，成為反娼／反色情陣營的後盾，同時也讓她們的主體位置累積象徵分量，使其在近年來的性別主流化過程裡成為深具影響力之人。換句話說，儘管劉和黃的女性主義實踐伴隨著她們各自不同程度的個人能動性，但我的關切在於去分析她們如何被捲入一個更大權力關係移轉的制度化背景之中，以及她們如何在歷史特定的象徵秩序之中定位自己——相對於國家、「有品」紳士以及其他「卑賤」性主體，例如酷兒和娼妓。

第五章，〈性別現代化與性的文明化：國家女性主義的性變態想像〉，檢閱了劉毓秀的女性主義福利國家打造計畫，並質問劉的女性主義文化想像裡的性別整體，及其所行使的象徵暴力。我特別描繪了劉的國家改造大業所不可缺少的慾力政治，並檢視了她如何運用女性主義精神分析語彙去給予中產階級家庭主婦——在劉的想像裡她們是國家女性主義主體的原型——一個健康正常的女性性相，其驅使家庭主婦去管理家庭、社區以及國家大事。我把劉用精神分析為媒介的學術論文與社會評論作為1990年代女性主義與性／別政治的歷史產物

來閱讀，梳理出深植在福利國家女性主義想像裡的階級矛盾，同時指明這個有問題的想像是如何建立在一種對社會負面性（social nega-tivity）的根本拒斥之上，而這社會負面性則被認定是新興的酷兒及妓權運動。我認為，劉對於性別平等的現代化計畫擁護了做為女性主義理想典範的異性戀單偶制，而它所要劃除的是所有包括變態和雜交在內的陽剛特質禍害。重要的是，這個現代化計畫的正典化推力在劉繪出的後現代情境裡清楚顯示，酷兒及娼妓則在此中被形塑成體現後現代慾望的邪惡性變態，其所帶來的威脅將會瓦解國家女性主義努力去實現的性別平等的文明秩序。我指出，當酷兒及娼妓在劉的想像裡被描述成死亡驅力時，劉是如何佔據女性主義自我理想的位置，然後將性汙名部署成為保衛她那高尚世界的武器；另一方面，酷兒和娼妓這些浮出情慾地表的性主體，在這個良家婦女的想像裡承載了所有負面的文化意義而必須加以壓抑。然而，就如拉岡的真實（the Real）一般，這些性別壞份子不斷地侵入劉毓秀所訂定象徵秩序，時時阻撓她教化性的慾望。

第六章，〈哀悼無色青春：反娼女性主義之濫情政治與哀傷現代「性」〉，意圖去描述一種情感文化，更精確地說，一種由國家女性主義所滋養出來的憂鬱狀態，以及其所產生的顛覆。它聚焦分析台灣反娼女性主義霸權興起的一種主流女性濫情傷感，企圖顯示這種依戀婚姻單一伴侶關係的情感模式，如何驅動著一種對當下非婚親密關係嚴厲管控的自由主義治理。透過對黃淑玲研究的檢視，本章顯示賣淫文化是如何經由她的社會學想像中關於交易女人（traffic in women）的問題意識而成形。我將論證黃所描繪的「強制性異性戀慾望」結構的形構，預先假設了婚配親密性的存在，並指出她自身的主體性是如何鑲嵌在此形構裡，強迫重複了丁乃非所稱「現代妻」（wife-in-monogamy）的這個位置。這項女性主義依附於婚配／浪漫愛形式的內容，進一步透過我分析《染色的青春：十個色情工作少女的故事》（2003）而被檢視；這本教育用書是黃淑玲督導下的婦女救援基金會

所編輯，其目的在於宣導《兒童及少年性交易防制條例》。我指出這本書乃生命權力的產物，並闡明性別平等女性主義者，是如何在把「問題」少女從她那不幸的墮落裡救贖出來的努力之中，將一種潔淨的女性性相投射到少女身上而強烈地將她給感傷化。重要的是，我揭示出這樣一種主流女性主義自我濫情化的姿態，如何透過哀悼的行動，豎立了一種不允許底層熱望存在的現代高檔女性特質（modern high femininity）之幻象時空。

透過追溯福利國家想像以及女性主義救贖大業如何以國家權力以重新改寫性的定義，我指出一種深植於主流婦運政治潛意識當中深層女性主義憂鬱。面對新科技加速帶來的非婚配親密性的增生擴散，主流女性主義仍固執地依戀著一種本質化的女性主體位置而哀悼單偶制理想典範的失落。我引用朱帝斯‧巴特勒的說法，主張將「性自主」與「性別平等」這些近年來已經急速地制度化了的女性主義通俗看法，視為透過哀傷式的除權棄絕（melancholic foreclosure）而構成。最後，我藉由探究「性」福（sexual happiness）的倫理，對抗由這種親密公共領域所促成的憂鬱現代「性」，同時提出一個破壞永遠幸福美滿並超越女性主義至善的酷兒政治。

在結語部分，我把對本書而言最重要的三種人物再提出來，也就是，男同性戀、娼妓以及國家女性主義者，以便在我於前面章節裡已描述的現代化過程裡，重新追溯她／他們縱橫交錯的軌跡。我把近來關於同志公民權的宣言置放在這個地理政治學的樣型當中，來召喚出對抗台灣憂鬱現代「性」的性異議政治。

第一章

心理衛生與性相體制：以《逃避婚姻的人》爲例

　　本章將說明1950到1970年代之間男同性戀如何建構而來，追溯男同性關係與性行爲，如何在構成性相裝置（apparatus of sexuality）的心理論述中形構。這個「性相裝置」的提法，沿襲了傅柯的論證，將「性」視爲建制知識與規訓權力的論述產物。透過檢視醫療科學論述與小說再現，我企圖描繪男同性關係及其性行爲，如何在一個正規的性文化裡被心理化成爲性變態。首先，我將闡釋性心理裝置（the apparatus of sexuality）如何形成，以顯示性常規如何透過1960到1970年代的心理衛生運動而建立。在這之中，我特別將光泰所寫的第一本台灣同性戀通俗小說《逃避婚姻的人》（1976），讀作是那個時空脈絡下的特殊產物。

Sexuality作爲「性心理」

　　傅柯在《性相史》第一卷裡，採用系譜學的方式，來梳理西方社會自十八世紀以降性的建構過程，指出性乃是現代規訓之產物，旨在透過國家治理來培育「有用的」人口群以滋養中產階級生命力。重要的是，雖然傅柯反對他所稱的「壓抑假設」之說（repressive hypothesis），他並未否認權力透過法律和國家主權來壓制性的壓抑面向。只是，他在指出權力的運作機制時，更強調權力如何透過種種立基於真理體制的治理技藝而運作，因而深刻地滲透到社會的肌理裡。因此，我們可以看到十九世紀關於性的論述大量生產，新興的醫學學科所不斷生產出來的知識，造就了現在我們所知道關於人類的性。這個透過問題化女人、小孩以及男人的身體以生產出的性論述乃是一種

策略運作，也就是傅柯所說的「性部署」（the deployment of sexuality），在十八、十九世紀歐洲社會中製造了四種類型的人物：歇斯底里的女人、手淫的小孩、馬爾薩斯人口論裡的生殖夫妻、以及變態的成年人。那些形容上述主體的屬性，正是傅柯稱為「性技藝」的論述產物，也就是各種技巧、方法、策略被發明出來而運作，成為性的社會控制。因此，性對傅柯來說絕非是權力所要藉壓抑而要消除之物；性作為科學論述的產物，是使人類身體臣服於權力的手段，而正是透過這樣性論述的部署，造就了「性」同時做為虛構之理想與規範性常規這樣的概念。[1]

傅柯刻意將「性相」與「性」區分出來，主要透過對前者的基進歷史化，來把同時有著「特殊意符」（unique signifier）與「普同意旨」（universal signified）這樣現代地位的後者，加以去自然化。[2] 他之所以這樣做當然是策略性的，因為「性」作為範疇的歷史出現早於「性相」。[3] 一名傅柯學者阿諾得·戴維森（Arnold Davidson）在一篇論文〈性與性相的浮現〉中指出，相較於較早之前「生理構造思維」所造就「性」這樣一個範疇，「性相」的出現乃是在十九世紀他稱之為「精神醫療思維」下的論述產物。戴維森比較了文藝復興時期繪畫中與十九世紀精神醫學文本圖示中所再現出的「性」，顯示生理與心理兩種不同凝視所個別生產出的意義：前者藉由形體區分與生殖器官的描繪來賦予身體「性」的意義，而後者則不使用生物特徵來做性區分，而關乎感官、刺激與愉悅的呈現。[4] 在另一篇論文〈把屍體給封了：性相的疾病與精神醫療思維的浮現〉中，戴維森指出十九世紀「性本能」一詞出現，如何使身體疾病得以從生理器官構造領域獨立劃分出來，而座落在獨立於生理器官的心理領域，以及種種的性

---

1 Foucault 1990 (1976): 77-102.
2 Foucault 1992 (1984): 3.
3 Foucault 1990 (1976): 154.
4 Davidson 1990a: 102-120.

「變態」如何替代了性功能失調。[5] 在戴維森的傅柯式史觀下，我們可以說，正是這種精神醫療思維的部署配置造就了當代的性概念。

　　二十世紀初期西方醫學與科學傳到中國之後，啟動了中國知識份子視為體現現代性的新理性思考模式。歷史學者馮克（Frank Dikötter）在他的《性、文化與現代化：民國時期的醫學與性控制》一書中研究中國現代化的過程。特別引人注意的是，這麼一本深受傅柯影響的書（書中許多章節研究了歇斯底里、手淫、人口等醫學論述），最後竟然將「性相」的概念簡化成性偏好與性傾向。馮克認為：「二十世紀中國並無『sexuality』一詞或與其對應的概念」[6]，他說歐洲的「性」論述使得「性偏好」成為個人選擇並同時作為一種自我表達的權利，這種個人偏好的「性」無法作用於中國的原因，在於中國精英份子在現代進程中仍堅守性是為了繁衍後代的傳統。舉例來說，馮克在觀察民國時期同性戀論述的時候說，「同性戀」（這個詞在他的書中不斷與「雞姦」〔sodomy〕交互使用）除了廣泛被解釋為「精神病」和「錯置」之外，當時的知識份子將其稱為「淫穢習慣」，而不是「全然不同的性偏好」。[7] 馮克的疏漏在他沒看出同性戀作為一種「精神病」恰是精神醫學思維的產物，也正是造就現代「性相」的理性，縱使「同性戀」一詞仍持續以傳統中文詞彙來被概念化。而另一方面，這種接合精神病理思維到傳統中國思維，並企圖藉此理解同性戀的舉動，正是需要好好檢視的地方。比起馮克的歐陸中心論，中國學者康文慶的性學論述研究則提供了更複雜的解釋。在《癖：中國男同性關係（1900-1950）》一書中，康指出性學在民初的翻譯多半被兩個本土的詞所中介，一個是「癖」，另一個是「人妖」，而前現代男同性關係皆是透過這兩個詞來被概念化。康文慶追溯了這兩個詞的文化史，說明了這兩詞隱含對前現代男男性關係的矛盾認知：一方面

　　5　Davidson 1990b: 316.

　　6　Dikötter 1995: 69.

　　7　Dikötter 1995: 139-140.

男男性關係既是一種特定族群所實踐的性行為（即「癖」），但卻又同時普遍被認為是人類本性；既是一種去勢的性別行為（為「人妖」所表意），卻又同時將這不可能的雙重要求強加在男同性關係中採被動的一方。康指出，這兩個對男同性關係的矛盾認知對應了賽菊蔻在其著名的《暗櫃認識論》裡所勾勒內在於西方文化中的同性戀矛盾認知，因而方便了性學在現代中國文化中的縫合。[8] 我在本章節稍後會再行討論康文慶如何論說「癖」一詞之形構，而在第二章，我亦將引用他的著述來詳細檢視「人妖」一詞在台灣的現代形構樣貌。

無論如何，馮克只能藉宣稱「性相」的概念在二十世紀中國不曾出現，來走避複雜的文化翻譯課題。他將「性相」簡化成「性多元」（sexual variations），從下面這段讚揚歐洲性論述的引文中可見一斑：

> 堅稱性只與繁衍後代有關，忽略且專屬同性戀之可能，異性生殖在作為一種正常慾望的同時，當然也順理成章地將（中國的）各種**性多元**消音。1886年《病態性心理》一書在歐洲出版之後，克拉夫特—埃賓（Richard von Krafft-Ebing）自此聲名大噪。作為所謂「性變態」個案研究的始祖，他的研究奠基於當時流行的先天遺傳概念。根據傅柯的性相史脈絡，變態愉悅的精神醫學化在細緻描述和規範個人生活上扮演了重要的角色。**由在歐洲的精神醫學家與性研究者所大量建構出來的異常、變態與畸形性相，設想了社會主體作為個別化慾望的場域，也表達了愉悅自身為目的的可能性。然而民初現代化的中國精英則無法設想這樣的可能性。**[9]

---

8 見康文慶，2009: 19-39。

9 Dikötter 1995: 143，粗體字為我所加。

很顯然的，馮克在這裡誤將因果倒置：不是精神／心理學家與性學家預視了社會主體作為個人慾望的場域，相反的，這些場域乃是性學／心理學知識論述生產下的正常化效應（慾望在此中被積極比較、細心區分，並且在分析上透過排除和同質化而被階序化），是一個不斷刺激主體個人化的過程。[10]

針對馮克所斷言的「『性相』的概念在二十世紀中國不曾出現」的說法，其中非常值得注意的是，中文常常將英文sex翻譯為「性」[11]，而中文語境也確實找不到完全等同於英文sexuality的詞彙。[12] 在此，我欲從sexuality在現代中文裡逐漸形構的過程著眼，並提出該詞在中文裡有個極為普遍卻為人所忽略的說法，也就是「性心理」這個詞。它將「性」（英文中的sex）與「心理」（英文mind/psyche）兩個詞合併，大約就是英文裡the psycho-sexual的意思。[13] 本章將性心理裝置在台灣的初期建立回溯到1960到1970年代之間國族文化中所進行的心理衛生運動。透過檢視當時的心理衛生論述，我欲闡釋同性戀（還有其他性變態）被稱為異常的文化邏輯是如何而來。這樣做的目的，是為了要勾勒出異性生殖性（hetero-genitality）在這樣一個正典文化中的輪廓。

---

10 關於正常化，見Foucault 1991 (1977): 177-184。

11 在此特別指出sex作為「性」乃是現代用語。中國傳統哲學論述裡「性」代表的是「人性」，一直到晚近二十世紀初才用來指稱sex。

12 傅柯對近代台灣酷兒研究之影響也間接促使了sexuality一字在中文的正確翻譯。傅柯著作*History of Sexuality*早期翻譯成《性史》（尚衡譯，台北：桂冠，1990），裡頭sexuality徹頭徹尾全錯誤翻譯為「性意識」。台灣酷兒學者朱偉誠取「相」字隱含「存有狀態」之意以作為sexuality翻譯，因而新創「性相」一詞，見朱偉誠，1998b: 55，n14。

13 根據張京媛*Psychoanalysis in China: Literary Transformation, 1919-1949* 一書，二十世紀初「心理」一詞自西方心理學引進中國之後才成為現代用語，在此之前，雖傳統儒家哲學思想已出現「心」與「理」，卻多半將兩字分開使用（Zhang 1992: 37）。如同西方生物／生理知識散播中國，因而新興「生理」一詞以代表身體狀態，「心理」透過同樣過程以指稱心靈（psy），乃是精神／心理知識的建制結果。

這裡舉一個關於「性心理」運作於日常生活的例子。《聯合報》於1989年3月31日刊出一篇題為〈家長和社會的隱憂：孩子性心理異常〉，作為一名強暴犯遭逮捕之後續報導。記者曾清言在文中將性變態看成犯罪肇因，訪問了一位精神科醫師和一位教育心理學大學教授，提醒憂心忡忡的家長們注意孩子們幼年時的變態徵狀：「異常行為包括不正常性慾望、放蕩行為、手淫、同性戀、暴露、虐待、被虐、偷窺、戀物等等」（曾清言，1989）。

身體規訓：心理衛生運動與性心理疾病

　　自1950年代中期開始，針對個人與社會健康的特定論述思維開始在台灣社會成形。在「心理衛生運動」的旗幟下，中國心理衛生協會（1936年成立於中國，1955年在台灣成立）的會員，包括了心理醫師、精神分析師、教育家到社會學家，皆開始使用心理衛生的語言，以解決快速工業化社會所產生的「社會問題」[14]。情緒不穩、家庭失衡、青年犯罪、乃至都市犯罪等問題都被歸咎於現代人缺乏心理衛生管理知識。想要有健康、正常的生活，甚或為了維持社會平靜和諧的秩序，專家指出應該教導孩童與青年認知如何才能行為舉止合宜，並鼓勵家長與老師們獲取相關知識，如此一來他們才能以合乎社會常規的科學方法有效地教導下一代。基本上，心理衛生論述所使用的語言遵循的是社會常規，透過精神／心理學詞彙來描述各種行為，當然，性也不例外。「性心理」的裝置也就是透過這個心理衛生運動裡精神／心理學不斷的諄諄教誨，才得以在台灣冷戰時期建立。

　　教育家鮑家驄，堪稱為1960年代心理健康運動裡最具代表性且影響深遠的人物。這位自學而成的專家是台灣政治大學心理學系教授，寫過多本心理衛生專書，包括1957年的《青年心理》、1959年《問題少年》、1962年《病態心理學》、1963年《心理衛生》、1964年《如何訓導學生》以及同年的《學校心理衛生》。[15] 1963年教育部訓育委

---

14 心理衛生作為學科源自於十九世紀精神病理學，於二十世紀早期在美國建制化，與後繼促進社區健康發展有密切關係。心理衛生專家將心理失調視為個體無法適應環境之結果，於是特別強調孩子教育，以提倡心理疾病之及早預防。關於心理衛生發展歷史，請見Richardson 1989。雖受到佛洛伊德孩童性心理發展理論之影響，特別值得注意的是，心理衛生（或稱為「正確生活方式的科學與藝術」）恰如美國心理衛生專家哈林頓（Dr. Milton Harrington）（1933: 360）所言，早已將佛洛伊德關乎潛意識的基進論點加以消毒、衛生淨化後，獨獨保留佛洛伊德論點中的常態化要素。這種消毒過程在台灣如何運作請見下文。

15 鮑家驄的作品看起來固然可觀，且《病態心理學》一書名列大學用書，然而沒有一本足堪稱為學術著作。首要原因是，他的文章裡許多段落皆在不同著作裡不斷重複；另一個原因則是，他在文中雖引用了（或誤引）靄理士（Havelock Ellis）或是「心理學之父」佛洛伊德，但他從未確實提供出處。

員會裡成立了「心理衛生中心」，鮑家驄成為該中心師資培訓的核心人物，並且撰寫了些有關青少年犯罪的個案研究。[16] 除了以上出版品之外，他也是個活躍的公眾人物，時常出現在電台節目，也常對學生或軍人演講。[17]

在他1969年再版（也是第六版）的《青年心理衛生》書中序文，鮑家驄寫到他的熱誠已「邁上了傳教士的境界」，為的是傳播心理衛生的福音給世人，因為實踐心理衛生的終極目標是：

> 研究心理衛生，目的在於濟世救人，最低限度可以使聽者知道如何瞭解自己，進而解救自己；明瞭牠（按：心理衛生），可以使自己在發生不正常行為時，用方法加以克服，加以轉移，或是加以昇華。[18]

這段話清楚道出心理衛生運動的存在意義，它被當作是強大的社會藥方，不僅使每個人都能「認識自己」，同時也確認這個「認識自己」的知識是個正常的知識。當然，為了知道一個人舉止正常與否，得先知道什麼樣的行為叫做異常。這也是1962年《病態心理學》問世的原因，將近一百頁的書中囊括超過八百多個描述變態行為的例子（其中很多例子來自於美國雜誌，如《讀者文摘》、《新聞週報》以及 *Personal Romances*）。值得注意的是，鮑家驄特別選用「病態」而非「變態」作為書名。他指出，這樣做的原因是後者普遍指稱的是根本無藥可救的變態，而前者指的是精神／心理疾病，若早期發現的話通常可以治療。除此之外，根據鮑的說法，「病態」與「變態」兩者的區分同時也具社會效力，這個區分使人們對遭受心理疾病的人更具同情心與同理心，不再譴責他們是變態。他堅稱，這種悲憫胸懷的社會

---

16 見鮑家驄，1964；1966。
17 見鮑第六版《青年心理衛生》序文，1969年再版。
18 鮑家驄，1969：序文。

態度必能幫助患有精神／心理疾病的人主動尋求醫療協助。[19] 這種社會態度所展現的正是常規如何透過悲天憫人的話語運作，如此悲憫胸懷、矯正異常的精心算計，不僅被認為是滿懷善意，更受到「心理疾病」患者們歡迎，鮑如是說：「只要能跟他們多交談，諒解他們，同情他們，他們會在暗地裡表示極誠懇的感激。」[20]

鮑列出了四個有關性心理疾病的項目：手淫、同性戀、性缺憾（含性無能、性冷感）以及性怪癖。其中，鮑雖將第三項歸納成只是「缺陷」，然我在此想要指出的是：其他三個項目正是透過一種強迫邏輯得以建立並獲得區分。

首先，鮑將手淫歸類為心理疾病，原因是它「介於正常與異常之間」[21]。在鮑撰寫這本書的時候，西方已不再將手淫看作是神經衰弱的肇因，而鮑也確實援引了醫學發現（例如：《金賽性學報告》）以駁斥「一滴精，十滴血」之說，藉以說明手淫對身體無害。[22] 然而，鮑也指出如果不多加注意，手淫很容易變成根深蒂固的惡習：

> 性的滿足應包括肉慾與精神高度愉快的獲得，手淫只能解除片刻肉慾的需求，但在心情上總有假戲真作之憾，必有一番美中不足，一番抑鬱沉悶，且難免增加一重羞愧，半響惆悵。因為缺憾的不滿足，自易重蹈覆轍，終必流於手淫過度。一些手淫成癮者，多半因為自制的反覆失敗，也必具有強烈的自卑感，於是性情憂鬱，喜愛離群獨處，阻礙其正常的社交生活。進一步更逃避現實，耽於空幻，自哀其哀，自樂其樂；與朋儕之間，無法和諧相處，人生的快樂，至是被剝奪過半。而且這種

19 鮑家聰，1962: 4。
20 鮑家聰，1962: 365。這種「聖王」說話位置與主導姿態，我將在第三章做更多探討與分析。
21 鮑家聰，1962: 336。
22 關於手淫如何被醫藥論述建構成「惡習」，因而危害國民身心健康之分析，見Dikötter 1995: 165-179。

近乎病態的畸形發展，實為心理疾病的前驅因素。[23]

這個段落或許可解釋「手淫」何以在中國語彙裡會逐漸被委婉稱為「自慰」，這個委婉語在1970年代早期以前並未進到大眾論述，而今則成了標準用語，顯然是為了抹去「手淫」兩字中「淫」字寓含的性道德不正確之意。除此之外，手淫仍被看作是異性性交的劣等替代品，而不是一種自我愉悅的表達。因此，「沉溺」於手淫的個人被貶抑為「逃避現實」，手淫作為個人情慾表達也就變得對異性戀式的社群性有害。[24] 在鮑的循環邏輯之下，集體手淫之少數社群性，在如此「強迫親密」（借用麥可・寇柏〔Michael Cobb〕的詞）的主流社會文化之中自是不可想像。[25]

　　同時，鮑對同性戀以及其他「性怪癖」的形構也與這種強迫邏輯緊緊相扣，在男同性戀的四個分類項目裡，他認為最嚴重的就是自我放縱類型[26]，此類型的同性戀不是「雜交」就是「自我欺騙」，這些人之所以染上性癮全是因為手淫次數過多。[27] 在這種情況下，心理學療法通常建議注射內分泌激素以平衡這些無藥可救的人體內的內分泌。[28] 特別值得注意的是，鮑的這種強迫邏輯在他對「性怪癖」（例如：窺視癖、拜物癖、裸體癖、虐待癖等等，也就是性學或精神病理學裡的性變態）的解釋中達到極致，鮑使用「癖」作為分類詞彙，藉

23 鮑家驄，1962: 371。

24 鮑家驄，1962: 371。

25 Cobb 2007: 450. 在〈寂寞〉一文中，寇柏藉由阿倫特（Hannah Arendt）以及班雅明（Walter Benjamin）之論點對主流中產伴侶親密關係做出精闢分析。雖然寇柏清楚言明此論文關注要點不在單身作為個人情慾想像，然他對「強迫親密」的解釋（建構於阿倫特所批判的威權體制下）與此章節所分析的正常的社會脈絡相呼應。在第六章，我將檢視另一個正常的社會脈絡下所謂的「強迫親密」如何透過當代反娼妓女性主義論述形成。

26 其他三項分別為假同性戀（鮑將此歸因於單性環境下，不得已只能以同性戀作為異性戀之替代模式）、「雙重」（鮑用來指稱「雙性戀」）以及娼妓（其中男同性戀就像女娼妓一樣）。這些分類最初在《青年心理》（鮑家驄，1957: 100-101）裡出現，並在之後出版的《病態心理學》加以說明。

27 鮑家驄，1962: 373-384。

28 鮑家驄，1957: 101。

以區分異於異性戀正典之外的偏差性實踐，鮑在介紹八類異常性行為的時候，作了以下簡短的說明：

> 「性」本身就是一種慾求，這種慾求是十分健康的；如果壓制這種慾求，又沒有適當的補償；或是外界的種種限制不能使他們滿足；或是內在的因素使他們不能發洩，不能適應外界生活，以致造成內心的矛盾。於是使自己的性慾有了變化，健康的平衡為之破壞，因此產生種種不正常的怪癖出來。以下所舉八種「癖」，只是表示他們介乎正常與不正常之間的一種不合乎常規的怪行為，輕者只是一種短期不當的行為，重者可以形成一種病態。[29]

鮑所假設的健康以及正常的性生活正是典型的性部署，以性壓抑假設作為策略，用來形構異於異性戀正軌的慾望。這個正軌常規假定了某種必須藉由慾望壓抑以及透過「適當」補償方能達到的平衡狀態；但也同時假設性慾望永遠無法得到滿足，且在社會約束下的性愉悅永不可達成。在如此前後矛盾的假設運作下，一系列性心理疾病於焉而生。

「癖」之操演

　　康文慶在他的專書《癖：中國男同性關係（1900-1950）》中追溯了「癖」的文化歷史，指出性學範疇的同性戀如何透過「癖」一詞被接合出來。康指出「癖」的辭源暗示「成習」或「上癮」，並引用蔡九迪（Judith Zeitlin）的研究以說明該詞的歷史建構有其難以捉摸

---

29 鮑家聰，1962: 412。

且廣泛的語意[30]。根據蔡九迪的說法，「癖」的論述起源於五世紀南朝時對違常之紀錄，至晚唐時已逐漸演變成鑑賞、收集各式物件之好，最後在十六世紀的晚明時期蔚為文人雅事。晚明所發展出的新德行，例如「情、狂、顛、癡」等論述，將原先對戀物的道德質疑，轉化成為一種風尚。[31] 因此，戀物癖成為明代的風俗之一，其中除了包含「棋、書、畫、石、花、和潔淨」之外[32]，同時也包括「男色」，而也就是在此時，用來表達男同性關係的古典用詞「斷袖」被接連到癖上。[33] 康特別強調了蔡九迪的分析中所精確指出的「癖」之矛盾性：既指涉「對某物的一種病態喜愛之情」，也同時被建構成「人類本性中的個人偏好」[34]。

我將更仔細地檢視「癖」之字義，針對康文慶只簡短提到的論點做更進一步之補充[35]，並標示出該字如何運作並接合到性心理機制。「癖」字的字義原先是指消化不良的腸胃病。根據蔡九迪的說法，該字最早紀錄在多本傳統醫療用書裡。舉例來說，文樹德（Paul Unschuld）曾指出，二世紀的《本草經》記載，「癖」是「最嚴重的疾病之一」[36]。此外，唐朝（約西元618-907年間）王燾在《外臺祕方》十二療法祕方寫到：「三焦痞隔，則腸胃不能宜行，因飲水漿，便令停止不散，更遇寒氣，聚成成癖。癖者，為僻側於兩脅之間也，有時而痛是也。」[37] 另一本古老中醫典籍《巢氏病源》則解釋「癖」為「食不消偏僻於一邊」。[38] 所以，「癖」原為人體內無法排出的聚

---

30 Zeitlin，引自Kang 2009: 29。
31 Zeitlin，引自Kang 2009: 30。
32 Zeitlin，引自Kang 2009: 30。
33 Zeitlin注意到同性戀在此是個特殊的例子，她相信「重點在於某一群人或是一種行為模式，而不是單一個體……[因為] 迷戀某人（無論性別）一般而言是被詮釋為情，而不是癖」（Zeitlin 1993: 243）。
34 Zeitlin，引自Kang 2009: 30。
35 Kang 2009: 154, n136。
36 Unschuld，引自Kang 2009: 30。
37 王燾，引自《辭海》，1990。
38 《中文大辭典》，1976。

積物，後來逐漸衍生為久而成習或上癮。此外，「辟」亦具有「遠離中心」、「邊緣」之意，因此癖所指的癮或習慣有與常情、常態不合之傾向。「斷袖癖」一詞成為慣用語，有相當大的重要性，因為它顯示了當時的人如何用既有的論述架構來看待、理解同性戀或同性戀行為。《聊齋誌異》中有一則題為「黃九郎」的故事，作者蒲松齡（1640-1715）用「何生**素有**斷袖之癖」這個句子來描寫故事裡那位好男色的主人翁。[39] 在這個敘事句裡「素有」兩字的出現絕非偶然，素有也就是一直都有的意思[40]，而這個完成式的時態表意完全是被「癖」字所誘導出來的，因為「癖」字已有久而累積成習的第一層意涵。「癖」字的操演力道（performative force）在意指行為的歷史積累，行為本身以「癖」作為修辭後，即成為不斷重複且不可自拔的表現。既是出於己願，然又不能自已，這就是癖字的文化表意。因而，斷袖一旦與癖接合後，它不但被解釋為偏好某種性行為，而更重要的是這個偏好是有時間性的（temporality）：它不僅只是完成式（have had），更是未來完成式（will have had）。由於這個特殊的時態，當某人被說成有斷袖癖時，同性戀行為本身的起源便顯得不重要；「癖」的論述性在於行為持續、且不斷的進行。換句話說，斷袖癖就是會使人沉溺其中並無法自拔的習慣。

　　是這樣的語言特殊性以及文化慣習，讓「癖」得以在當代台灣的性心理裝置裡以一種通稱操作，也就是，「癖」的病理化。「癖」原本與胃病相關，在現今則代表心理疾病，更精確地來說，「癖」現在指稱的是病態的性心理，而其「離心」特質則用來指稱偏離異性生殖常規之外的行為。「癖」因而被用來指稱各式各樣的、脫軌的性實踐，更精確而言，在諸如心理衛生這類的規訓知識框架之下，「癖」被建構成為缺乏意志力的個體所染上的、根深蒂固的陋習，也就是，

---

39 蒲松齡，1943: 3.316，粗體字為我所加。

40 中文時態不用動詞表示，而是用副詞（包括時間詞）修飾。

「癖」是一個人染上之後就無法控制戒除的癮。根據鮑家驄的想像，之所以出現偏離異性生殖常規之行為，乃是因為性方面受到挫折或自覺不如人，因此導致一種稱為「自暴自棄」的心理現象，也就是個體縱情於「不真實」的性滿足。雖說鮑賦予各類型性偏差的病理解釋各異，然其中「癖」的論述仍舊先決性地描述了某種根深蒂固且不斷發生的行為。[41] 在第二章，我將仔細檢視「癖」如何部署於新聞論述，並更進一步強調其如何作用於性心理的體制裡。

性認同與正常性心理發展

畢珀（Irving Bieber）的深具影響力的專題著作《男同性戀之精神醫學研究》於1962年在美國出版之後，1960年代初台灣也開始出現佛洛伊德式的同性戀病理學研究（鮑家驄在《病態心理學》一書裡也有簡短提到）。[42] 根據肯勒‧雷威斯（Kenneth Lewes）的男同性戀的精神分析理論研究指出，《男同性戀之精神醫學研究》一書紀錄了畢珀與其團隊花費長達十年時間、研究106位男同性戀病人，此書在美國受到精神分析社群熱烈支持，獲得「等待已久的精神分析概念終於得到證實」的褒揚。[43] 畢珀專書的主要論點是父母親的職責與態度在男孩發展同性戀的過程中扮演重要角色，並宣稱「親密黏膩的」母親與「疏離排拒的」父親將阻礙、甚至有害男孩發展日後正常的異性戀關係，也可能同時強化男孩的「娘娘腔」或陰柔表現，使其長大成為同性戀。[44]

兩篇帶著畢珀論點的文章分別在1964與1965年翻譯成中文，並出現在科普醫療雜誌《大眾醫學》裡。第一篇文章訪問美國神經學、精

---

41 關於「癖」在新聞論述的表意，見第二章。
42 鮑家驄，1962: 412。
43 Lewes 1988: 184.
44 Lewes 1988: 208. Abelove (1993) 指出佛洛伊德抗拒他的同性戀理論在美國被保守右派挪用。

神分析學者科妮利亞·威爾伯（Cornelia B. Wilbur），選自美國刊物《科學文摘》。譯者特別為台灣讀者做以下引言：「同性戀癖好的人如何染上此種惡習？又該如何治療？」[45]，文中威爾伯忠實地複誦畢珀的研究發現，並同時指出畢珀的研究亦可用於女同性戀上。[46] 第二篇文章則摘自1964年6月26日的《生活雜誌》，史無前例地（根據李·艾德曼〔Lee Edelman〕的說法）「進到全美數百戶中產家庭，忠實呈現同性戀『祕密世界』的奇觀」[47]，這篇翻譯文章只摘錄恩斯特·海夫曼（Ernest Havemann，該文原作者）較符合「科學」的部分。這篇文章可說是當代同性戀理論的具體縮影，在接下來的二十年間影響台灣男同性戀論述甚鉅，其中包括：金賽驚人的性學報告、佛洛伊德提出的達文西模式男同性戀，以及畢珀精心策劃之美國家庭羅曼史。

值此同時，精神醫學的聲音開始在台灣的心理衛生運動浮現，數名在美國學有所成的精神科醫師在此期間返鄉歸國並快速搭建起大眾平台。重要的是，當鮑將其心理學專心致力於青年主體之時，這批醫師則扮演著問題化孩童身體的關鍵角色。在如此一套正常心—性理發展的知識散播下，這批醫師於是開始在台灣輸入正確的性知識與性別常規。

《衛生雜誌》在1965年專訪了心理衛生專家與美國開業醫師蕭炎垚，而這篇訪談很典型地用了祕密的策略，對身處大幅性商業化中的青少年表達高度道德關切，來進行正常性心理之部署。[48] 蕭以殷切的「母性關懷」，解釋了不正常性心理的成因多半來自於幼年期，終致成年後婚姻不幸失和，並同時強調透過父母照顧可及早預防之重要

---

45 其林，1964: 388。
46 其林，1964: 390。
47 在他的〈茶室與同情心〉一文中，艾德曼將《生活雜誌》該篇同性戀再現與同年詹金斯（Walter Jenkins）性醜聞並置閱讀（Edelman 1993: 556）。詹金斯是美國總統詹森（Lyndon Johnson）的首席顧問，於1964年，因與一名男子在白宮附近的青年基督教會廁所裡發生性關係，而遭逮捕。
48 另一個不一樣的版本出現在《新生報》（秦，1965）。關於台灣性商業化之論述請見第三章。

性。她的性教育重點如下：（1）婚姻和諧與家庭愛為要素；（2）孩童五歲以後不得再與不同性別的家中成員共浴；（3）管教孩童要有耐心慢慢來；（4）適度「手淫」不是病，父母不應過分責罵以免孩童產生罪惡感。[49]

在這裡呈現出的是經過精打細算且用來管理孩童身體的策略。首先，上述第二重點提出的就是預防娘娘腔男孩和男人婆女孩，而此性別認同錯亂「有時候甚至造成變成同性戀的悲劇」。[50]另外，管教孩童的「輕柔」方式再次強化心理衛生專家的制度（知識）權威：因為，到底由誰來決定父母管教是否過當？由誰來判斷母親控制慾過強、父親過於疏離？最後，從父母觀點來解讀「適度」手淫暗示的是監視控管的全面展開，而抓到正在手淫的小孩正是「正確」性知識灌輸的時刻。

台灣性心理的精神醫學關鍵部署在1971年佛洛伊德的《性學三論》（*Three Essays on the Theory of Sexuality*）以及其他四篇論文（其中包括〈「文明的」性道德與現代人的不安〉一文）的出版。[51]後人對佛洛伊德《性學三論》裡對性之解讀素有爭議，有人覺得基進，有人則認為保守。舉例而言，戴維森指出佛洛伊德對傳統精神醫學／性學裡充滿道德批評的「變態」進行質疑，顯示佛洛伊德以所有的情慾皆為變態之論點（也就是對任何性對象來說，性本能並無先行的性目的可言），來根本挑戰常態的觀念。[52]另一方面則誠如傑佛瑞・韋克斯

---

49 金行，1965: 6-8。
50 金行，1965: 7。
51 1960年代與1970年代早期，志文出版社翻譯並出版數本佛洛伊德主要作品，其中包括《圖騰與禁忌》（1968）、《朵拉：歇斯底里案例分析的片段》（1968）、《日常生活精神病理學》（1968）、《夢的解析》（1971）。精神分析論述與台灣現代主義的關係，見劉紀蕙，2001。在此，亦值得注意的是潘光旦翻譯靄理士的 *Psychology of Sex: A Manual for Studies* (1933)，譯本《性心理》在1946年於中國大陸出版，當時台灣多家出版社亦有出版。因當時國民黨政府嚴禁出版任何共產黨執政下之大陸作品，台灣出版社屢對之道就是將譯者姓名省去，而潘附錄在書後的論文〈中國文獻中同性戀舉例〉也被除名。見《性心理學》（台北：第一文化社，1970）；《性心理書》（台北：仙人掌出版社，1972）。康文慶研究潘引介性知識論進入中國之關鍵性，見康文慶，2009: 52-59。
52 Davidson 1987.

（Jeffery Weeks）所指出，佛洛伊德將同性戀視為性發展停滯，最終不免還是重新銘刻了他一開始企圖批判的異性戀常規。[53] 值得注意的是，《性學三論》在台灣的翻譯本，書的封底文大肆宣稱其為「變態心理學學者們的至寶」，譯本前後分別收錄〈曾序〉與附錄〈談性異常〉，由哈佛畢業的精神科醫師曾炆煋執筆（同時也監督整本書的翻譯工作）。曾不僅特別將佛洛伊德基進的批判觀點徹底「消毒」一番，另一方面也在說服讀者精神醫學介入性變態之必要性。他在序文中強調了佛洛伊德對變態的病源之說與正常的心性發展：

> 過去人們總認為各種「性」的異常，如同性戀、戀物症、虐待症等是無可理解的病態。經過佛洛伊德這一番有系統的解釋……我們不但馬上可以瞭解，所謂性異常與正常間原本相差無幾，同時也可以尋找到治療性異常的途徑……精神分析的學說，其主要學理乃在說明人格發展過程中，其「原慾」經過「口慾」、「肛門」、性蕾、同性及異性各階段的層次發展。一方面說明一個人在嬰孩時期即有性之雛形表現，另一方面也闡述了人格發展的順利與否，往往會決定日後的表現是否正常。[54]

曾在這邊的理論很明顯地仍依附著某種性常規或性理想而發展，即便佛洛伊德認為性理想無法確立，而且道德上也站不住腳。所以曾只能採取高道德姿態來將病態化異常的性心理發展視其為人格失序。[55] 正

---

53 Weeks 1986: 71-73. 佛洛伊德的《性學三論》亦開啟了酷兒理論反常規的思想，見Bersani 1986，以及 Lauretis 1994。

54 曾炆煋，1971a: 1-2。

55 值得注意的是，性別角色認同是曾的醫療凝視下的重要議題，而與這相關的正是曾將精神分析理論的「陽具期」（也就是伊底帕斯情結的消解構成了性別差異）翻譯為「性蕾期」。在曾的提法裡，性別認同的開啟或「萌芽」與異性戀慾望相連。另一篇〈青年之性心理〉收錄在《青年心理》一書，由中國心理衛生協會出版的選集，曾以種植物的比喻來說明孩童性心理發展，在發展的最後一個階段則將異性戀生殖常態比喻為成熟開花。曾採取和蕭炎垚相同的論調，提醒家長特別謹慎確認孩子是否在萌芽階段即

是這種要正常的意志，結構了他這篇談性偏差的文章。

　　曾所著的附錄以重申異性戀生殖常規作為開始，另外，為了強化正常心—性理發展的概念，他甚至還引用了鴨子和天竺鼠的動物行為科學實驗來強調早期形塑適當人類行為之重要。接著他繼續探討屬於性變態之流的「同性戀」、「易裝癖」、「暴露狂」以及「虐待狂」，每個項目皆佐以精神病理個案。[56] 這裡值得注意的是曾的畢珀式同性戀個案。個案中的病人與母親相依為命，自幼父親缺席，據說個案非常想念父親，時常倚門仰望父親回家。同時，母親擔心孩子安全問題，從不准兒子與其他同儕玩任何「陽剛的」遊戲，另外，也常常因孩子年幼而與之共浴、一邊和兒子說話一邊更衣，卻又罵他看她。曾解釋母親的誘惑、控制慾，伴隨著過度溺愛、干涉孩童的陽剛認同，導致了男孩的同性戀傾向。[57] 然而奇怪的是，曾在解釋男性暴露狂個案時，他對陽剛認同過程出現了不同的說法。在暴露狂的版本裡，他提到一位男性運動員在女性面前暴露下體因而遭警察逮捕的個案，後來獲悉該名男性幼年時期未獲母親妥善照顧且長期遭姊姊們嘲弄，由於缺乏「男性雄風」，故而發憤成為一名運動員與軍人以彌補早期缺憾之陽剛氣質。曾在分析最後解釋該名男性的行為是「向自己證實自己是男人，有陽器可以嚇壞女孩子，另一方面間接性的向女人報復，以解除其歷來感到被母親、姊姊們所欺負之不滿」[58]。在此，男性似乎必須透過展示下體的方式以確立自身的性別認同，也就是，男性性生理構造才是賦予陽剛特質的關鍵，而這看來完全與曾的娘娘腔男孩提法完全矛盾。

　　曾在論文結語向讀者保證現代醫療已充分進展到能夠有效治療性偏差，並指出成功治癒的關鍵在醫生如何運用病人羞恥心：

採取正確性別常態。

56 曾炆煋在此對個案資料出處來源隻字未提。

57 曾炆煋，1971b: 215-216。

58 曾炆煋，1971b: 220。

治療性異常者，一方面幫助他們解除其不必要的過分羞恥心，能正視自己的問題，但他方面卻需要時時讓病人保持著適當之不安感覺，以維持其求癒之慾望。[59]

因此在性變態者身上被強加了雙重要求，其近似先前所討論過、針對手淫孩童的精神醫學邏輯。一方面而言，患者需保有「一些」尊嚴以資辨識自身變態行為（也就是，變態或多或少皆為天生），另一方面則須持續憂心尊嚴之消失，以體認需要接受治療之事實（也就是，放棄自身的「特殊性癖」[60] 以歸順於普世的異性戀性生殖常規）。諷刺的是，這個由醫療建置所強力維持的羞恥感，目的在捍衛既有的性道德秩序，而這個性道德與現代精神疾病正是佛洛伊德在〈「文明的」性道德與現代人的不安〉一文中強力抨擊之重點。

「我（夠）正常嗎？」：《逃避婚姻的人》

正是這個心理衛生運動所建立的正規脈絡造就了台灣第一本同性戀小說《逃避婚姻的人》（1976）。雖然在1960至1970年代之間已有零星男同性戀的文學再現[61]，但《逃避婚姻的人》是此文類獲得大眾關注之首例。這本小說是性心理裝置運作下的直接產物，而美國精神醫學會決定自1973年起將同性戀從精神病名單上剔除後的後續效應則是構成了它的消費框架。

根據吳瑞元的研究，《逃避婚姻的人》於1976年起開始在《中國時報》副刊連載，書於同年8月由中時出版。由於連載獲得廣大讀者

---

59 曾炆煋，1971b: 223。

60 台灣酷兒理論家甯應斌（1997）藉佛洛伊德理論以提出性解放觀點，我特意借用他所鑄造的「獨特性癖」一詞。值得注意的是，sexuality被甯翻譯成「性癖」，該詞發展並承接自1990年代台灣酷兒政治之脈絡。

61 關於台灣「同志」文學之歷史鋪陳，見朱偉誠，2005。

回響，讀者來信有尖酸刻薄的毀謗、其他「同性戀者」告白並分享共有的苦難，甚至還有人詢問何謂同性戀。於是報社決定邀請五名專家分別於1976年8月13日、17日發表他們對於同性戀的「診斷」，其中包括泌尿科醫師江萬瑄、精神科醫師柯永河與蕭炎垚、心理學家吳英璋、婦產科醫師陳庵君。[62] 雖然光泰曾自詡《逃避婚姻的人》被台灣男同性戀者視為「同性戀聖經」，但這本小說受歡迎的程度仍不容小覷。無疑的，這本小說在過去二十年間一直都很暢銷，1988年還賣出了超過10萬冊，並在1995年同志運動開展之時再版。[63]

此書之所以為精神醫學論述之產物，可從光泰以一則讀者來信作為序文中看出端倪。身為虔誠基督教徒的光泰當時尚未透露自身的同性戀認同[64]，而他自己也說，為了寫這本小說，他花了很多時間在台灣大學心理學系裡做研究。[65] 他說這位讀者的來信不僅讓他覺得努力沒白費，而且對他而言，這封信也代表了小說書寫禁忌主題之「答辯與回應」。[66] 署名為黃思堂的讀者，在信裡表達對光泰的敬佩之情，點出作者描寫被社會視為邪惡的同性戀主體需要很大的勇氣。另外，他認為社會也應該改變對待同性戀的敵視態度，並且試著瞭解他們的問題，因為，同性戀不是自願的：「有哪一個人願意天生是個Gay？又有哪一個人願意逃避上帝所賦與人類的最美好的禮物──婚姻呢？」[67] 黃接著說明為什麼社會應該改變對待同性戀的態度：

> 人們往往把Homo當作一種神經病（Psychosis），事實上，它並不是psychosis，而是一種性取向的困擾（Sex deviation）。

---

62 吳瑞元，1998: 69。這些「診斷」內容收錄在1976年出版的第三版小說裡頭。

63 吳瑞元，1998: 70。

64 台灣1980年代早期，衛生當局亟欲將觸角延伸至同性戀族群，光泰自願投身效勞，因而成了第一個公開出櫃的男同志。

65 見光泰，1976。

66 光泰，1990 (1976): 9。

67 黃思堂，1990 (1976): 10。

Homo在人格上、精神上、智慧上，都與常人無異，甚至要高於常人一些。唯一的不同，是在性的目標上。在心理學來說，這些人，在心性發展中，一直停留於Homo Stage，而無法進行到Hetero Stage，這種造成「停滯」（delay）的情形，往往是由於環境的因素。因此，它是一個社會問題，我們不該忌諱它，相反的，應該去瞭解它，去防患它的發生。一旦發生了，就應該謀求妥善的解決辦法，而不應該像痲瘋病一樣的，把病人趨之一隅，讓他們過著暗無天日的生活。[68]

雖然上述段落讀來矛盾，且不禁讓人聯想到鮑家驄建構的病態心理學，但這段話完全捕捉了整個心理衛生運動的精神，以慈悲為懷之心去治療那些不太正常的主體。光泰以此信作為他寫此書的辯護，清楚表明他所信奉的精神醫學知識，並用此知識的重新布局來懇求社會接受男同性戀。

具同性戀認同且中產階級身分的楊安迪是主要敘事角色，小說裡描述在家人催婚壓力之下他如何委曲求全，向婚姻低頭。雖身為一個「無可救藥的」同性戀，卻仍努力向正常面靠攏，他於是與一名年輕女子鄭若瑤進入了一段便利婚姻，當時女方早已懷了一名已婚男子姚應天的孩子，這名男子便是安迪最深愛的人。小男嬰雖順利出世、跟了安迪的姓，然而，即便安迪有著堅定的基督教信仰，這段婚姻仍然很快破裂，因為安迪不願履行丈夫行房的義務，結局最終以離婚收場。

由於作者希望提升大眾「關懷」、「幫助瞭解真相」[69]，因而《逃避婚姻的人》讀來比較像是社會報導文學。裡頭除了描述1970年代台灣地下的男同性戀酒吧，以及一個迫使故事主人翁過著正常生活

---

68 黃思堂，1990 (1976): 11。引文裡的英文皆為黃思堂所用。
69 吳瑞元，1998: 62。

的惡劣社會環境之外，這本小說的故事軸線交織著「更新」一般社會觀感的企圖，希望大眾對所謂變態的、病態的特殊情慾模式多所理解。[70] 其中有兩個足以說明世人對同性戀態度轉變的例子。其一，當應天不敢相信安迪的同性戀身分竟然還能被教會接受的時候，安迪回答：

> 這很難說，社會在改變，我們的教義也隨著改變，比如說在以前，避孕是被禁止的，現在教會卻是推行人口政策的一個力量，最近天主教梵蒂岡當局發表一項聲明，聲明中說羅馬天主教會譴責婚姻以外的性行為，但是對於無法治療的同性戀者，應以諒解態度待之，並應謹慎判斷。[71]

之後，當安迪帶著他那異性戀但觀念開放的同事何雨堃（兩人同時也有所曖昧）到男同性戀酒吧「殊曼妮」開眼界的時候，安迪與之分享當時對同性戀的最新醫藥治療態度：

> 因為現在一般人的觀念，包括心理學家、精神醫科大夫已不視Gay為病態，大家一致認為同性戀也是人類情感的一種正常表現，絕不是罪惡，因此除了鐵幕國家，任何民主自由的國家都有Gay Bar的。

> 不過我們社會的民情比較保守，Gay還是不太公開的，對嗎？[何雨堃問]

---

70 特別值得注意的是，光泰在小說裡所揭露的地下同性戀酒吧文化，主角特意將泡酒吧的同性戀分成兩類，一種是「玩玩而已」（just for fun），另一種則是「營利本位」（commercial）。見光泰，1990 (1976): 43。後者在文中被描寫成墮落的一群，安迪對這些人汲汲營營於物質滿足十分不以為然（50）。

71 光泰，1990 (1976): 67。

但是這一代的人不同了，這一代的人知道如何追求自己的幸福，知道過日子是為了自己，不是為了別人的眼光，美國憲法就明白表示，人民有追求幸福的自由[72]，你不要小看這一點點的道理，它會揭示你一個完全不同的人生觀。[73]

在美國對台灣揮之不去的文化霸權影響下，光泰引用美國《憲法》章程勉強可算得上是策略上有用，但他似乎一點也沒有察覺其中矛盾，如果美國《憲法》裡承諾的烏托邦理想世界可以被實現的話，那麼「同性戀」首先就不會在美國被病理化處理了。[74]

彷彿安迪所言還不夠具代表性一樣，光泰在小說稍後安排了一幕，讓精神科醫師親自展示醫療界如何看待同性戀。安迪躺在「心理衛生診所」的睡椅上，接受了兩次「佛洛伊德式」的催眠分析法。[75]在此場景安排中，非常戲劇化地呈現畢珀的佛洛伊德家庭羅曼史：安迪不喜歡他的軍人父親，小時候也常常想為什麼他不能獨自擁有母親。父親在他九歲過世以後，安迪與母親的關係更加緊密，甚至反對母親與其他男人交往。精神科醫師在第一次診斷結束之後，做出以下分析：

> 你從小就對男女兩性完全混亂，你從來沒有得到父親的愛，再加以你特殊的家庭背景，使你過了好一段母親為主的生活，不可否認的，她除了愛你，你做錯事，她也會教訓你。於是你畏懼母親，長大了你也就疏遠女性，因為你的心底，認為女性擔任的是權威和壓制的角色，你厭惡她們。[76]

---

72 這段話其實出自美國《獨立宣言》：「人人生而平等，造物者賦予他們若干不可剝奪的權利，其中包括生命權、自由權和追求幸福的權利。」

73 光泰，1990 (1976): 127-128。

74 見第六章，我批判台灣主流女性主義所提倡的（虛假的）幸福承諾。

75 光泰，1990 (1976): 158。

76 光泰，1990 (1976): 167。

在第二次的診療，聽了安迪青年時期的故事、以及對於和女人性交之念頭感到厭惡之後，醫師做出以下結論：

> 你很好，你不焦躁、鬱悶、易怒，**宗教信仰也給了你很完美的人格**，同性戀在精神醫學上已不是病態，**你只是在性的角色上錯亂了而已**……你不會因為同性戀而混亂你的人際關係，我接觸到的幾個案例就相當危險，因為他們隨時隨地，比如乘坐公共汽車，上洗手間就會發生醜惡的事，甚至連我這個心理分析醫生，談久了，他們都會移情到我身上。[77]

上述所描繪出的縱慾、「危險的」同性戀與安迪的好基督徒同性戀做出了強烈的對比，即便虔誠的安迪仍無法每次都抗拒一夜情的性誘惑。[78] 重要的是，這幕所再現的精神醫學觀點不僅在光泰書的後序裡再度被複頌，就連受邀評論此書的五位醫療專家也全都提到了。[79] 因此，這種表面看來是精神醫學將同性戀正常化的觀點需要好好地仔細檢視。

在賽菊蔻的重要論文〈如何將孩子教養成同性戀〉裡，她指出自從1974年美國精神醫學協會將同性戀從病理名單上除名之後，另一個新的診斷項目稱之為「孩童性別認同障礙」悄然出現在美國精神醫學協會1980年新版的《精神疾病診斷與統計手冊》（DSM-III）裡。這項新的診斷項目特別針對氣質陰柔的男孩所設計，賽菊蔻將之視為精神醫學建制用來應對1974年同性戀病理除名之後續效應，重新藉由自

---

77 光泰，1990 (1976): 199，粗體字為我所加。

78 光泰，1990 (1976): 67。安迪決定在婚前享受最後一次的同性性愛，於是刻意安排召妓，在此場景中，安迪那時為罪惡感所籠罩的良知清楚可見，敘事安排讓安迪的好友何雨堃親眼目睹這場不道德交易，使安迪赤裸裸地回顧他那沾滿罪惡的靈魂，活生生地將罪惡不僅攤在他自己面前，也攤在眾人驚訝的眼光下，以常態社會標準加以批判（142）。

79 見光泰，1990 (1976): 241-269。

然化的性別認同以監控並規訓孩童性與身體。[80] 台灣的醫師和精神病學家顯然也在1976年一起加入規訓之舉。除了吳英璋之外（有關他同性戀正常化的論證將稍後討論），其他所有的醫界專家皆從正常的性別身分認同角度來探討同性戀問題，當然也同時強調父母親早期預防的重要性。[81] 泌尿科醫師江萬瑄指出傳統父權在工業化的台灣社會漸趨式微，因而產生「軟弱父親」之形象，也因而導致近年來同性戀人數不斷增加[82]；婦產科醫師陳庵君則敦促所有職業婦女們應以家庭為重，在孩子滿四歲之前勿負擔全職工作[83]；精神科醫師柯永河與蕭炎垚皆在孩子性心理發展上做文章，特別強調戀母情結消解之後即能發展成心理正常的男陽剛與女陰柔的性別認同。[84] 特別的是，即使柯醫師身為台灣當時臨床心理治療的新權威，在〈不能視為異常行為〉一文，他仍聲稱異性戀才是正常生活的主要模式：

> 雖然精神醫學界已不再認為同性戀是變態行為之一，或某些社會已給其合法性，但它畢竟不是人類男女關係的主要模式。因此，父母們還是應負責教養子女，使其長大後願選擇異性戀關係，而捨棄同性戀關係。為達到此目的，父母本身應努力使自己在性角色方面成為子女的良好認同與模仿對象，鼓勵子女從玩伴學得扮演合乎其性角色之方法，給予子女以合乎其性別之名字、衣服及要求。**心理學家認為，雌性或雄性是與生俱有的，但女性或男性卻是經長期的學習與訓練才能培養成功的**。[85]

---

80 Sedgwick 1993b: 154-164.
81 吳瑞元（1998: 68）亦有與此相似之觀察。
82 江萬瑄，1990 (1976): 244-245。
83 陳庵君，1990 (1976): 259-262。
84 見柯永河，1990 (1976): 246-249；蕭炎垚，1990 (1976): 254-258。
85 柯永河，1990 (1976): 249，粗體字為我所加。

繼同性戀在精神病理學除名之後，現在則由性別認同之規訓取而代之。除此之外，雖然柯醫師的性別論調讓他聽起來像是個社會建構論者，然而他的提法事實上是生物本質論，因為它把生理構造差異視為先天自然。他喚起的是生理性別的傳統概念，而重要的是，身體正是透過此概念的常模運作而被管制。在此，朱帝斯・巴特勒的對「性」（sex）的傅柯式提法深具啟發：

> 「性」（sex）不僅以常規模式運作著，更是一種具有規範性實踐（regulatory practice）的一部分，而此實踐生產了其所治理的身體。換言之，規範力整體而言即是一種具生產性的權力，此權力生產劃分、流轉、區別其所控制的身體。因此，「性」（sex）是一個具有規範性的理想，其物質化（materialization）是被驅動的，而這樣物質化產生（或者無法產生）則必須透過某些高度規範性的實踐。換句話說，「性」是透過時間而被強力物質化的理想建構。它不是一個簡單事實或是身體的停滯狀態，而是一個過程，在此過程裡具有規範性質的常模物質化了「性」，並且透過那些常模的強力反覆以達成此般的物質化。[86]

柯所指示的父母管教，其中包括適當的名字、衣服還有符合各自性別認同的要求，應視為一正常化的過程，而在此過程中，身體依據「性」的規範性理想而被物質化。進一步來說，這個性的正規體制本質上是規訓。他清楚指出，若要「成功」地符合性別角色必須透過「學習」和「訓練」養成。當然，柯醫師在此說的「成功」無非是指：同性戀（男、女都一樣）既然在這樣強迫異性戀之下都是失敗的男人跟女人，就必須透過處罰（也是訓練策略之一）的方式以矯正其

---

86 Butler 1993: 2-3.

不當行為。

　　吳英璋與以上正規觀點相異，原因在他代表的是某種心理衛生運動時期所沒有的進步論調。在〈同性戀與異性戀〉一文中，吳引用美國精神醫學會1973年將同性戀去病理化的決定，以及金賽對同性戀的研究，他指出同性戀假如沒有牽涉其他偏差行為或心理疾病的話，是完全正常的。重要的是，他還特別指出「問題學生」或是「同性戀」等社會標籤所帶來的傷害效應，強調對同性戀根深蒂固的偏見會使同性戀較容易產生心理問題。然而，當他引用一位美國心理醫師在1973年同性戀去病理化論戰時所發表的觀點時，仍可看出他口中的「正常的同性戀」有其限制。他所引用的這位心理醫師（未指明姓名和出處）堅稱偏差行為亦發生於異性戀身上，接著論道：

> 有許多同性戀者，不管是男性還是女性，除了性取向的對象不同之外，他們也一樣很負責任，很有榮譽感，很值得信賴，而且情緒上也很穩定，成熟，也對生活適應得很好。[87]

吳接著提問：「正常的同性戀者既然與正常的異性戀者一樣，能對社會貢獻出一己之力，那社會為什麼不給他們相等的機會？」[88] 即便這話聽來再怎麼有正當性，異性戀在此仍被預設當作衡量同性戀者的常模。截至目前為止，吳辯證同性戀之所以為「正常」乃是因為他們能夠對這個「正常」的社會有所貢獻。但這正是傅柯所分析、現代社會所要求之有用身體的培養，其透過矯正訓練的方式形成，而精神醫學正是這種常規體制下操作的規訓實踐。[89]

　　值得注意的是，光泰也用了同樣的修辭以請求社會大眾接受同性戀。他寫的〈我為什麼寫《逃避婚姻的人》〉一文首刊在1976年8月9

---

87 吳英璋，1990 (1976): 262，粗體字為我所加。
88 吳英璋，1990 (1976): 262。
89 見Foucault 1990 (1976), 1991 (1977)。

日《中國時報》上，光泰主張同性戀沒有家累，「他們有更多的時間放在事業上，在各階層中，貢獻出他們的才智」。[90] 他運用當時的中華民族國族論調說著：

> 我們的社會是和諧的，我們的文化是深遠的，我們的**民族性**是寬大的，我們不會像外國一樣，因為一個人性向的差異而歧視一個人，我們評定一個人人格的標準，應該是放在他——誠實、負責與順從上面。[91]

原本光泰提出的最後一項特質是「順從」，最後在他的書後序中則改為「公義」與「純潔」[92]，由此可見，他的懇求可被理解為他嘗試動用主流文化與宗教道德（儒家或基督教等）來置換性心理裝置下所產生的性部署。然而此番嘗試又同時被他所擁戴的精神醫學知識所阻礙，正如小說中一邊描繪出同性戀主體的「歡樂」（gay）生活，然而這樣的歡樂卻又受阻於他所信奉的一對一單偶制及其標榜的美德。[93] 此外，「和諧」以及「包容」的論調也未經質疑。這般論調所指涉的中華文化裡，隱含著一種劉人鵬與丁乃非稱之為「含蓄」的暴力美學，幫助維持一個不需質疑的預設整體，具體而言就是異性戀常態生活。[94]

結語

在本章裡，我用了1960年代到1970年代台灣心理衛生運動期間的

---

90 這篇文章稍後被收錄在光泰該本小說裡。

91 光泰，1976，粗體字為我所加。

92 光泰，1990：266。

93 在他加入早期愛滋防治工作後，光泰的性道德論調變得更加突顯。見第二章。

94 見劉人鵬、丁乃非，2005。

性知識生產，在傅柯史觀對sexuality的研究下，將其視為中文語境中之「性心理」。我顯示了身體，特別是青少年的身體，如何在性心理部署下，依據性與性別常規，而被物質化。同時，我亦標示出性變態如何透過「癖」而被概念化成為一種特別的強迫症。性心理作為精神醫學思維的產物，將人個別化，並透過正常性心理的灌輸以生產出變態人格，如：手淫的小孩以及同性戀等等。光泰所寫的《逃避婚姻的人》全然是這個正典性文化之下的產物。《逃避婚姻的人》在性心理裝置內的銘刻，比較不是傅柯所謂的「反轉論述」（reverse discourse），反倒是大多在其規範性限制內操作。

第二章

賣淫、變態與愛滋：「玻璃圈」的祕密

　　本章探討的對象是從1950年代至1980年代男同性戀在國內報章中的再現。承續前章對於「性心理」裝置的探討，本章把重點放在此裝置被置入新聞生產場域的過程。如同1960、70年代心理衛生專家持續灌輸「性心理」的規範性知識，新聞記者也開始將這些變態心理學理論應用在偏差的個人（例如男娼）以及涉及同性關係、同性間性行為的犯罪上。我探討的重點是，用來形容男男性關係、性行為的字眼和語言傳統——諸如「人妖」、「斷袖癖」[1] 等中文用語——在新聞媒體當中的指涉機制。在性心理的裝置中，這些字眼被轉接到優勢的精神病學用語「同性戀」上，受到國家社會道德和愛滋醫療論述雙重規範下的男同性戀從而成為眾矢之的，被冠上本土的蔑稱——「玻璃圈」。

人妖：不男不女

> 我們……在公開場所又不能談這些事，有次有兩位老兄就在一家餐廳忘情的談起戀愛來，最後被別人以「人妖」、「兔子」打了一頓。
>
> ——他K，台灣第一個同志酒吧老闆[2]

　　從人妖的新聞論述中可以得見那些不在異性戀關係、不從事異性

1　「斷袖癖」指男男性關係，典出漢哀帝與朝臣董賢的情事。「帝、賢午休相擁而眠，帝醒憚驚賢，以劍割袖而起。」（Hinsch 1992: 53）

2　胡亦云，1985: 67。

戀性行為、不具異性戀性別表徵的人，是如何遭受汙名化。蔡九迪和康文慶曾分別就前現代中國和國民政府時期的貶抑詞來追溯其字源。起初，人妖意為「人體肢體異常」，在典籍文獻中為不祥之兆，也有性別化的「扮裝者」意涵。明末時，「人妖」用來形容逾越父權性／別常模的人。[3] 康文慶的研究發現在國民政府時期，「人妖」指涉一系列逸出常軌的性／別主體，包括「扮裝者」、「京劇旦角」、「男娼」以及「服儀舉止女態，與男交媾之男子」。[4] 這些主體的存在，構成了對既有社會、政治秩序的威脅。康文慶並指出國民政府在人妖論述上隱含的矛盾：

> 一方面，與男人有性行為的「人妖」被視為男人，逾越了既定的性／別規範。另一方面，正由於逾越了這道規範，他們被看作已失去男性特質，因此又成了女人。[5]

就如前章援引康文慶對「癖」的討論，「人妖」一詞蘊含的矛盾，與賽菊蔻觀察到的性別分離論（gender separatism）與性別跨越性（gender transitivity）不謀而合。下文將可以看到，「人妖」一詞的用法，在國民政府時期的台灣聽到了清晰的歷史回聲。[6]

在台灣，人妖一詞的當代用法，從1951年名噪一時的「人妖曾秋煌」案中可見一斑。[7] 曾秋煌於1948年因偽造文書被捕入獄，1951年又再度遭到起訴。他不服被判服刑三年，強制勞動三年，向台北高等法院提出上訴。一樁平凡無奇的案件，卻因為被告曖昧不明的性／別身分一躍變為法庭上的奇觀，曾秋煌的人妖之名也不脛而走。由於曾

---

3 Zeitlin，引自Kang 2009: 33-34。

4 Kang 2009: 34.

5 Kang 2009: 38.

6 Kang 2009: 38.

7 趙彥寧是第一位挖出這起審判的本土學者。見趙彥寧，1997b。

秋煌「不男不女」的傳聞甚囂塵上，在他抵達台北監獄看守所的時候已經引起過一陣騷動。在「慎重檢查」之後，曾秋煌才被發入男監。[8]《自立晚報》的審判報導開頭先向讀者說明，所謂「人妖」不是「三頭六臂」，而是「忸怩作態」的人。不過報導窮追不捨的點在於曾秋煌的性身分之謎。法院上最具戲劇張力的一幕，莫過於當法官詢問的時候，曾秋煌透露，早在1946年，便已經是五個孩子的父親，又曾以女兒身嫁給一名鐵路員工。[9]四天後判決結果出爐，由於「慕名前往『瞻仰』人妖大人物者絡繹不斷」，《自立晚報》又再度描述曾秋煌矯揉造作的舉止。據報曾秋煌對判決的結果相當滿意。[10]

曾秋煌法院驚鴻一瞥，蔚為奇觀，「人妖」之名不脛而走，只因為他的行為不像個男人。他的體態（纖細的身軀、雌雄莫辨的穿著）和法庭上的一舉手、一投足所受到的重視程度，在在指涉他過分的女態。此外，成語「不男不女」標誌出人妖這個字眼當代的接合（articulatory）邏輯，代表一種存乎二元框架內的否認（repudiation）邏輯。在這套二元框架中，主體非此即彼。在這個案例中，在既定的象徵秩序下，主體位置非男即女。「不男不女」中的「不……不……」語法是一種徵候，表明無法趨近、挪用該主體位置。此種雙重否認的邏輯形同賤斥（abjection）。不男不女的「人」遂成了鬼魅化的（spectralised）、妖影幢幢的「人妖」。[11]

1960年代早期，「人妖」一詞用來稱呼台北市萬華三水街紅燈區的男妓。《徵信新聞報》（《中國時報》的前身）一篇報導題名為〈駭俗、骯髒、卑劣和不堪入耳……三水街的男妓〉：

台北萬華區三水街一帶，每逢華燈初上，在小巷的暗影裡，除

---

8 見《聯合報》，1951a。
9 《自立晚報》，1951a。
10 《自立晚報》，1951b。
11 「不……不……」的句法邏輯，見Butler 1993: 93-119。

了一群倚門賣笑的私娼以外，還有一種畸形變態的人物，遊蕩在巷口。這些人跟娼妓一般，同樣是操出賣肉體的賤業，不同的只是他們的性別——他們是男性，名符其實的「丈夫」。像這種駭人視聽的人物，以往也零零碎碎的時有所聞，可是三水街這一批，就跟其他的顯然不同。他們形成一個膽大包天的集團，其中除了八名高張豔幟的男妓，背後還有一個握著金錢與暴利兩種「武器」的老板……即使在台北住上十年的老市民，恐怕也難以知道身邊有這樣一塊骯髒地方吧！然而這是事實，每晚七時，他們便穿著女性的服裝，準時出現，並且當街臨鏡，化妝修飾，與女性無異。一位附近市民表示……別的不要緊，要緊的是孩子們，他們整天看那些穿女人衣服的男人們，妖行怪狀，當巷拉客，這會給孩子們多壞的影響。他說：我寧可忍耐一萬個私娼，但也忍不下一個這種「逐臭」的東西現眼。[12]

該報導質疑，為什麼在屢次通風報信下，如此醜惡的生意竟可以存續五年之久，暗示警紀腐敗顢頇，顯然要記上一筆。翌年，《台灣風物》的報導〈台北市三水街的穢業〉也揭露男娼的生態：

每天黃昏時候，在這個角落裡，便可看到在幽仄的路燈下，或黑暗的亭子腳，有一班怪物蠢動著。他們既不似男，又不似女……這些怪物，外省兄弟稱做「相公」，本省同胞叫做「缸仔」。[13]

這一帶的男妓文化或可上溯至1950年代早期，乃至更早。[14] 這些報導

---

12 楊蔚，1961。
13 廖毓文，1962: 7。
14 見〈太保狎男妓，事後竊款而去〉，《聯合報》，1951b。這是我目前所找到關於萬華區男娼最早的記

並未使用「人妖」一詞，但「妖」已被用來形容男妓，要嘛看起來「妖形怪狀」，要嘛乾脆稱之為「怪物」。第二篇文章提到了個重要的字眼：根據康文慶，「相公」一詞本指京劇旦角，到了國民政府時期始與「人妖」互通，皆指男妓（因為自清代開始，男妓文化便是跟隨京劇發展）。[15] 另一方面，本土河洛方言中所稱的「ka-ah」意指「屁股，臀部」。雖然這個俚俗用語鮮少見於報章媒體，其「雞姦」意象在另一個本土字眼「玻璃」中卻清晰可見。「玻璃」是1960年代的黑道行話，指的也是「屁股」。「玻璃圈」則用來指涉想像的同志社群，從1970年代起開始在媒體流行起來。

《徵信新聞報》的另一篇報導也頗令人玩味。1962年10月13日，警方控告該區一名男妓陳諸順涉嫌毒品交易。在陳諸順的照片下方說明附註「販毒怪物陳諸順」，就緊鄰著標題〈看來似女實男 察是販毒老闆：既有「丈夫」又亂交男友〉。報紙報導：

> 據警方調查……陳諸順的性別所以未加註明，是因為他在**生理上**雖為絕對的男性，但在**生活上**卻極端女性化，不但有黃進發和黃炳祥兩個「丈夫」，每夜同居在一起，而且每天下午，塗脂抹粉，蓄長髮，穿花衫，在寶斗里的風化區交「男朋友」。[16]

陳諸順被冠上「販毒怪物」封號，並非出自他的毒犯身分，而是因為他不合傳統的生活方式。陳諸順之所以受到譴責，不只是因為他生活淫亂，也因為他逸出了男性的主體位置。這裡值得注意的是「生理上」和「生活上」兩詞並陳，用來形容陳諸順的偏差。我想強調的是，陳諸順陰柔的行為完全未被心理化。如同人妖曾秋煌造成的景觀

載。

15 Kang 2009: 37.

16 《徵信新聞報》，1962，粗體字為我所加。

和日漸浮上檯面的扮裝男妓次文化，陳諸順之所以被當成怪物是因為他的體態妖嬈，而非因為他的心理狀態。所有這些被冠上人妖之名的男人都並沒有賦予性心理。

除了三水街以外，1950年代起，台北新公園也以男妓的溫床著稱。一篇《聯合報》短訊呼籲新公園周邊加裝路燈、加強巡邏，因為新公園已淪為「男娼館」。[17] 以下是一篇詳述新公園男妓文化的報導〈新公園人妖幢幢〉。這篇早期的新聞媒體再現對於第四章《孽子》的脈絡化閱讀至關重要，因此以下全篇照引：

> 新公園內的「人妖」的猖獗情形又日益嚴重了，每屆傍晚時分，在博物館附近及音樂臺一帶，都可以看見一些穿著不三不四服裝的「人妖」在活動，他們逢人就擠眉弄眼，做出一些不男不女的動作，令人見之噁心。據說一些有「斷袖之癖」者都以此作為交易場所，而每一次的代價為三十元至五十元間，警方對此雖曾作過全面性的掃蕩，但總無法根除，因為這些「人妖」在風頭緊的時候會採取「化整為零」的方式活動，給警方增加了一些困擾。據城中分局的一位警官表示：這些從事「人妖」勾當的少年，大部分都是一些逃家的孩子，他們在公園內遊蕩時，往往會被一些嗜好此道者所誘騙，久而久之就成了惡習，在數年以前，警方曾查獲一個專門利用「人妖」賺錢及從事敲詐勒索的不法份子，而此亦為該「圈內」的領導人物，後來此人被送往外島管訓，幾乎使這個「組織」瓦解，新公園也曾平靜一段時間。有關單位為了發展觀光事業，對新公園曾花了一筆很大的經費來整修建設，現已成為台北市區內數一數二的遊覽休憩場所，警方對這見不得人的「病態」，實應予以徹

---

17 《聯合報》，1959。

底根治才對，切勿讓外來觀光客對此留下不良印象才好。[18]

在冷戰方酣，台灣政府為了提倡觀光業（見第三章），打造清新純樸的國際形象之際，似乎也深受這些怪誕賤斥的幢幢妖影所縈繞，深怕他們登上公共空間。從報導人妖中出現的「癖」字中，可以看出「斷袖癖」者如何帶壞年輕人，以及前章論及的「癖」的操演力道──不論是扮裝、肛交、口交，甚且以這些方式維生的習癖──都是隨著時間的遞嬗逐漸習得的。

　　儘管斷袖癖指的似乎是扮演主動的角色[19]，然而一旦「斷袖癖」遇上「正常」的男人，他就只能被當作陰柔化的妖魔鬼怪。《大眾日報》刊出新公園人妖報導後數日，又刊出了一則新聞：男子張振壽騷擾男人，結果被他騷擾的正好是便衣警察。張振壽怪誕又風騷的樣子被形容成專門獵食男人的妖怪，挑年輕警官下手。這則報導除了將「斷袖癖」的男人描繪成陰柔的獵食者之外，也呈現出一個有趣的現象：同性戀這個精神病學用語──在當時國內新聞生產中的新穎詞彙──現在和「斷袖癖」合起來指涉同性性關係、性行為。首先，這則報導與另一則中年男子通姦誘拐的新聞列在一起，下標為〈無聊的中年男子：一有斷袖癖，錯把刑警猥褻；一為登徒子，誘姦有夫之婦〉。「斷袖癖」、「登徒子」兩個古典中文用語在此並陳，用以描繪兩個做壞事的人的性格。「無聊」一詞像是普遍對男性行為不檢的道德譴責用語，但是相較於「登徒子」（色狼），張振壽的「斷袖癖」則被心理學化，鎔鑄入精神病理學上的同性戀。這裡尤其重要的是，張振壽的「斷袖癖」被接合成「專搞同性戀」。「專搞」本來意指「熱衷於」、「專精於」，所以「專搞同性戀」之說彷彿是被「癖」的操演力量所驅使似的。結果，斷袖癖和同性戀融為一體，同

18 《大眾日報》，1971a。
19 康文慶（2009: 29）也曾指出，「有『斷袖之癖』」在歷史上通常用來指男同性關係中扮演主動的角色。

性戀又被視為變態心理，張振壽就不再只是有特殊性習慣的「無聊」男子，而是性心理不正常的變態。

心理化人妖與斷袖癖

1970年代早期，發生三則重大同性性關係的醜聞——1972年《自立晚報》披露高雄加工出口區同性戀女工不倫戀、1974年查宅血案、1975年「瘋狂殺手」廖仙忠案。這些同性性行為或同性環境的相關報導在在催化媒體中的同性戀部署。在這些事件的報導中，「同性戀」一詞被部署為首要的意符，同性性行為隨之開始從醫學的角度被重構。

1971年10月29日《自立晚報》發布一篇聳人聽聞的高雄加工出口區女職員宿舍相關報導。報導披露，由於宿舍嚴格規定男賓止步，逾兩千名女工找不到情愛的「正當出口」，導致女同性戀在這個單性的環境蔓生滋長，甚至有謠言說「年長女工愛上了年輕女工」。[20] 女宿醜聞爆發後，《自立晚報》在11月5日到7日間刊出一系列〈同性戀面面觀〉特輯。記者梁饒宗讚許地方政府即時反應，馬上開放讓男賓造訪女宿。他還呼籲管理其他工業區的相關單位認真看待同性戀問題，以免同性戀成為一股社會潮流。

這起特別報導形容同性戀為古今中外社會中「史不絕書」卻「最出乎情理之外」的現象。《自立晚報》引述一名「國內致力於『性學』研究的專家」何非的話，宣稱同性戀的成因先天與後天同樣重要。然而何非表示，根據最新內分泌科學研究，「頑固」的同性戀乃是生理先天決定，內在的分泌不平衡會阻礙青春期兩性的生理分化，娘娘腔的男生和男人婆的女生就是「居間」和「夾雜」狀態的例證。耐人尋味的是，該報導暗示生物學上的失敗可能「逐漸擴展到心理領

---

20 梁饒宗，1971。

域」，進而播下同性戀的「種子」。[21] 雖然報導並未說明性分化的「生理領域」過程如何「逐漸擴展到心理領域」，不過文中對「性倒錯」（sexual inversion）的接合提供了一條線索：

> 同性愛者性交的方式，男性與女性間，有些不同，男性同性愛，除有少數是（或偶而採用）互相手淫以外，大部分是用「雞姦」的方式，亦即以肛門代替女性的性器，發生結合。這種異常的性交方式，有時會發生另一件惡果，那便是「性倒錯」。所謂「性倒錯」是這些甘願扮演女性角色的男子，其雖具有男性的性器官，但在精神上，是屬於女性的。在潛意識中（甚至在意識中），是以女性自居的。久而久之便對自己的男性性器發生厭惡，對女性產生嫉妒心，甚且要求醫生施行「變性手術」……女子的同性愛，較為不同。由於生理構造的關係，兩個女人發生了肉體上的深度結合，是絕對不可能的。所以，女性同性愛，雖然在精神亦有男女之別，但，在肉體上的關係，則完全是「對等」的，不像男子同性，扮演異性角色的人，容易導致「性的倒錯心理」。[22]

在這個男性中心論的「性倒錯」提法裡，它不僅援用性心理學來解釋看起來「不男不女」的那些人「以特定方式來倒轉自己內在的陽剛和陰柔」[23]；同時，性倒錯的概念更是透過「雞姦」這種特殊的性實踐來接合。要徹底瞭解男性中心論對性倒錯的解讀，以及其中蘊含的異性戀中心邏輯，必須先檢視「雞姦」一詞如何用來指涉肛門性交。

根據韓獻博（Bret Hinsch）的研究，「雞姦」用作男男性行為的

---

21 梁饒宗，1971。
22 梁饒宗，1971。
23 Foucault 1990 (1976): 43.

貶義詞，首見於唐代（西元618-907年）通俗文學。現在的「雞姦」一詞由「雞」與「姦」組成，但韓獻博指出，過去並不用「雞」這個字。清代的袁枚（1716-1798）即指「雞」字乃是誤用，原作「奊」，奊意指「將男做女」，顯然這個定義暗指性角色被動的男人。[24] 韓獻博認為，「奊姦」改寫為「雞姦」並非偶然，因為「雞姦」一詞的指涉，乃是人們相信家禽常進行同性性交。「雞姦」的誤寫至唐宋應已積非成是，同樣地將動物性交與同性戀等同而論。[25]

在此我想先討論肛交的兩種寫法與韓獻博的考據。袁枚對「雞」的解釋應當解讀為「將男做女」，而非韓獻博翻譯的「類女之男」。[26] 袁文之所以重要，是因為具有權威性的《漢語大字典》將它引為「奊」字作為「將男做女」意義的出處。雖然袁枚指出「奊」字是而「雞」字非，但時至今日，「雞」字仍然是用來表達肛交最常用的寫法。在此，哪個字錯，哪個字對並無關宏旨，有趣的現象是兩者是同音字，其中並非巧合。當我們要用一個發音「ㄐㄧ」的字用來形容「將男做女」這個概念時，我們使用的是「雞」。此外，「奊」字讀為「ㄐㄧ」似乎全然沒有根據——它顯然不屬於形聲字，發音既不從田部，也不從女部，卻取了一個「雞」的音。

「雞姦」的「雞」字在口語中使用頻繁，似乎不只是像韓獻博所指，用來譴責野蠻的、非人類的性實踐，其字源亦非只是因為在前工業時代的農業社會中容易看到家禽交配，才造出這個字。其實，與其說跟性的對象相關，倒不如說是性交的姿勢使然。「雞」的交合是由公雞從後方插入，用人類的術語講叫做「背後式」（coitus a tergo），在中文也稱「走後庭」。那麼，在中文裡結合「將男做女」的意象與背後式性愛的意象兩者結合來指涉肛交是何用意？在指涉肛門性交的

---

24 Hinsch 1992: 89.

25 Hinsch 1992: 89. 清代刑律將「雞姦」罪犯化，韓獻博認為是「隱含對同性戀的譴責」（89）。關於清代雞姦刑律的研究，見Sommer 2000: 114-165。

26 從字形來看「奊」，應該是從「男」字而來。

過程中，莫非是刻意、武斷地使用「雞」來糅合上述兩意象？在台灣的公眾論述中，「雞姦」的錯誤寫法持續風行，「將男做女」的意象如同《自立晚報》的報導理解雞姦的方式，似乎總是存在，用以指涉肛交：「雞姦」與陰莖插入陰道的性交意象聯想在一起，肛門與陰道於是混為一談——如茉克（Mandy Merck）所說，「否決了女人的肛門可能的情慾部署」。此外，相對於女同性戀「平等」、非插入式的性交想像，「雞姦」更有把所謂被動的一方給去勢的象徵。[27] 這種對於「性倒錯」的男性中心形構在後來媒體對「玻璃圈」的論述中達到了高峰。

在1970年代中期查宅血案和瘋狂殺手廖仙忠案的報導裡，媒體中的同性戀部署又更變本加厲。由於位處同性戀的社會脈絡，這些犯罪案件被雙重的煽情處理，從「斷袖癖」一詞被重新指涉的方式中，更形顯著。[28]

1974年4月27日，26歲的富商之後查名杰以及其他四人被人發現陳屍北投家中。調查過程讓媒體著迷，最後查名杰的密友彭必成因涉嫌重大遭到警方逮捕。然而最讓媒體趨之若鶩的，毋寧是警方所披露的彭、查兩人之間的同性戀關係。雖然據信彭必成乃出於覬覦查名杰的錢財，心生殺機，不過媒體更關注的毋寧卻是彭、查的同性戀關係，如《自立晚報》的頭條新聞所示：

多年「閨秀」心存厭，揮刀「斷袖」之為財。[29]

「斷袖」一詞中的古老閨中景象，在這裡又重新搬上台面。雖然整齣場景透由「閨」字散發出女子的柔媚氣息，但是原意歡愛的「斷袖」，如今卻用來指涉斬斷同性情「根」的謀殺。在大眾的眼裡，查

---

27 Merck 1998: 228.
28 關於這兩則謀殺案的報導詳情，見吳瑞元，1998:59-63。下文中對兩案的分析都受惠於吳瑞元的研究。
29 《自立晚報》，1974。

名杰是葬身於自己的「斷袖癖」下，耽溺在一段彭必成所厭膩棄嫌的同性關係裡。

　　查宅血案後不滿一年，就爆發了「瘋狂殺手」廖仙忠案。1975年2月，來自南台灣鄉下的廖仙忠為了報復據說害他「墮落」的七名老人，在台北新公園附近殺害了其中一名，傷及另外六人。可以想見，報紙頭條又再度大作「斷袖」文章──〈兇殺莫非揮刀「斷袖」？〉。[30] 雖然廖仙忠被判有罪，坊間卻普遍認為，他也是新公園那些老人的受害者，為斬斷「不可告人之癖」，不得已才痛下殺手。[31] 這兩樁謀殺案引發許多關於同性戀的特別報導，尤其是長篇大論的醫療觀點。[32] 舉例而言，《中央日報》的報導〈同性戀可能造成悲劇下場〉訪問了泌尿科醫師江萬瑄和柯永河（其中柯永河對《逃避婚姻的人》的評論，請參考第一章）。江萬瑄建議，在同性戀關係中居女性角色的一方應接受變性手術；柯永河則透過前章討論過的常模式性心理發展來探究同性戀的問題，並指出拒絕醫療幫助將導致「悲劇下場」。該報導說道：

> 如果一個同性戀者已沉溺其中，當它是快樂的祕密，自然不會有治療的念頭，這使得同性戀者無法有確實可靠的統計數字。但更重要的，據醫師分析，這些暗中往來的同性戀者，一旦有一方覺醒退縮，另一方便會緊追不捨，甚至不惜以各種手段要脅對方，期求同歡，在這種情形下，發生的悲劇實在不少。[33]

---

30 陳文和，1975。

31 曾瑞欽，1975。

32 在查名杰、廖仙忠兩起案件中，同性戀被媒體汙名化為嚴重的精神病，而這似乎引來光泰在《逃避婚姻的人》的抗議：
「一般人的觀念認為Gay是不名譽的事，容易發生醜聞，但是你能保證異性戀的人就不會發生醜聞嗎？三十年來，同性戀的情殺案只發生過兩三次，但是異性戀大大小小的兇殺發生過多少件呢？」（光泰，1990 [1976]: 132）。

33 徐梅屏，1974。

查宅血案被部署來證明同性性關係的危機是內在固有的。這樣關於同性關係的本質論，在後來的媒體同性戀論述中復將一而再，再而三地出現。

同時，精神病學般的論述重新塑造了「斷袖癖」，就像《自立晚報》的特別報導〈古今奇觀同性戀，中外殊途不可說〉解釋道：「兩個男人有不正常的『性』關係，就是所謂的同性戀⋯⋯也就是我國古來所稱的『斷袖癖』」。該報導透露，「斷袖癖」在台北儼然已形成一個「小社會」，平時釣人買賣有特定的地點和方法。他們你爭我搶，以便擄獲「圈內三千金」的芳心。為強調同性戀的變態，報導又提供下述的例子。值得注意的是，最先被病理化的又是男妓：

> 台北幾個轄區內有風化場所的警察分局曾零星的捕獲幾個供有「斷袖之癖」者玩弄的男娼，據瞭解，他們做此行當，並不是為了想賺錢，實在是為了「興趣」使然。這就是所謂的「變態心理」了。[34]

儘管男娼（又稱人妖）先前被形容成「不男不女」，到了這些報導中，卻變成由他們的變態心理來定義。縱然他們明明是因為自己的「職業」被警察找上門，在這裡卻又莫名其妙地被說成是對錢不感興趣：他們的主體性，被透過「興趣／嗜好」（癖）給病理化了。

這篇報導訴諸佛洛伊德的達文西模式來解釋這種特殊「癖好」的成因，接著誤導讀者說，在台灣，不合善良風俗的同性戀是被法律禁止的。報導於是解釋道，「一些此癖好的人們，便一直在偷偷摸摸中從事」。結尾再度重提查宅滅門血案來強調同性戀這種嚴重心理疾病的危險，從而也暗指性倒錯和犯罪密不可分：

---

34 陳文和、杜文靖，1974。

> 可見同性戀絕對不是正常發洩，只能在暗地行事，自然心理上
> 易受壓抑，心理卻尋求解放，一旦「爆」發，容易產生罪
> 行。[35]

在祕密性與性壓抑（性壓抑又是因祕密性而起）這雙重的禁令下，斷袖之癖被形容成具內在危險性。

數個月後，同樣又是《自立晚報》的特別報導，〈矯正性心理，接觸性神祕〉，再度祭出心理學的討論，以廖仙忠案和同時期的其他性犯罪（包括一則姦殺案和查宅血案）為例，證明性倒錯對整個社會的危害。在此，「性壓抑」又成了將性倒錯建構為性變態的權宜之說：

> 嫌犯廖仙忠在兇殺案中，是一名殺人者；但在整個事情的起源
> 和過程中，廖仙忠也是個被害人。這是性變態中同性戀所導致
> 的惡果，由於「性心理變態」，使得青年廖仙忠的心理，普受
> 壓迫，終而形成了心理完全變態，更引發了他殺人報復的兇
> 燄。[36]

這個假設不只適用於同性戀，也適用於其他類型的性變態。雖然報導將性倒錯區分成「無害」（如偷窺狂、暴露狂）和「有害」（如戀物癖，在此以一起強姦案中，受害者女性的身體被戀物化為例證），然而有害與否的區別，只不過是部署來瓦解這個區分本身，因為無論有害與否，長期壓抑的性變態終究會變得心理變態，以致鑄下大錯。[37]報導繼續說，年輕人對性的好奇是導致性倒錯的元兇。而撥雲見日，一窺性的真相的最佳方式莫過於實行性教育。該報導對「壓抑假說」

---

35 陳文和、杜文靖，1974。
36 杜文靖，1975。
37 杜文靖，1975。

（repressive hypothesis）的部署驅使甚且合理化了這種「刺激論述生產」（incitement to discourse），也就是對性教育的籲求。傅柯對壓抑假說的機制作為「變態的根植」（perverse implantation）過程中的策略，曾詳加說明。[38]

從另一則媒體將專營同性戀行業公諸於世的例子中，也可以看出傳媒中性心理的部署。1978年6月21日，《自立晚報》的報導〈男士陪酒，不倫不類；探其心裡，莫非變態；同性戀氾濫，情形嚴重，社會和家庭，難辭其咎〉指出，警方正在調查台北市兩間雇用「男人陪酒」的餐廳。[39] 據報這種新興行業是用來滿足「那些有變態心理的特定人士」的需求。該文旋即徵引心理衛生專家鮑家驄（見第一章）的專業解釋道：雖然「女性化男人」在每個社會都存在，然而一旦他們公開提供商業服務，將會產生嚴重的社會問題。鮑家驄緊接著徵引其《變態心理學》中同性戀的病原學說來病理化這些「外界渾稱為『兔子』」的「女性化男人」。[40] 該報導對於同性戀的「歪風」憂心忡忡，於是乎向一名資深警官尋求建議。這名警官用查宅血案和廖仙忠案做為案例，論證同性戀者是垂涎年輕人的危險個體，向法界呼籲更多的行動介入，同時也提供許多防範同性戀的明確建言。[41]

這裡又見女性化的男妓的身體被病理化：在該報導對同性戀的部署推波助瀾下，「兔子」現在成了「同性戀」。然而，就像鮑家驄將同性戀理解為導致「兔子」的「原因」，用「兔子」來指稱同性戀似乎和商業的性交易密不可分。重要的是，這篇報導預示了一個嶄新的論述現象：整個1980年代，媒體將男同性戀等同於男妓，藉以建構「玻璃圈」的形象。

---

38 Foucault 1990 (1976): 17-73.

39 雖然名為餐廳，但是這些場所實以酒吧形式來經營。由於政府在1968年停止頒發酒吧營業執照，取得餐廳執照遂成為替代方案。國家對休閒娛樂行業的管制，見第三章。

40 關於鮑家驄對於同性戀的觀點，見第一章。

41 見《自立晚報》，1978。警官所給的建議也是採納自鮑家驄的《變態心理學》。

公共論述中使用「玻璃圈」當作男男性行為的總稱，首見於1975年《中國時報》對廖仙忠案中同性戀的特別報導。這篇文章用「玻璃圈」來指涉群聚於台北市新公園的「性變態者組合」。[42] 由於媒體報導1980年代初期，警方日漸加強對新公園同性戀行為的控管，「玻璃圈」一詞到了1980年代中期，遂變成想像同性戀社群文化形象的符碼。1985年，愛滋登陸台灣，公眾對於「玻璃圈」的狂想有如野火燎原，一發不可收拾。對愛滋的道德恐懼觸發了前所未見的同性戀論述，如雨後春筍般勃興。在未來的十年裡，「玻璃圈」行將深植於大眾的想像當中，同性戀和愛滋在此「圈」內彼此交互指涉。本章接下來的部分將會說明「玻璃圈」的意象在1980年代的台灣文化中如何發展。

想像「玻璃圈」

夜幕低垂時分，一名年輕男子徜徉在台北市新公園一角。沒多久，另一名男子走近他。兩人閒聊起來。聊得差不多，後來的這名男子冒出一句話：「你是幾號？」聽到的答是：「一號。你呢？」「我○號。」於是，這對一與○的組合，攜手消失在公園邊一家旅社門內。

幾年前，一名男士被車子撞傷，昏迷過去，由人護送到一家醫院的急診室急救。當醫師解開他的衣服要察看傷勢時，發現他裡面穿的竟是女人的內衣，腿上還套著絲襪；身上散發出一股香水味。負責急救的年輕醫師愣住了。來調查車禍原因的警察，站在一旁，馬上就瞭解這是怎麼一回事。

---

42 見曾瑞欽，1975。《婦女雜誌》1977年間刊出的一篇文章更進一步描述同性戀的部署與玻璃圈的想像兩者匯流，見張媽媽，1977: 47。

這是1979年11月26日《民生報》特別報導的開幕場景，隨後即揭露了這齣戲的演員的身分：「過去，一般人把這類同性戀的人視為一種變態，是違反道德的可恥行為。因此，同性戀者都是在暗地裡交往。他們的生活圈被稱之為『玻璃圈』。」報導引述當時精神病醫師文榮光針對21名同性戀做的個案報告[43]，以利社會大眾瞭解這個神祕的圈子——戲劇場景於是乎有了精神病理學的參照。唯有將困惑的醫師換成精神病專家（文榮光醫師對同性戀做的個案報告揭開了玻璃圈的外衣），讀者才能一窺究竟。[44]

論及「性心理」在台灣的部署，文榮光位居要角。從文氏1970年代的著作，可見他對心理衛生運動的貢獻。在佛洛伊德《性學三論》出版的同年，文榮光翻譯佛氏的「杜拉」也付梓成冊。文榮光的《少女杜拉的故事》（*Dora: An Analysis of A Case of Hysteria*）（文榮光的同事曾炆煋替本書做了序，其對《性學三論》的重新包裝請見第一章之分析）中文版譯者後記大力讚揚佛洛伊德發現潛意識，呼籲讀者重視佛氏對人類性心理理論的貢獻：

> 「性」是佛洛伊德理論的要點之一。各種形式的性展現，包括同性戀，都應被嚴肅對待。只有客觀對待性，才能解決性的問題。[45]

秉持著對同性戀議題的研究興趣，1973年，文榮光寫了一篇未出版台灣大學醫學院畢業論文〈對同性的社會態度〉（Social attitudes towards homosexuality），列為他自己1980年所撰同性戀專著的參考書目。文榮光到了1970年代晚期始成為公眾人物，在《中國時報》開闢

---

43 1980年研究出版時，研究的個案數已從27人上升到35人。
44 翁玉華、葉福榮，1979。
45 文榮光，1971: 147。

「愛與性」專欄，並在1978年出版同名書[46]，同年再出版《如何與子女談性》。[47] 1980年，文榮光將美國精神病學家歐立文（J. F. Oliven）的性病理學手冊《臨床性醫學》（*Clinical Sexuality: A Manual for the Physician and the Profession*, 3rd Edition）譯為中文出版。

所以文榮光的個案研究究竟反映了「玻璃圈」的什麼真相？文榮光於1980年9月在《臺灣醫學會雜誌》刊出的個案研究是台灣精神病學界最早的男同性戀研究文獻。[48] 基本上，這篇專著，如同作者本人所強力聲明的，是精神分析理論對男同性戀現象的運用。[49] 但更精確說來，它可以說是台灣精神醫界對畢珀1962年《男同性戀之精神醫學研究》專論的確認版。前一章已討論過畢珀的男同性戀論，自1960年代晚期以來即流行於台灣心理衛生學界和精神病理圈。文榮光聲稱的重大發現實根據畢珀的架構：首先，他為「娘娘腔男孩」長大會變成男同性戀的刻板印象背書。根據這份研究，25例（71.4%）小時候到青春期曾被稱「娘娘腔」，28例現在的行為被診斷為「女性化」（80%），其中12名「有明顯女性化」、16名「有隱微女性化傾向」。[50] 其次，失敗的男性認同被歸因於不解的伊底帕斯情結，以及其負面結果。文榮光強調，超過半數受試者是家中么子，「過於親密的母子關係」似乎構成了中國同性戀最決定性的要件，因為么兒往往在中國文化的中型或大家庭裡被母親過度寵愛與保護。[51] 再者，父母間的不睦和「『極端或互相矛盾』的父母管教」據稱也是造成男同性戀的關鍵。文榮光詳述了一則患者接受104次精神治療後成功治癒的

---

46 文榮光，1978a。
47 文榮光，1978b。
48 吳瑞元，1998: 74。
49 文榮光，1980: 90。
50 文榮光，1980: 84。在文榮光的研究中，女性化的測量準則係依照以下特徵：（1）「外貌」（例如穿著「中性」服裝）；（2）「社交興趣與活動」（例如「很少或不曾參與運動」）；（3）「同性性愛中扮演的角色」；（4）參照明尼蘇達多項人格問卷而訂的人格評量及心理測驗。
51 文榮光，1980: 90。

案例，證實了上述假設。[52]

　　《民生報》的特別報導忠實呈現了文榮光的研究。該報導褪去「玻璃圈」的外衣，將玻璃圈披露為集合了所有陰柔心理困在男性軀體的娘娘腔。這些想像的「玻璃圈」成員變成一個個「個案」，性心理的病態發展，導致了他們陰柔的性格。[53]

　　由於文榮光將男孩同性戀的成因歸諸教養問題，同時也暗示了同性戀者本身不應因其性傾向而受責備。然而，一旦同性戀被視為一種行為實踐或一種特定的生活風格，他便顯露了非難的道德立場。報導的末段是這麼說的：

> 文榮光指出，有部分同性戀者生活墮落，亂交極為普遍。他對同性戀者的建議是，「如果你不能改變同性戀傾向，至少你可以改變這種生活方式。」[54]

文榮光的話讓人回想起上面的「玻璃圈」戲碼開場：兩個男人似乎註定要「攜手消失在公園邊一家旅社門內」。這裡特別重要的是，男同性愛的奇觀，乃是經由在地的同志語彙「一號」和「○號」部署召喚。「一號」和「○號」不只在媒體中用來建構「玻璃圈」，同時也指向台灣男同性愛文化的意義。

---

52 文榮光，1980: 87-89。

53 文榮光於1981年的演講稿〈玻璃圈內：同性戀與其行為治療〉中，甚至對男同性戀提出生理學的解釋：「[他們的] 身體發育正常，但在外貌上較一般男人修長纖細，有天生亦有後天修飾的。其在外顯特徵上，有著習慣性縮唇而搔首弄姿。」（文榮光，1982: 42）
　　這篇男同性戀專論於1980年出版後，文榮光開始指導贊助一團隊，研究某中台灣感化院內的女同性戀，成果以"A study of situational homosexuality in adolescents in institutions"為名發表在1983年台灣精神醫學會年會，是為同類研究中的首例。研究發現，感化院中8.1%的女學生有同性戀傾向。院方認為這個數字過高，於是高層決定修改政策。根據《民生報》特別報導，院方重新安排了學生的起居環境（例如將每間房的床數下限由兩張提高到三張），並將有同性戀傾向的學生隔離。見潘家珠，1983。

54 翁玉華、葉福榮，1979。

「玻璃圈」＝賣淫

1980年代早期見證多起警方掃蕩新公園的行動，企圖根除同性戀男妓文化。根據鄰近新公園的城中分局局長李錦珍的說法，在背後下令警方掃蕩新公園的，是當時的行政院長孫運璿：

> 行政院孫院長在美國某雜誌發現有一大篇幅刊載：「如欲尋找刺激的男人，請到台灣台北市新公園內，它是台灣男娼供應中心。」嚴重妨礙視聽，於是親下手令，希台北市警察局嚴加取締，務必肅清。[55]

諸多針對新公園取締行動也於此時見報，其中重要的是，這些報導並未區分所謂的男娼與男同性戀。換言之，所有的男同性戀都被再現為娼妓。

1980年4月23日《聯合報》的報導〈警方掃蕩斷袖癖〉尤堪玩味。該報導宣稱一個月內，警方從新公園逮捕並處罰近六十名「生理心理變態」的男同性戀。據報警方表示：

> 目前除了新公園外，青年公園、紅樓戲院附近、餐廳、江山樓一帶及龍山、雙園地區，也都有同性戀的男娼拉客……據警方瞭解，同性戀者原先是零星的……但是如今人數逐漸增加，已有許多「小圈圈」出現，他們各自劃分地盤攬客。

重要的是，記者進入警局特別採訪拘留中的同性戀者，「發現」了從15歲至48歲不等的同性戀者的「心態」，如下九點所示：

---

55 李錦珍，1981: 96。這篇1981年發表在中央警察大學45週年校慶特刊的文章〈如何取締同性戀——男娼〉是少數揭露取締男同性戀手段的資料。我會在第三章中再析讀這篇文章。

1. 已經習慣了。

2. 覺得很「快樂」。

3. 純粹是興趣，沒有癖性和習慣。

4. 好奇，為了慰藉「心靈上的空虛」。

5. 只是客串而非職業性質。

6. 一直有擁抱同性的衝動。

7. 已經無法自拔。

8. 為了找尋刺激。

9. 已經得了性病，為了醫病，只得四處「接客」賺錢。[56]

有數點可從中探討。首先，該記者宣稱發現的男同性戀心理不過是投射一己之假設。再者，我們看到「癖」字的論述性再度導引了媒體對同性戀心理的提法：一股不由自主的癮癖，迫使他們一再行同性戀之舉。最後，如同第五點所言，這些男人全被當作男娼看待。[57]

新公園男妓文化的形塑，顯見於1981年9月12日至14日之間《台灣日報》的連載報導〈鬧同性戀者的悲歌〉。[58] 報導將李錦珍形容為取締「男同性戀（男娼）」（按：括號內為原文）非常有經驗的警官[59]，並引用他的說法表示，當年2月自4月間共有逾百名男同性戀曾遭警察拘留。李錦珍解釋，這些「男娼依其性質可分為三類」：

1. 暗號○號：這種男子係供其他男子把他當作女人看待，從中可拿到六百到八百元的代價，充當○號者以面貌清秀的年輕人居多。

---

56 李文邦，1980。

57 這篇報導的下半段基本上大幅抄襲了我稍早所討論的《自立晚報》的1978年6月21日報導。

58 報導披露，《違警罰法》所明訂的「形跡不檢」乃是這些同性戀之所以受懲罰的原因，初犯處三至五日拘留，累犯則會拘留達七日。「除非嗜好已深，要不然那些沉迷於圈圈內的男子，很少因犯過兩次以上而被拘留的」，李錦珍解釋道。（林炯仁，1981）「形跡不檢」的違警行為會在第三章加以檢視。

59 此處的括號是原文所加。在此同性戀與男娼似乎被當成是同義詞來看待。

2. 暗號一號：這種男子在同性戀圈內扮演「男人」的角色，並願意出資。

3. 暗號十號：在同性戀中，這類男子是扮演雙重角色，既可當男人，也願充當「女人」，彼此玩弄，然後看誰先邀請誰而由先邀請者付給對方二百至四百元，這類同性戀者居大多數。

這些扮演不同暗號角色的人，有其個別明顯的特徵，如手拿皮包或書本、報紙者，外表有脂粉氣息，通常都充當○號。而上了年紀大約四十歲以上的男子，往往居一號，不過交易的角色，仍得待彼此交談議價之後才能決定。

在交易之前，雙方會彼此互相觀察一陣子，然後慢慢接近，以打手勢來表示暗號，兩者如果一個打出○號，另一個打出一號，那就一拍即合，然後約至旅社或彼此居住的地方，作進一步的交易。如果，雙方是○號對○號，一號對一號，自然就免談了。[60]

「男娼」一詞在此所指為何？是花錢消費的一號，還是不一定收費的○號？顯然在李錦珍看來，所有同性戀都是男娼。

《台灣日報》該報導的最後一部分更是清楚地接了「玻璃圈」＝男娼的公式，先是大力讚揚警方掃蕩同性戀男娼文化的努力（特別是在新公園，但也包括特定針對「玻璃圈」開設的「變相營業」餐廳），卻也對於能否徹底根除同性戀男娼語帶保留：

但基本上，搞同性戀的少數成員，絕不可能因為沒有交易洽談

---

60 林炯仁，1981。

的場所而戒掉怪癖，他們仍暗中千方百計的變新花招，讓警員禁不勝禁。[61]

「斷袖癖」除了成為媒體口中的怪癖，也拿來比喻成根深蒂固的習癖，與賣淫息息相關。尤其重要的是，男同性戀／男娼被分類為「一」和「○」。兩篇「玻璃圈」文化的報導都指出「一」和「○」所對應的性別角色分別為陽剛和陰柔。此外，由於這個性別化的過程參照了男男性行為中假設的性角色／位置，結果「一」和「○」的配對就和男同性行為的原型（prototype）聯想在一起，也就是「雞姦」。經過象形化的象徵意指，陽具的符碼「一」代表了陰莖，「○」則象徵陰莖的受器——肛門。然而由於「○號」被性別化為陰柔的一方，「○」也因此象徵被置換（displaced）的陰道。經此置換機制，標為「○」的男同性戀／男娼就成了「背後式」性交姿式中的女方。因此媒體象徵體系中的「一」和「○」再次喚起了那失落的意符——雞姦——來指涉「將男做女」。

1983年，警方突襲臨檢導致金孔雀酒店關門大吉的相關報導中，尤其可見當時同志社群如何被指認為男娼，從當時警方行動的頭條標題可見一斑：

同性戀色情營業大本營，金孔雀酒店被查獲
年輕男子扮「人妖」，陪酒陪宿
警方突擊逮捕九人，拘留示懲[62]

玻璃圈內稱相公，吃喝玩樂純男人。同性戀者，餐廳交易，八人拘留，兩人法辦[63]

---

61 林炯仁，1981。
62 《中央日報》，1983。
63 《聯合報》，1983。

金孔雀有男陪酒，斷袖人趨之若鶩[64]

南風吹遍台北市，入夜時唱後庭花
金孔雀酒家已改用男士陪酒，九名人妖昨當場被捕[65]

所有男同的代稱如「人妖」、「相公」、「斷袖」、「玻璃圈」均見於上面引用的頭條。《台灣時報》甚至用「南風」暗指「男風」，用「唱後庭花」來影射「雞姦」性行為。《中國時報》以金孔雀事件來憑空羅織「玻璃圈」惡名，「玻璃圈」在1980年代早期遂成為想像中的犯罪溫床。〈「玻璃圈」病態變本加厲，「斷袖癖」風氣應予遏止〉一文特意彰顯玻璃圈的病態，訪談了一名自稱曾在玻璃圈廝混「已覺悟的同性戀」，他因為被勾搭的對象搶劫，已經離開玻璃圈。他揭露以紅樓戲院為大本營的「玻璃圈」交易生態：「在那裡只要互相喜歡，兩人就可以出場再進行交易」[66]。1970年代認為性變態具內在固有的犯罪潛質，到了這篇報導變本加厲，「玻璃圈」的男妓文化益形病態。在金孔雀事件之後，兩間同志餐廳、酒吧——大漢俱樂部和唐街酒店——也紛紛遭到警方突擊檢查，於1984年4月關門大吉。[67] 至1980年代中期，玻璃圈藏汙納垢、淫亂齷齪、求交易如渴的形象業已深植人心。

愛滋的同性戀化

如果說1980年代早期，日益高張的警方行動將那些從事男男性行

---

64 《中國時報》，1983。
65 《台灣時報》，1983。
66 秦德全，1983。用圈內人經歷故事部署，來坐實預先對男同性戀文化假定的變態本質，乃是1980年代早期慣常的玻璃圈再現手法。例見陳聲悅，1983。
67 見《聯合報》，1984；《中央日報》，1984。

為的人建構為獨特的社會群體——玻璃圈——那麼到了1980年代中期，則是愛滋的「懼性恐同」（eroto-homophobic）論述逐漸繁衍滋長，將特定族群轉變為同性戀人口。[68]

1981年，美國將名為「男同性戀相關免疫缺乏症候群」（GRID, Gay Related Immune-Deficiency）的疾病更名為「後天免疫不全症候群」（Acquired Immune Deficiency Syndrome）；自此，從1983年左右伊始，台灣的新聞報導中也不時可見「二十世紀的黑死病」之說。台媒在報導這種疾病（尤其是在美國本土的新聞）時，也從沒漏掉愛滋與男同性戀之間的關係。舉例而言，《自立晚報》在五名新公園男同性戀／男妓被捕後，馬上援引發生在美國的「男同性戀黑死病」來告誡玻璃圈內人他們面對的危險。[69] 同樣地，《民族晚報》社論也疾呼可能有一波「後天免疫不全症候群」侵襲台灣，尤其強調疾病與男同的關聯。[70] 1984年在一名男性美籍遊客身上發現台灣首例愛滋之後，這座蕞爾小島終究無法倖免於「愛死病的本土化」。1985年7月5日，《中華日報》報導，由於愛滋病多由男同性戀行為傳染，衛生署官員考慮「調查男同性戀盛行率」，以便估測愛滋的衝擊效應。然而，衛署承認這項政策執行起來會碰到兩個難題：首先，鑑於在台灣同性戀受到的汙名，要他們向研究者自承為同性戀，相當困難；其次，研究者自己也將涉險，「使調查者因身陷其中、沉溺而無法自拔」。[71] 當時的衛生署防疫處長果佑增曾就愛滋對台灣的影響發表言論：

> AIDS 將來最可能傳入國內的途徑是外國患者與國內男同性戀發生性行為而傳染，若國內此同性戀者的性行為是種職業行

---

68 「懼色」（erotophobia）一詞借用自Patton 1986。
69 楊永智，1983。
70 《民族晚報》，1983。
71 《中華日報》，1985a。無獨有偶地，《中國時報》報導，衛生署官員資助台大醫學院「派遣先鋒部隊混入玻璃圈」，派出「嚴格訓練」、「面貌清秀」的男學生到同性戀聚集場所搜尋第一位愛滋病患。見《中國時報》，1985a。

為，那麼就會有較快速的散播現象，若是單純二者間的行為、對象不複雜的話，散播速度應當比較慢才對。[72]

該報導以前衛生署署長許子秋的話作結，呼籲警方高層嚴格管制取締「『兔子』（男性職業同性性行為者）才能預防AIDS於未來」。[73] 1985年8月29日，官方宣布所謂台灣「第一個愛滋個案」（HIV抗體呈陽性反應的同性戀商人）後，男娼愈發被當作散布絕症的帶原者。衛署官員強調，該名商人據說在過去十年內和逾千名國籍各異的男子發生過性行為，並呼籲男同性戀主動出面接受驗血。此外，在緊急會晤之後，衛生官員做出兩項決議：（一）徹查高危險群如同性戀、血友病患、藥物注射者；（二）要求警方加強取締「營業性同性戀者」。[74]

就在同一天，《民族晚報》刊出特別報導〈消滅AIDS病媒 緊急追蹤男娼資料〉。從中可以看出，政府發現「第一宗 AIDS 病例」的反應就是強調「病媒」男娼的危險：

> 這種病主要是由「同性戀」者或者「男娼」傳染而來，而同性戀及男娼的問題在國內較為保守的社會中一直未曾受到重視，警政單位也曾表示，同性戀及男娼問題在我國並不嚴重，但由於此次國內首度發現AIDS病例後，管理「同性戀」及「男娼」的問題突然變得迫切，警政署行政組也應衛生署的要求，通令各縣市警察局彙集整理歷年來查獲「同性戀」或「男娼」的案件資料……警政署行政組業已設計了統一表格，要求各縣市警察局將歷年來查獲「男娼」及「同性戀」者的姓名、年齡、職業、住址以及經常出入場所，加以詳細登記，以便彙集

---

72 《中華日報》，1985b。
73 《中華日報》，1985b，引號為原文所有。
74 《中國時報》，1985b。

成冊於九月中旬前交警政署轉交行政院衛生署作為追蹤檢查之用……國內同性戀早已存在多年根除不易，但介於同性戀及賣淫者間的男娼，亦可能為傳播此病的管道，故如何去防堵此一漏洞，並徹底追蹤隔離，實在已刻不容緩。「玻璃圈」（即同性戀）警方由於沒有法令依據而無法取締，但男娼的問題，警方可以違警來處罰，經營男娼的應召站主持人，警方也可依《刑法》三百三十一條第一款意圖營利，使人猥褻行為者移送法辦，以消滅男娼[75]圍堵病媒的一切管道。男娼與「午夜牛郎」不同之處在於男娼不但為女性服務，同為也為男性服務，故成為同性戀間及非同性戀間的傳染媒介是極可能之事……在國內同性戀因心理異常發生兇殺的事亦時有所聞，而同性戀間又極為保密，警方往往無法在玻璃圈中佈線，一方面也是由於同性戀者疑心很重，非同性戀者想混跡其間極不可能……目前警方似可朝同性戀常聚集處開始蒐集資料，並呼籲同性戀者自救，自動去衛生署檢查是否染有AIDS病毒，並避免與其他同性戀者發生關係，一旦有人感染疑似AIDS病毒應立即主動向衛生單位報告，以防堵病毒的傳播。[76]

這些政府防治愛滋的相關報導呼籲警方取締男娼，其中要緊之處如報導所指，在於愛滋病登陸台灣誘發的公共衛生危機，使得同性戀和「男娼」成為官方高層必須關切的對象。為了因應被「同性戀化」（homosexualised）的愛滋病[77]，台灣政府將特定人口標誌為施行防治措施的主要對象——既非年齡、性別、種族等既有的範疇，亦非人口調查上的婚姻狀況或職業，而是從事男男性行為的個人。但這些人是誰？究竟要怎麼找到他們？玻璃圈這個想像的社群提供了顯而易見的

---

75 報導裡的男娼指的是從事賣淫的個體，而非男性賣淫的現象。

76 高興宇，1985。

77 關於愛滋病的系譜式批評，見Patton 1986; 1990。

答案，因此，警方被要求拿出過去逮捕在案的紀錄。[78]

在此重要的是「同性戀」與「男娼」之別隱然成形。我在前一節指出，1980年代早期，男同性戀和男娼常被混為一談，甚至是兩個等同的範疇。但到了此時，他們成了兩種不同的類別，其中兩者交集的地帶則形成同性戀男娼。《民族晚報》告訴讀者，由於在台灣，同性戀本身並不違法，因此警方只能取締逮捕那些賣淫的男人或男同性戀，就連《違警罰法》也沒有任何特定條文禁止男性賣淫。[79] 在此，衛署官員和《民族晚報》對於男同性戀和同性戀男娼的區分，只不過坐實了在愛滋登陸台灣之前，同性戀和娼妓是被畫上等號的。此外須注意這種新的區分是透過單偶和淫亂的區別來接合，而後者則是專屬於同性戀男娼。換言之，在政府企圖採先發制人之計來阻止愛滋的散布之時，乍看之下男同性戀不再被和娼妓畫上等號（deprostitutionalisation）了；然而實情是，男同性戀就此被區分為兩種：一種是男同性戀，另一種是同性戀男娼，依淫亂與否據以分類。我們接下來可以看到，是類「單偶」男同性戀和「淫亂」同性戀男娼之分於「愛滋首例」登陸台灣後開始日益增加，疊覆於我稱之為「懼色恐同」的愛滋論述之上。

---

[78] 作家光泰與衛生署防疫處長果佑增之間見報的對話內容，足堪顯示人們是如何想像玻璃圈人口。果佑增亟欲一窺玻璃圈的究竟，設法連絡上光泰。在台灣發現第一宗愛滋病後，光泰以○號男同志的姿態出櫃，是為台灣第一個公開的同志公眾人物。在電話中，光泰先向果佑增澄清，他並沒有如外界所傳，說過台灣的男同性戀人數有100,000人——這個數據令包括果佑增在內的許多人震驚。光泰告訴果佑增，台北的男同性戀約在10,000人之譜。電話聯繫數日後，光泰登門拜訪果佑增——事後光泰稱這次聯繫是「第三類接觸」。據報果佑增在這次會晤中問了光泰一些「敏感」的問題，諸如玻璃圈成員的性行為模式。見李淑娟，1985a；《中華日報》，1985b。有趣的是，一年後衛生署官員根據一名不具名的男同性戀者，提了另一個預估數字。據說衛生署得知男同性戀人口不多於5,000人時鬆了一口氣。見《中華日報》，1986。從衛生署對這些估計數字的反應看來，足見政府當局在面臨威脅弱勢社群的新興疾病時的道德失敗與無力治理。

[79] 有關《違警罰法》的運作，見第三章。

AIDS作為「愛死病」

　　要瞭解公眾愛滋論述的懼色恐同本質，從其中文命名便清晰可見。在官方證實第一宗愛滋病例之前，愛滋在中文通常直譯為「後天免疫不全症候群」，或者乾脆以英文「AIDS」表示。爾後，「AIDS」的音譯「愛死」獲得採用，迅速成為標準用法。「愛死」拆開來便是「愛」與「死」。結果，「後天免疫不全症候群」在中文縮寫中竟成了「愛到死為止」或者「死亡之愛」的痼疾。直到1988年，「愛死」才逐漸為「愛滋」所取代。儘管「愛滋」的道德譴責意味較「愛死」薄弱，我認為兩者在愛滋的論述中都指出懼色恐同的態度。

　　在「AIDS首例」出現後，《民族晚報》刊出〈同性戀貞操觀〉一文，從中可以看出AIDS是如何被指涉為「愛死」。作者葉于模談及美國影星洛赫遜（Rock Hudson）罹患愛滋的死因，臆測道是否洛赫遜「愛得太深而死」。接著，葉于模解釋為何要談論同性戀的貞操觀：

> 我一向不反同性戀，而且發現同性戀者性格多很溫和。但是，我反對他們那種「雜交」、「亂交」，甚至「濫交」的行為。以洛赫遜為例，他就因為交得太濫，才會染上愛滋病。台灣發現的一個案例，據報導情況同出一轍，那位染上愛死病的患者，亦公開承認前後和一千多個中外同性戀者發生過「性」關係，這可以斷言，凡是同性濫交者，必定因為愛得太深而「愛死」，而且還可能不斷遺毒其他「愛人」……男女相戀重貞操觀念，同性戀者亦應抱這種態度，豈可朝秦暮楚，任意雜交。雖然同性戀有時是一種先天性的心理傾向，幾乎無法遏止，但至少同性戀者要懂得「愛」的真諦、「性」的節制，和完美的

葉于模對同性戀的接合，倡議同性戀守貞，相當能夠代表1980年代主流懼色恐同的愛滋論述。雖然同性戀仍被貶為敗德、異常，但在1980年代中期，同性戀不是心理疾病之說也逐漸浮上檯面。曾有一名衛署官員痛心男同志社群對出面驗血一事事不關己，感歎道：「同性戀只是另一種形式性行為而非不正常」，希望能贏得男同社群的信任。[81]無獨有偶，在「AIDS首例」後不久，精神病學家文榮光在一場以同性戀為主題的公開座談中，改變了自己先前的同性戀觀，據報將之描述為「性偏好」。[82] 然而，縱然這些專家學者宣稱同性戀並非病態性心理，他們也並不盡然首肯同性的性行為。泌尿科醫師江萬瑄在另一公共論壇的一句話，最能表現這種寬容的態度──「不鼓勵也不歧視」。[83]

　　在諸多恐性恐同的論述中，最能言善道者，非江萬瑄醫師莫屬。1985年9月4日《民生報》專訪中，江萬瑄表示：「雖然同性戀不是病態，但同性戀者應該至少要建立起忠貞的觀念，試著採行像夫妻般的一對一關係。」[84] 幾天後，在同一份報紙上，回應愛滋所引發的「玻璃圈」熱潮，江萬瑄說，愛滋對整體社會來說，不但是「教訓」，也是「機會」。一方面，愛滋使得大眾更瞭解玻璃圈；另一方面，「『玻璃圈』應利用這個機會，依社會常規來調整他們的生活型態。」[85] 江萬瑄的道德論在1986年1月間投書《中國時報》的連載文章〈1985年十大國際新聞評述〉中達到極致，〈恐怖的愛滋病〉一文探討愛滋在全球的散布，其中處處可見危言聳聽的語意，諸如「愛死

---

80 葉于模，1985。
81 楊憲宏，1985。
82 《民生報》，1985。
83 金一歎，1985。
84 李淑娟，1985a。
85 李淑娟，1985b。

病患注定在孤獨寂寞中死亡」。江萬瑄聲稱越是淫亂，越有可能「染上愛死病」。要阻止愛滋在台灣乃至全世界蔓延，唯有一途：

> 就是世人放棄解放式的性生活，放棄性革命的論調和觀念，重新肯定傳統家庭的意義。果真如此，今天愛滋病的氾濫，未嘗不是人類文明之福。[86]

令人不寒而慄的是，愛滋的偶然性，竟在此被藉機拿來確立單偶理想作為文明基石的首要建制。

AIDS作為「愛滋」

1986年2月27日，官方公布台灣第一例診斷出愛滋案例，是一名李姓馬來西亞華僑。三天後李氏便撒手人寰。媒體形容他為新公園的常客[87]，於是乎，玻璃圈又再度成為媒體鎂光燈下的焦點。李氏死後，當時的立法委員林永瑞於3月14日在立院提案，籲請政府警控新公園，以保護在附近讀書的莘莘學子不被玻璃圈內人給帶壞。十分耐人尋味的是，《自立晚報》旋即刊出新公園和賣淫文化的專題報導，標題為〈新公園內同性戀者聚集 藏汙納垢時見汙七八糟入夜時分群鶯亂飛使人不忍卒睹〉。[88]「群鶯」當然是指站壁的私娼。

《台灣時報》的兩名男記者喬裝調查板橋市「黑街」一間男同性戀常光顧的二輪戲院後，撰寫出〈玻璃穴藏汙納垢 愛死病最易蔓延〉特別報導，將玻璃圈形構為愛死病孳生的溫床。[89] 報導先是描繪

---

86 江萬瑄，1986。
87 《台灣新生報》，1986。
88 《自立晚報》，1986。
89 有關「黑街」性交易文化的相關報導，見劉重善，1985；《聯合報》，1985；陳新添、梅中和，1986；林全洲，1987。

戲院如何骯髒汙穢，用來影射「愛」「滋」之名：

> 「黑街」的髒亂……讓好此道者不敢領教，有人擔心「愛滋」
> 病在該處，或許因「愛」而「滋」生病源……不少初、高中學
> 生，打扮時髦進出黑街，令人擔憂青少年學生是否會在好奇、
> 刺激的心理下，迷失自我本性，陷於玻璃圈王國之大染缸無法
> 自拔，且在「黑街」衛生條件極差的情形下，未來將會產生何
> 種不可思議的傳染性疾病，令人關注。為瞭解青少年學生在
> 「黑街」中的動向，記者特深入「玻璃穴」內，一探究竟。

直擊這一場活生生的異國情調的性愛景觀（「一對『玻璃』還如火如
荼的展開欲罷不能的熱烈性動作」、「年僅十八、九歲的少年……依
偎在中年男士的懷抱裡，嬌嗔不已」），其中一名記者恍然驚覺自己
正被十數人給獵捕，趕緊和同伴躲到一邊，在恢復神智後，兩人奪門
而出，將「一堆『玻璃』鏗鏘然的配對聲音」拋諸身後。[90] 報導以下
文作結：

> 「黑街」的衛生設備實在令正常人無法忍受，但藏在這汙垢底
> 下的玻璃者，卻視之為天堂，任意恣行其事，在如此的環境裡
> 是足以培養起任何傳染疾病病原的，有關單位應防患未然，正
> 視此事的嚴重性後果。[91]

報導完全略去HIV的明確感染途徑不談，甚至誤將HIV病毒解釋為水
媒病原體，從而將「玻璃穴」再現為「同性戀熱帶」（gay tropic），
富含熱帶醫學的修辭和比喻。裴新（Cindy Patton）對全球愛滋政策

---

90 陳新添、梅中和，1986。
91 陳新添、梅中和，1986。

的認知論分析指出，這乃是深植於西方殖民論述的歷史產物。典型的熱帶醫學思維會將某一特定的社會空間給空間化（spatialise），進而階序化（hierarchise），藉此建構出一個病體存乎的「他方」（there，在這裡指「玻璃穴」），在在威脅著「此處」（here）——也就是中產階級家庭的私密空間——居民的健康。此外，當免疫力被解釋為一個與帶病土著接近的問題時，這種思維同時也懷著一種殖民式的幻想，認為殖民者、主體事先已獲得了免疫力。[92] 在上述案例中，男性記者堅信，身為無論就性實踐而言、還是就心理衛生而言皆文明化的異性戀者，即便涉足充滿著「任何傳染疾病病原」的地方，仍然能夠百毒不侵。

《自由時報》的特別報導〈零與一遊戲，愛滋籠罩；震碎玻璃圈，圈外開天地〉，充分顯示出人們如何幻想愛滋孳生的溫床——玻璃圈。該報導描述玻璃圈內人是如何擔心自身安危，如何準備好「逃出火坑，到圈外去尋找另一個乾淨的『天空』」。該報導也注意到，自從愛滋登陸，男同場景逐漸萎縮，從而推論玻璃圈內人開始猜忌彼此，深怕與身邊的人「交易」，以免遭受感染。因此：

> （在）援引新鮮人入行的機會並不多，在貨源缺缺、情慾難耐的情況下，向外發展成了目前玻璃圈人自尋生路的新趨勢……但是從這些高汙染的角落游離出去的玻璃圈人中已有帶原者，如果這些帶原者依然故我，化暗為明地出現在「正常人」的生活空間，從最近發生的雞姦案例時有所聞的情況來看，同性戀者為逞私慾、找尋純潔男童、少年進行性攻擊的可能性逐漸大增。有關單位防制愛滋病流傳的同時，也應費心研究同性戀者面臨世紀之病，所可能採取的「自力救濟」路線。如果任由外

---

92 Patton 2002: 27-113.

放的圈內人，將活動空間擴大，後果將不堪設想。[93]

跟前文討論過的男同熱帶幻想所不同的是，這裡的報導依循的主要是流行病學的邏輯：首先，同性戀的身體被當作往外四處飄散的向量，展演性地創造出一個時空環境，可以透過追蹤病體的遷移來追蹤疾病。[94] 同性戀的身體對於「性」有無法自抑的渴求，無時無刻不在搜索「新貨」，因此既是具傳染力的慾望，也是疾病的淵藪。有鑑於此，同性戀的身體自身就成了公共空間，必得出動國家的監控和防疫線來保衛深陷危殆之中的大眾。

結語

　　本章對媒體在冷戰期間如何部署男同性戀的分析，有幾個關鍵特徵。首先，各種無論現代還是前現代用來指男同性關係、性行為的語彙，都是透過既男性中心又父權中心的語言遊戲來指涉，而且男同性關係、性行為始終被依國族文化內的性／別系統來被裁決。因此，「人妖」逸軌的性別表徵和性實踐招致各式各樣的惡意攻訐，而「斷袖癖」則在性心理的機器中遭到病理化。畸形變態的性相被賦予無窮盡的病因力量，來彰顯不規則、混亂與危險的意義，而借用傅柯的話來說，男同性戀則是被再現為被「清醒的性瘋狂」所驅使的變態者。[95] 其次，自從1970年代中期，「玻璃圈」在媒體論述中獲得一席之地，男同性愛也因此成為恐同所迷戀的對象，而媒體則完全從陽具中心的角度出發來理解「一號」和「○號」這種男同文化的行話。此外，由於新聞不斷報導警方突擊新公園和同性戀場所，男同性愛和男娼賣淫被畫上了等號，而此形構並持續在懼性恐同的愛滋論述中運

---

93 馬紀先，1989。
94 Patton 2002: 27-113.
95 Foucault 1997 (1969): 51-58.

作。重要的是，本章的分析標誌了藉由娼妓和愛滋來汙名化的過程。也正是這個過程，促使台灣的同性戀者在1990年代採取肯定自身的稱呼——「同志」——來進行去汙名。

第三章

公權力、賣淫與性秩序：
邁向一個「善良風俗」的系譜式批判

建國必先建警。

——蔣介石[1]

什麼樣的政治技藝、行政管理技術被放在國家理性的普遍框架
中運作並且加以使用、發展，以便使個人成為國家的一個要
素？

——傅柯[2]

酷兒進行一種實用性的社會反思，只為找尋做酷兒的方式……
由於性秩序的邏輯目前是那麼深深鑲嵌在範圍廣泛到無法形容
的社會建制裡，以及對世界最標準的敘述中，酷兒奮鬥的目
標，不只是寬容或平等狀態，而是要挑戰那些建制和敘述。

——麥可・華納（Michael Warner）[3]

《違警罰法》與聖王國家

本章的焦點在於戰後台灣國家對性相的管制，以及性別化的主體
形構。透過系譜式的調查，本章探究由現已廢除的《違警罰法》所支
撐之「善良風俗」規範體制下的性控管文化。我藉由分析1950至1980

---

1 蔣介石，1964: 106。

2 Foucault 2001 (1988): 409-10.

3 Warner 1993: xiii.

年代間警方和媒體的性論述，追溯當代台灣透過國家禁娼而建立起支配的社會／性秩序界線的過程。由於這個系譜式的構想發軔於當下的政治考量，希望介入歷史的當下，故而本章的結語將顯示，「善良風俗」的管理體制自1990年代如何因反娼國家女性主義的興起而大幅度地擴張。雖然在第五、第六章中我會詳細檢視這種女性主義公眾文化登上舞台的過程，但在此，我將先提出對於國家女性主義政治的批判，透過上述的系譜學來檢視其介入立法改革的軌跡。

《違警罰法》的前身為戰前的日本《違警罰法》，在1906年清領時期便已頒布。[4] 1943年，《違警罰法》經大幅翻修後，由國民黨政府以違憲的方式讓其存在，直到1991年才廢除，由《社會秩序維護法》取而代之。[5]《違警罰法》這項行政法讓國家得以積極介入社會的形構，在戰後台灣的建國大業中位居要角。本章將會指出，《違警罰法》管的不只幾乎涵蓋了公領域的所有層面，它的觸角也深入了私領域。它給予警察特權來規訓、懲罰逸出常軌的個人：偵訊、裁決、判決、懲罰的執行均在警局裡進行。對於有違警習性者，警察甚至有酌情權施以更加嚴厲的處罰，包括沒入、罰役、申誡、拘留（最長可達十四天）、罰鍰，甚至勒令歇業或停止營業。[6]

為了將《違警罰法》的施行合法化，國民政府於1953年頒布《警察法》，將「正俗」及其他行動列入警政的一部分。雖然「正俗」包括諸如廢除纏足、束胸等「落後」的社會實踐，但對於性的政治管理才是構成了這項警政最重要的面向。[7] 故以維繫「善良風俗」之名，警察不只肩負矯正個人不當性行為的任務，還得要根據《違警罰法》管理休閒娛樂業中日益勃興的性敗德現象，尤其是賣淫問題。

---

4 李鴻禧，1979: 24。
5 根據警政學者曾吉豐（1988: 5），由於《違警罰法》係於1947年施行憲政之前所頒布，因而在法理上是無效的。
6 見《違警罰法》，林弘東，1989: 813-820。
7 王烈民，1958: 242。

在此尤關緊要的是，一手打造中國和台灣現代警察機器的蔣介石所賦予警察作為民眾導師與訓育保母的角色。[8] 蔣介石主張「警察的目的在於行『仁政』」[9]，警察的任務乃是移風易俗、改造社會，以及「使一般民眾都能成為良好的國民」。[10] 如同蔣介石在對中央警官學校的演講，為了承擔這樣的任務，警察必須在道德培育上出類拔萃，並肩負起「作之親」、「作之師」、「作之君」三個管理的職位，其中「作之君」者，被解釋為法律的代理人：

> 我們應該先作之親，以父母的態度地位，以作先生的態度來督導他，教訓他，管理他，到最後一切用完了，沒有辦法，才執行法律，所以大家知道，我們做警察，最好要人民不要犯法，使人民聽我們的教訓，受我們的愛護。[11]

在此，蔣介石籲求的乃是培育一個道德優越的仁人君子，建立在傳統士人階級／知識份子所奉行的儒家傳統，「聖王」的宿昔典型者也。此聖王典型附屬在一更廣袤的領域所模鑄出的管理之藝，亦即《禮記・大學》篇的不朽箴言：「修身，齊家，治國，平天下」，而「聖王」就是無懈可擊的道德主體。理論上人人皆可為聖為王，然而實際上，如劉人鵬所指出的，能成聖為王的主體位置者，早已預先為社會地位所決定。劉人鵬援引杜蒙（Louis Dumont）所研究印度種姓制度之階序概念，探究了晚清、民初的女權論述。她指出，屬於現代的

---

8 蔣介石1936年於南京成立中央警察學校，接下來的十二年擔任校長，同時也是中華民國政府領導人。1954年在台灣復校。

9 蔣介石，引自梅可望，1951: 4。

10 蔣介石，引自酈裕坤，1958: 6。根據史學家沈松僑（2002），現代意義下「國民」一詞的特殊政治主體性與晚清以來的建國大業密不可分，並受到日本與西方殖民主義兩重制約。儘管「國民」在英文中多譯為「市民」（citizen）或「公民權」（citizenship），然而國民的建構卻深受國家主義（statist）的議程所左右——尤其是在本書中所針對的台灣戰後脈絡下——遠遠不及自由論傳統所理解的「公民權」自治性。

11 蔣介石，1964: 149。

「平等」概念被接合到「聖王」道德階序上，而此階序預設了一自然化的既定整體，符合既存的政治、社會關係，諸如君臣、父子、夫婦等。在此階序裡，道德低下者相對於或臣屬於道德優越者。若不置疑此既定的整體，居聖王上位者便能對道德低下者擺出慈愛的姿態。[12] 本章將顯示國民黨政府以聖王的道德階序所強力生產的「善良風俗」，如何形構「國民」的主體位置。

在深入探究之前，先來看兩項管制賣淫的法律：也就是《刑法》與《違警罰法》以及它們的差異。《刑法》第231條並未禁止個人賣淫，至今亦然。它禁止利誘他人從事非法性行為者（在法律用語稱「姦淫」，意指婚外的插入性交，以及「猥褻」，泛指「姦淫」以外的性行為，如同性性行為）。在此重要的是，一直到1999年，在《刑法》第231條中有一女性類別，稱為「良家婦女」[13]：

> 所謂良家婦女，不以該婦女之家世如何為準，應以其本身現非
> 習淫行者為限，娼妓既已停業，仍不失為良家婦女，反是，若
> 私娼正在為娼中，即非良家婦女。[14]

法律的定義，顯然奠基於傳統良家婦女與娼妓的區別。賀蕭（Gail Hershatter）指出，儘管清朝政府並未明令禁止娼妓，其刑法律例卻透過禁止「官員和軍官娶娼妓為妻或妾」，將低下階級（包括娼妓、藝旦、歌姬等）與良家區隔開來。[15] 民國政府的《刑法》中似乎刨除了階級區分，然則女人在法律條文中的形象則改依是否「習於淫行者」（在此「淫行」等同於賣淫）來決定。這裡的法理邏輯是，只要防止良家婦女落入火坑，娼妓人數自然減少，乃至消失。另一方面，

---

12 劉人鵬，2000: 1-72。
13 1999年《刑法》修正刪去這項法律範疇，改為「男女」。見本書結論中對此修法的討論。
14 1932年司法院解釋釋字718號，引自劉清景、施茂林，1994: 579。
15 Hershatter 1997: 204.

「良家婦女」的法理詮釋似乎包括了所有曾經從娼的女人,因此,一旦查獲窯子內所雇用的人可被證明「習於淫行」,經營娼寮的人便並不會被依《刑法》起訴。

另一方面,《違警罰法》第64條明令禁止娼妓、皮條客(第3項)、嫖客(第4項)。這項條文將娼妓的非法性行為定義為「姦宿」。在實務層面,這個詞彙常與(過去)《刑法》中的「姦淫」等同,而這意味著《違警罰法》只禁止異性戀間的賣淫行為。然而,本章將說明同性戀男妓同樣被「善良風俗」所禁止。

頒執照與否?1950年代的娼妓政策

根據林弘勳的研究,日本殖民時期的台灣娼妓文化奠基於漢人和日本的傳統文化。在兩種文化的階序中,妓女都區分為兩種,一是受過教育的娼妓,如漢人社會的藝旦和日本社會的藝妓,吟詩奏樂以侍奉王公貴族,二是未受教育的娼妓,純粹提供性服務。根據日本政府頒發執照的政策,所有官妓、藝妓的妓院都可在政府許可的紅燈區營業。然而自1930年伊始,漢人藝旦文化逐漸為台北等城市中的現代休閒業所取代,如沙龍式的咖啡廳和舞池。這些時髦新潮的新式娛樂也帶動了新的職業——侍應生。日治時期尾聲,侍應生文化成了新興的社會現象,在休閒業中處處可見蹤跡,從傳統酒館茶坊到現代的咖啡廳、舞廳,不一而足。同時,林弘勳指出,休閒業的轉變對於未受教育的娼妓階級並未發生太大的影響,「娼妓」一詞越來越來與她們連結在一起。[16]

雖然一直到1953年《警察法》頒布後,警政才被正式賦予「正俗」的任務,然而,早在1945年台灣回歸中國後不久,警方高層便已著手這項任務,意圖滌淨五十年來的日本殖民統治(1895-1945)對

---

16 林弘勳,1997: 108-110。

台灣的影響。國民黨政府基於「本省在日人統治時代，縱任一般台胞沉溺於不良風氣之中，接收以後，特加注意，力予糾正」[17]，於1946年展開遍及全島的「肅娼」行動。林弘勳指出，「正俗」有四項，包括「一、取締女招待；二、肅娼；三、禁舞；四、破除迷信」。[18] 不消說，這項去殖民計畫影響了娼妓的管制以及女人的性，回首看來，可說是打造戰後台灣國族認同形成的典範模式。

蔣氏流亡政權仍維持禁發娼妓執照的政策，同時卻也默認政府軍的性需求。因此，1949年，國民政府進行一試驗計畫，設立一種名為「特種酒家」的機構，事實上就是變相的有牌娼妓。除了飲食供應外，酒店裡的「特種侍應生」也可能在店內小房間提供性交服務。特種侍應生其實就是合法娼妓的變體，直接受地方警察管轄。在國民政府簽署1949年禁止人口販運和強迫賣淫的《聯合國公約》後，重審了這項計畫[19]，在經過一番激烈的爭辯決定繼續。直到1956年，政府才終於就娼妓執照問題達成協議，重新發給妓院執照，特種酒家才告廢止。然而1950年左右，為了解決軍隊人口的性需求，國民黨政府開始在本島及外島各軍事基地內設立後來被稱為「軍中樂園」的妓院。[20]

1949年9月，所有既存的休閒行業如酒家、茶房，都被政府命令改名為「公共食堂」或「公共茶室」，一套適用於新的公共食堂與公共茶室的新標準也應運而生，要求室內設計盡可能「簡單、樸素、整齊、清潔」。更重要的是，所有的女侍應生都要改稱「服務生」，她們被禁止陪酒陪唱，不得宜的放蕩舉措更是嚴格禁止。[21] 就如「特種

---

17 《臺灣警務》，民國三十五年，引自林弘勳，1997: 111。

18 林弘勳，1997: 111-112。這項警方取締行動導致1,704名妓女遭到逮捕，將近10,000名女招待強制更名為侍應生。見林弘勳，1997: 111-112。

19 林弘勳，1997: 112。

20 參閱本刊記者，1995b。這個特殊的機構於1992年廢除。學界尚未曾對此在台灣存在了四十年的「公開祕密」著手研究。根據《中國時報》對「軍中樂園」的特別報導，蔣氏政權只允許高階將領攜眷來台，是以其餘士兵皆被迫將妻小留在中國大陸。因此，「軍中樂園」的設立乃是為了補償士兵的性需求（《中國時報》，1995）。有關「軍中樂園」的非學術描繪，參閱柯瑞明，1991: 72-78。

21 有關「公共食堂和公共茶室」的規範，參閱王烈民，1958: 273-275。

酒家」一般，公共食堂與公共茶室以及某些行業如旅館都被劃定為「特種營業」。[22] 特種營業中的侍應生與服務生必須定期接受健康檢查，才能從警方獲得工作許可，且獲得之後仍須定期健檢。一旦發現感染性病，工作證就會暫時收回，直到治癒為止。除此，還要求著制服（冬季著藍色，夏季白色）。如有發現服務生行為不檢點，警察可依《違警罰法》處罰她們，乃至其雇主。[23] 這項規定潛在假設從事這些行業的女人都是妓女。

1950年代早期，警政觀察家普遍贊成政府發執照給娼妓。就娼妓議題而言，警界的論述普遍所立足的政治理性分為兩種政府行動，一為積極，一為消極：後者帶來短期的問題解決方法，傾向於訴諸法律，而前者則直指問題根源，傾向福利政策。舉例而言，警政觀察家姚季韶認為這項政策便於警方控管娼妓，進而規勸她們「從良」，藉此逐漸減少娼妓的數量。同時，姚季韶建議政府募款增設工廠，藉以鼓勵娼女轉行進入受人尊敬的行業。[24] 另一名觀察家黃櫴則指出積極政策不可行之處來闡明立場。首先，在取得精確的娼妓人口數據前，諸如職訓、教育或財政紓困的福利政策都無從執行。然而黃櫴也指出取得數據的不易——既然娼妓不見容於法律，又怎能期待妓女站出來向政府求援呢？此外，

> 本省操皮肉生涯者，除了道地的神女外，還有就是一般茶樓酒家的女侍應生，甚至為人執役炊事的下女，在多金的引誘下，後者往往毫無顧忌的幹著出賣靈肉的勾當，對於她們如果等以私娼目之而予以調查和濟助，事實上固有礙難辦理之處，然而

---

22 所謂「特種營業」實為警界術語，而非正式的法律用語，指涉地方警察所許可、控管的各式行業，屬於台灣省政府基於顧忌某些行業對社會造成的潛在威脅所制定的規範之一。

23 此處指的法條為《違警罰法》第54條第11項：「營工商業不遵法令之規定者」，得「停止其營業或勒令歇業」；以及第64條第1項：「行跡不檢」。

24 姚季韶，1949: 15。

聽其「掛羊頭賣狗肉」下去，則因她們加於「社會風化和人民健康」的實害實不亞於普通的私娼，顯得這種「放任制度」甚有不妥。[25]

其次，政府根本無法負擔相關支出。此外，鑑於「社會還沒有達到『男有分、女有歸』的理想程度」時，娼妓的存在尚無可避免，因此黃樾認為對政府而言，頒給娼妓執照成了唯一切實的選項，藉此不但可以減少性犯罪（如強暴），也可「防遏性病之蔓延，保障國民的健康」。[26]

黃樾倡議發娼妓執照的理由中，有三點值得商榷：首先，國家介入的方案勢必內含矛盾：只要娼妓仍不合法，針對娼妓的福利政策就注定失敗，然而國家要想維繫善良風俗，就勢必要剷除娼妓。然而黃樾自己的立場卻也取決於上述矛盾，同時將妓女理解為（性剝削的）受害者（因此亟需救援）與（社會的）加害者，就如同賀蕭在民初脈絡中探討妓女的雙重身分時所指出的。[27] 如此便可以解釋，為何黃樾僅止步於呼籲發娼妓執照，而非進一步將性工作除罪。其次，黃樾所構築的烏托邦許可娼妓，卻隱然以異性戀和國家為中心：婚姻才是首要之務，女人的性須被國家批准。再者，妓女即便有了執照，但由於其身體不潔，靈魂墮落，因此仍然被設想為國民的性他者。

嚴格禁娼十年後，國民黨政府終於在1955年採取頒發執照的政策，伴隨著一套規範，包含四項行政管理步驟：

（一）肅清暗娼：一旦抓到暗娼，必須強制送當地衛生機關接受性病檢查。

（二）登記管理：警察是公娼的主管機關。

---

25 黃樾，1949: 9。
26 黃樾，1949: 9。
27 Hershatter 1997: 181-241.

（三）救助與輔導從良。

（四）收容教化：地方政府應鼓勵私部門成立婦女救濟和職訓
中心。[28]

這些程序包含了積極與消極模式的國家介入，表現出傅柯所稱的「將個體納入國家功用性中的邊際整合」（the marginalistic integration of individuals in the state's utility）。[29] 這些將個人性別化、階級化管理的政治技藝欲將妓女改造為有用的家庭主婦，或者在快速工業化的社會中從事生產的勞工。[30]

因著《臺灣省各縣市管理娼妓辦法》所重申之肅清暗娼，《警民導報》出現了兩篇與警方取締賣淫有關的文章，分別由警員張義德和張文軍執筆，旨在提供警方處理賣淫的行動綱領，同時也透露出警方對逸軌的女性主體之認知與規訓、懲罰的技藝。開宗明義，在進行「臨檢」[31] 時，警察必須留意房間內睡著的是不是未婚伴侶：

> 臨檢人員發現非夫妻關係之男女闔室睡在一起，即應認為有姦宿嫌疑；詰詢結果，既非知友或年齡老幼顯不相稱或女方為吧女、酒女、茶室、咖啡室之服務生或曾有賣淫之紀錄者，縱其不坦白承認圖利與人姦宿，亦膺任唯有本款違警之重大嫌疑。[32]

---

28 《臺灣省各縣市管理娼妓辦法》，收在王烈民，1969: 195-196。

29 Foucault 2001: 409. 傅柯對國家理性與西方現代性的系譜學式探究強調 "police" 作為一種現代行政技術乃是培養人口生命力（life force）的新治理（governmentality）形式。

30 在此尤其重要的是，1956年通過娼妓管理辦法後，僅有兩家婦女訓練中心（分別在台北、台南）成立。警界內部也有許多人針對社福機構稀少的問題提出針砭，常在《警民導報》發表言論的秦公是其中之一。秦公批評政府教養機構經費短缺：「（政府）把一個非常現實的教養就業機構，而竟囑望於慈善家的『隨緣樂助』。」（秦公，1958: 6）到了1960年代，此婦女機構更被批評管理欠佳，導致許多娼妓逃跑。見呂英敏，1976: 41。

31 「臨檢」措施所致的監控使警方得以隨時隨地盤查任何人。感謝人權律師邱晃泉在私下討論時提出這點。

32 張義德，1960: 9。

綜覽本段，顯然警方又將休閒行業中的女性視為非法娼妓。一日違法，則終生娼妓的身分都將跟著她。此外，上文還顯示出反對跨代戀與一夜情的常模。特別以一夜情來說，張文軍在區分「姘居」與性交際時認為，凡是接受男方資助、想透過跟男人的關係來獲利，「未擇人而侍」的未婚婦女，都可算是娼妓。[33]

至於違警的裁決，兩篇投書作者都認為，警方必須謹慎小心使用權力，才能維持「把握公平之原則，兼顧法理與人情」：

> 人們之涉足於歡場中者，故多自甘墮落，好逸惡勞之輩，然迫於環境，不得已而為之者，亦所在多有。因之，裁決之前，除應就其違警事實加以全盤瞭解外，對其身世、個性、為娼之動機，對被取締人員之態度，有無後悔之表示以及是否累次違警等，亦宜周詳審查。筆者以為在裁決時，儘量避免科以罰鍰。蓋財產罰既難達懲戒之目的，而警察人員又易被誤為旨在提成獎金，時遭誤議，實非良計也。情節輕微，惡性不大者，宜處以申誡；態度惡劣，有違警之習慣，應從重或加重處以拘留。如此警察尊嚴，不致淪沒，而違警人有閉門思過之機，則可收「寓教於罰」之效。[34]

這裡有兩點可議之處：首先，處罰的程度是以犯人的人格品行、態度操守來分級——這些特質都唯有經過觀察才可知——因此違警人的個人性史終將決定她的「本質」（以及施加在她身上的懲罰）。其次，在張文軍的提法裡，「聖王」的仁慈與道德階序中被構築於《違警罰法》架構內的正義經濟體之中。位居道德崇高的主體言說位置，使得警員能夠在懲罰娼妓的同時，又能對她仁慈開恩。而妓女理應為自己

---

33 張文軍，1960: 8。

34 張文軍，1960: 8。

的不當性行為感到羞恥，這種羞恥心與警方的恩慈兩者，同時幫忙支撐父權的性秩序。然而，一旦妓女拒絕遵守遊戲規則，這種慈愛的正義只得碰壁。碰到這種「態度惡劣」的妓女（也許是拒絕接受自以為是的「施恩」？！），保住面子的方法就是施予更嚴厲的懲罰，如張文軍所言，給她以教訓。對妓女的教育，委實建立在懲罰之上。

上述警察對暗娼的禁絕與處置，說明了在《違警罰法》之下，妓女是如何被迫屈從於父權性秩序之下。然而，為了標示妓女屈從於戰後台灣的國族文化的身分，我們還必須將性交易放在性市場的普遍經濟結構下來看。受到警察／國家的規範管制的性市場不僅是有牌照的妓院，也包含休閒行業如旅館、酒店、茶室，以及（1958年後的）舞廳。[35] 台灣的資本主義經濟從1950年代晚期開始起飛，1960年代早期休閒業勃興——當然，也包括了性產業。從1960年代中期以降，性產業的影響力漸大，以至於國民黨政府不得不採取一系列的改革方案，來防範社會被性交易的洪流給淹沒。

1960年代雨後春筍的性產業

1962年，國民黨政府頒布《臺灣省特定營業管理規則》，將營業項目分為九種，包括酒家、酒吧、茶室、咖啡廳（第三類），歸地方警察所管。[36] 1950年代警方所稱的「特種營業」至此正式稱為「特定營業」。將侍應生合法化的同時，《管理規則》也同時明令禁止第三類的營業與第二類的旅館經營「淫業」。

在此尤其重要的是，先前從日本殖民時代遺留下來的傳統行業，如酒家和茶室，至此逐漸讓步給數量激增的新興行業如咖啡屋與酒吧。[37] 造成1960年代台灣性市場轉型的重要歷史因素有二。1950年以

---

35 有關舞廳業的執照請參閱下文。

36 王烈民，1969: 119。

37 根據司法行政部犯罪問題研究中心出版的《妨害風化罪問題之研究》，1962年至1966年間，咖啡屋的數

前，台灣主要是農業社會，但在國民黨政府「以農業培養工業，以工業發展農業」的經濟政策之下，台灣快速轉型為工業國家，1963年，工業總產值首度超越農業總產值。[38] 隨著快速的工業化進程而來的是快速的都市化：1947年至1966年間，台北市的人口幾乎翻漲四倍，南台灣的高雄也不遑多讓。[39] 年輕人口大量湧入台灣最大的城市尋求工作，資本主義系統擴張下的休閒行業自然也虎視眈眈，在台北等城市興起的咖啡廳次文化，是為一例。[40] 咖啡屋——又稱「黑燈咖啡廳」——功能與傳統茶室相近，但增添一分時髦感，十分迎合大批中下階級年輕男性的喜好。咖啡廳的內部陳設相當吸引人，在公眾場合中創造出一絲「隱私」：一片小隔間中，昏暗的燈光下豎起高高的椅背，大株的盆栽植影稀疏。[41] 雨後春筍的咖啡屋，創造出更多就業機會給（多為）工人階級女性，她們在咖啡屋的工作所得可達在工廠的四、五倍之多。[42]

另一方面，酒吧的勃興則與駐台美軍及冷戰期間國家（暗中）推廣的（性）旅遊業脫不了干係。1954年，《中美共同防禦條約》生效，兩美軍基地設在台灣，為了迎合服務美軍的酒吧行業也應運而生。[43] 實際上，駐台美軍也導致1958年以前被國民黨政府禁絕的舞廳、俱樂部重出江湖。1965年，越南戰事升高，美國對台灣施壓，美軍顧問團在台北設立美軍招待所：1965至1970年間，約有20萬美軍在台度假，此外尚有20萬人在1970、1971年間受招待所招待。[44] 據估

量成長了129%，酒吧的數量成長了93%。同時，1966年登記的侍應生是1962年的2.25倍。見司法行政部犯罪問題研究中心，1967: 15-16。

38 陳國祥、祝萍，1987: 107。

39 O'Hara 1973: 270.

40 何春蕤（2007）在〈性革命：一個馬克思主義觀點的美國百年性史〉一文中，提出「情慾生產力」（forces of erotic production）和「情慾生產關係」（relations of erotic production）兩個啟發性的概念，用來分析社會文化中性的轉型。下文中的分析深受何文的啟發。

41 張雄潮，1962: 10-11。

42 司法行政部犯罪問題研究中心，1967: 131-147。

43 柯瑞明，1991。

44 在美國政府的要求之下，台灣於1969年成了立第一間專門防治性病的醫療機構。見陳佩周，1992。

計，如果每個美國大兵都從12,000美金年薪中掏出5,000美元在台消費，預估單單是1970、1971年間，就有10億美金流入台灣。[45] 這項估算數據誠不盡可靠，但越戰期間美國資金湧入，活絡了台灣的性產業，則是不爭的事實。[46] 同樣重要的是，1970年代早期，美軍前腳離開，日本尋芳客的後腳便踏上了台灣。

乍看合法的休閒娛樂業此時成長快速，然而這僅僅只是表象。許多登記為「一般營業」但掛羊頭賣狗肉的場所興起，遍布全台，尤其在都市，或以混種的第三類特定營業形式出現，或以新興行業之姿登場。包括：

（一）「純喫茶咖啡室」：「純喫茶」一詞原先是發明來與「黑燈」咖啡廳和「黃色」茶室做區隔（黃色是猥褻的俚俗用法）。然而這甚受年輕人歡迎的場所到了1960年代，已開始被官方認定是藏汙納垢的地方。[47]

（二）「浴室業與三溫暖」[48]：這些場所位在北投（台北近郊一處溫泉景點），儼然是祕密的有牌娼館，提供所謂的「鴛鴦浴」服務。[49]

（三）理療院／按摩院：這些場所「扭曲了」傳統的按摩服務，提供「性療法」。[50]

---

45 鍾俊陞，1988: 73。

46 國民黨政府將休閒業／性產業看作欣欣向榮的旅遊經濟的棟梁，從《民族晚報》題為〈一項具有教育意義的社會活動〉的社論中可見一斑。在報導了台北警方高層有意傳旅館、舞廳、夜店、酒家、茶室、酒吧、（有牌）妓院等特定營業人員參加一系列的公開講習（如「國家榮譽與安全」、「社會與公共秩序」、「社會進步與發展」）之後，《民族晚報》大力讚揚警方，認為透過教育這些在旅遊業前線接待的人，國家在國際社群中的形象將會大幅提升。見《民族晚報》，1965。

47 《大華晚報》，1968。

48 劉明詩，1973: 13。

49 1951年針對北投紅燈區通過一管理辦法，用來規範這個台北近郊溫泉勝地的合法娼妓；她們不能在自己棲身的妓院中進行性交易，只能在叫小姐之後「專送」到旅館內。（本刊記者，1955a）這個特殊的機構於1979年廢除。

50 《中國晚報》，1969。

（四）遊客中心、手工藝品店：有時消費者花費超過一定數量，便可以將一名店員「帶出場」。[51]

（五）酒吧：由於國民黨政府自1968年開始禁止第三類的特種營業（詳下），酒吧業開始欣欣向榮，尤其在越戰期間。[52]

（六）餐飲業如餐廳[53]：膳食業者若把員工當成侍應生屬違法。所謂的「沒有廚房的餐廳」興盛於1970年代早期的台北。

（七）地下舞廳／俱樂部：由於年輕人對昂貴的合法舞廳／夜店望之卻步，非特種營業理所當然因經濟誘因涉足此行。[54]

（八）色情公寓：未經註冊的旅館，主要提供性交易開房間，是都市（如台北）景觀驟變下的產物。[55]

（九）觀光理髮店：沙龍內精美的裝飾，旨在吸引日本遊客，在私密空間內提供額外的馬殺雞服務（往往下一步就是性交）。[56]

　　儘管本質各異，這些行業所共同提供的商品就是形式不一的性。除此之外，全台的戲院、劇院（也位列特種行業第一類）——尤其在小鄉鎮——在1960年代引進一種新式的娛樂：色情豔舞，以便與彼時逐漸普及的電視相抗衡。[57] 到了1960年代中期，因勃興的性產業而大行其道的情色文化過於蓬勃發展，乃至奠基於儒家聖王道德觀的民族

---

51 黃海鵬、吳平，1971。
52 洪復琴，1973。
53 《中國時報》，1971。
54 陳榮生，1968。
55 《民族晚報》，1966。
56 洪復琴，1973。
57 脫衣秀通常會在電影放映中場演出。參閱崔桂清，1968。

文化彷彿橫遭威脅，岌岌可危。於是乎，蔣氏政權施行了一系列的社會改革方案，以便控管危機。

保衛社會免於性氾濫

1966年，台灣性管制的新紀元。政府決意引進新的控管方針來強化對性產業的控制，媒體對此興奮不已。「如果我們敢於面對現實」，《自立晚報》的社論提到，「當知黃色毒流的氾濫實已到令人可驚的程度」：

> 從大都市到偏僻鄉村，裸裎淫穢的脫衣舞所在多是，特別是大都市以外的城市鄉鎮，歌舞團、地方劇團，在任何場合演出，如果不附帶增加黃色的「三脫」「七脫」「脫光」節目，便不能獲得觀眾滿足……都市之中，夜總會、舞廳、酒家、黑咖啡館數目日增，莫不以販賣色情以獲暴利。特別是近年來盛極一時的黑咖啡館，其所創造的罪惡紀錄，應為各種色情交易所之冠。台北市更是三步一處、五步一所，比任何行業發展得更普遍而均勻。斗室之中，昏天黑地，一切傷風敗俗，邪惡無恥的行徑，便在這黑暗的掩護下公然為之。無數血氣未定的青年男女，乃至許多大中學生，都為由一型場合（按：原誤）導致墮落。更嚴重的是，這種色情交易所經常引誘良家婦女、逃學太妹，墮入火坑。[58]

新的管理方針包括一項配合特定行業管理規則與《違警罰法》的「三振出局」處罰方式，對茶室、咖啡屋下達嚴格的服儀舉止條款與室內

---

58 《自立晚報》，1966。

裝潢規範。[59] 翌年出現了更多國家干預，包括1962年特定行業管理規則的修訂。在此，兩項規定的改變尤其重要。首先，女性員工的年齡下限定為18歲，而18至20歲之間的服務生必須取得監護人或配偶的同意，年輕女性因而較難在休閒娛樂業合法工作。其次，禁止第三類特定行業出現在學校、教堂、寺院和住宅區半徑200公尺之內。這是戰後台灣政府首度試圖系統性地將「性」劃出高尚的建制機構之外。[60]

1967年底發生一樁軼事，引起的軒然大波，更加深了民族文化陷入危殆之感。1967年12月22日，美國《時代週刊》刊出一篇名為〈美國戰士的特別假〉的報導，搭配一名美軍在北投紅燈區旅館內與兩名台灣女子鴛鴦共浴的圖片。儘管北投提供的服務早已盡人皆知，舉國上下仍莫不為這次揭弊大感震驚。新聞媒體眼見北投的賣淫文化公諸於世，亦莫不有道德淪喪之嘆；以儒家儀禮道德思想立國的國家，視若國恥。警方的回應是將照片上其中一名娼女余瑞卿緝捕到案，並以《刑法》公然猥褻罪起訴。[61] 警方之所以能夠找到余瑞卿，是因為她是有牌娼妓。然而重要的是，余瑞卿所作所為全然合法，因此法官將案子駁回。[62] 但整個1960年代晚期至1970年代早期，《時代週刊》的這張照片仍然時時被媒體當作國恥的鐵證。[63]

《時代週刊》風波之後，蔣介石在1968年1月9日召開的第六屆國家安全會議上，擘劃社會改革的方針，謀求「革除國民頹風，加強精神動員，培養無形戰力」。[64] 在他提出的八點當中，有六項籲求廣義

---

59 舞者禁著比基尼泳裝，不得露出乳房、臀部，演出不得帶有任何性暗示。茶室、咖啡廳的室內設計規定，每五平方公尺不得低於五瓦特標準燈泡；只允許有一個總開關；不得有屏幕或其他物體遮擋視線；不得在內部另建小房間；員工的臥室必須隔離；沙發不得高於地面110公分，扶手椅不得高於地面75公分。見司法行政部犯罪問題研究中心，1967: 21-26。

60 司法行政部犯罪問題研究中心，1967: 178-182。1990年代，主流女性主義者試圖將性做分區（zoning），詳見本章結論部分。

61 何振奮，1968。

62 《台灣日報》，1968a。

63 例見《自立晚報》，1971b。

64 蔣介石，引自王烈民，1969: 190。

上有法治的社會，狹義上要剷除不道德的性，另外兩點則是關於提倡合宜的娛樂，以及建立國民日常生活行為的現代道德準則。政府所採取的這些準則，是為1966年為了對抗毛澤東文化大革命所提倡的新文化運動重要的一部分，旨在復興儒家倫理，亦即聖王的道德傳統。

這些方針造成更多規則上的改變。政府除了停發第三類特定營業（以及妓院、舞廳、夜店）的許可之外，也決意要檢查所有休閒娛樂場所，規範以非特定營業為名、行特定營業之實的店家。此外，除了藉修改《刑法》施以更嚴厲的懲處來阻止色情氾濫，還試圖禁止政府雇員（包括軍人、公務員、學校教師）與年輕人光顧休閒娛樂業，因此分別於1968、1970年頒布《禁止公務人員冶遊賭博辦法》與《禁止青少年涉足妨害身心健康場所辦法》。[65] 前者引入一套懲誡方案，懲罰那些常出入不良場所的人[66]，後者則禁止學生和20歲以下的年輕人涉足性產業，對於怠忽職守的父母，則公布姓名加以公開羞辱。[67] 這兩套規範都可視為國民黨政府更加規範公職人員與年輕學生私人生活的企圖，去介入兩個它最能直接掌控的人口群。如此一來，政府不僅重申了性不是為了娛樂的道德強制令，也將公民劃分為道德良窳與否，性產業因而更形汙名。[68]

為了將這些措施付諸實踐，新任的台灣省警務處長羅揚鞭對下屬發布一項內部命令，企圖「嚴格確定」「警察執行管制風化工作」的「正確工作觀念」：

---

65 余俊亮，1972。

66 《商工日報》，1968。

67 徐聖熙，1972。回首觀之，《禁止青少年涉足妨害身心健康場所辦法》（1970）當中的反娼理性，可以看成是開往後立法之先河（《兒童福利法》1973、《青少年福利法》1989、《兒童及少年性交易防制條例》1995、《兒童及少年福利法》2003）。這些法案將青少年的定義從20歲重新界定為18歲，並逐漸透過禁止商業性與色情來強化對青少年行為的管制。

68 在冷戰時期國民黨政府的羽翼之下，公務員人口自成一階級，他們的忠誠為自己贏得了一套「福利」計畫：在公部門任職的人（國中小教師、軍警）非但不用繳所得稅，並享有18%利率，是其他人口群所無法享受的。重要的是，他們更被進一步禁止與（前）娼妓結婚，儘管在司法體系中，娼妓已合乎「良家婦女」的定義。以上最後一點請參閱彭寬，1968。

警察執行管制風化工作必須是堵塞社會色情氾濫；換言之：對
於社會色情之外之色情，諸如家庭色情，男女婚姻色情等等，
便非警察所能管制的了。[69]

羅揚鞭的言論之特別之處在於，「社會」在他的構想裡宛若一獨立個
體，與囊括在其中的家庭、婚姻等體制彷彿絲毫無涉。特別的是，羅
揚鞭指名必須禁絕婚姻家庭以外的性。換言之，為了道德的聖王國民
之更大的善，不屬於婚姻家庭的性必得遭受嚴格控管[70]，即便是發生
在非公眾的場合如飯店房間或私人住宅內。

　　長年以來，藉著施行臨檢，警方可以遏阻性交易為由擅闖任何旅
館的房間。1960、70年代，無數對男女在酣睡中被叫醒，遭質問兩者
的關係。然而，警方對旅館房間的控管也造成了輿論的憂心：警方是
否有權不顧個人隱私？旅館房間是否為公共空間？這些問題總是備受
爭議。然而，提出隱私權議題來質疑這樣的執法時，卻迴避了真正的
問題。自由派認為，未婚年輕男女在旅館房間的親密行為不應與色情
混為一談。只要他們不是在公共場所（街上或公園），而是在旅館房
間內進行性行為，就應該隨他們去，除非女方被發現是私娼。[71] 但諸
如此類的反娼恰好正是政府政策的關鍵問題所在。旅館房間屬於「公
共空間」與否的爭論，只有在「公然猥褻」的法律訴訟中才見意義。
旅館房間臨檢針對的不是公然猥褻，而是娼妓。[72] 在《違警罰法》看
來，只要提到性，便沒有隱私可言，因此想在公、私之間劃出界線也
是枉然[73]，尤其是休閒娛樂業中的女人。曾有警員在《警光雜誌》論
壇中提供警察控管性的技藝：由於有些小姐認為帶顧客回家或去賓館

---

69 羅揚鞭，引自余俊亮，1972: 22。

70 參考Foucault 1990 (1976): 23-26。

71 例見林信義，1974。

72 參閱劉清景、施茂林，1994: 595-598。

73 參閱《商工日報》（1969）、《聯合報》（1969）中媒體對警方臨檢旅館房間溫和的批評。

比在工作場所性交安全，因此，警方應該藉戶口普查時展開調查，找出小姐的住所，以便展開突擊。[74] 對性的警控，至此儼然已成為女巫獵殺。

1960年代末、70年代初，警方加強了取締色情的執行，顯然是為保衛社會免於性氾濫而來，結果導致對公共空間的情慾實踐的層層監視。在這層新的警控體制之下，在純喫茶咖啡店親熱的學生[75]、與美國大兵吻別的侍應生[76]、穿著清涼幫顧客理療的護士[77]、觀看色情表演的觀眾[78]，現在都在警方懲處之列，輕則罰鍰，重則處七天拘留。《大眾日報》甚至刊出一張警察取締咖啡店侍應生和老闆「猥褻表情」的照片。[79] 尤其重要的是，警方引的是《違警罰法》第54條第11項（「營工商業不遵法令之規定者」，「得停止其營業或勒令歇業」）和第64條第1項（「行跡不檢」）。這兩條法條的不明確性，成了警方管理空間和性最便宜行事之道。[80]

媒體在鼓動公眾對於性交易的恐懼中扮演關鍵的角色，將性交易比擬為「癌症」[81]、「腫瘤」[82]、「傳染病」[83] 等疾病，抑或「洪水」、「氾濫」等天災，呼籲政府正視性交易氾濫的問題，疾呼警方遏止性產業。誠然，在一個言論自由受高度箝制的威權國家，性道德儼然成為媒體得以批判政府的最後堡壘，尤可見於媒體針對此一時期公娼的存廢、以及台北市中心如雨後春筍的「沒有廚房的餐廳」現象

---

74 陳文福，1971: 22。
75 《聯合報》，1968。
76 微言，1968。
77 《民族晚報》，1968。
78 《中央日報》，1968。
79 德才，1970。
80 根據前中央警察大學校長謝瑞智（1979: 19-20），各式各樣的脫軌性行為，像是「三男一女於旅社內共睡一床」、「深夜遊蕩身帶春藥」、「召妓裸體陪酒」、「一般餐廳女服務生陪客人飲酒、喝飲料、對坐談笑」，都被以「行跡不檢」禁止。此外其他的來源指出，該法條還曾拿來懲罰妓女嫌犯（幕銘，1974）和（同性戀）男娼嫌犯。
81 《自立晚報》，1971a。
82 《民族晚報》，1970a。
83 《中國時報》，1971。

上，政府猶豫不決的態度。

在第一公娼存廢的案例裡，媒體揭露了政府的娼妓政策中潛藏的矛盾：在宣示禁絕敗德行為的同時，政府仍繼續允許有牌妓院存在。舉例而言，《自立晚報》多篇社論都在質疑種種企圖合理化政府讓公娼存在的論述，認為發給妓院執照非但無法達成遏制非法娼妓氾濫的初衷，反而助長了（新興中產階級）「笑貧不笑娼」──用來哀悼性道德衰微的成語──的錯誤觀念。[84] 政府至少可以廢除娼妓牌照，以防氾濫的性淹沒了這個社會。無獨有偶，《台灣日報》有兩篇社論認為，只要有娼妓合法存在的一天，賴以培養高尚國民的羞恥心便會消磨殆盡，也會導致更多的非法娼妓。[85] 有趣的是，即便政府確有構想出各式各樣的福利主張，像是成立「待嫁小姐調配所」幫助有牌妓女從良，政府卻連自己都無法說服。「如果這些妓女仍一時不能消除惡習，仍依賴這種短期伴侶收入」據報有一名官員提出如是疑點。[86] 同一篇報導指出，另一個教人不敢貿然廢娼的原因是，政府勢必得同時廢除「軍中樂園」這個營運長達二十年之久的軍人福利政策。最終，政府處理這個燙手山芋的方式是於1973年修改娼妓執照的規定：新的妓院凍結牌照，既有的執照則不能轉讓、不得修改、亦不得繼承。[87]

而在「沒有廚房的餐廳」的案例裡，1970年代高級國際觀光飯店林立的中山北路上兩年內新開了200間「沒有廚房的餐廳」，對此，政府竟視若無睹，媒體怒不可遏，無法信任政府，指責政府的規範政策開了天窗，致使無良商人得以藉著販賣性獲取暴利。[88] 媒體指台北市政府建設局（非特定營業的管轄單位）和警方高層（負責取締色情

---

84 參閱《自立晚報》，1968a、1968b、1968c。

85 參閱《台灣日報》，1968b、1968c。

86 范喬可，1968。

87 余俊亮，1972: 42。這項法規自1973年起就未曾再修改過，實際上意味著公娼絕跡的時間就在不久的未來。

88 《中國時報》，1971。有關中山北路的人文地理，以及其和戰後性主體的形構與建國大業之間的關係，參閱殷寶寧，2000。

的單位）瀆職，缺乏協調。[89]

　　此類批評確乎指出了1970年代早期性市場的新發展。至1973年，縱然警方對使三分之一的第三類特定營業關門大吉頗感自豪，但他們也不得不承認，同一時間，大量如前所述的一般營業也正悄悄「轉型」，攻陷先前由第三類營業稱霸雄踞的性市場，使得社會仍然繼續為「性」所苦。[90] 政府對第三類特種營業採取更強硬的姿態，確實造成了反效果，只不過驅使了大多性產業轉入地下。雖然1974年又引進了幾套新的規範，諸如餐飲業的設備標準（如廚房大小）[91]，然而性產業仍持續以「健康中心」、「美容院」之名發展。1970、80年代持續工業化的台灣社會，始終不曾擺脫過氾濫的性交易。

潛在的男同性戀規範

　　我在第二章已提出，男同性戀與賣淫兩者等同而論，必須置於1960、70年代的脈絡。妓女的議題纏繞在戰後台灣父權社會的心頭，在公共論述中，（同性戀）男妓卻長期被貶黜到邊緣位置。如第二章所述，（同性戀）男妓次文化可上溯至1950年代早期在萬華三水街紅燈區一帶低階茶室賣春的（扮裝同性戀）男妓，當時稱作「人妖」。[92] 此外我們也知道台北新公園的「男娼館」盛名，同樣有許多「人妖」流連忘返。[93] 而即便《違警罰法》中並未包含任何禁止（同性戀）男妓的條款，仍有諸多案例顯示男妓在警方的掌控之下。例如1978年，警方突擊台北市兩間被揭發「雇用女性化男性陪酒」的男同性戀酒吧[94]，犯罪學家徐聖熙因而認定「玻璃屋（男妓）」為性交易

---

89 參閱《中國時報》，1971；《自立晚報》，1971a、1971b、1973。

90 劉明詩，1973: 15。

91 關於這項新的規範，參閱丁維新，1994: 172-174。

92 參閱楊蔚，1961；廖毓文，1962；胡亦云，1985: 67。

93 參閱《聯合報》，1951；《大眾日報》，1971。

94 參閱《自立晚報》，1978。

產業的最新形式。[95]

我在第二章曾檢視警官李錦珍就掃蕩「同性戀－男娼」任務在《台灣日報》的專訪，內容係根據李錦珍本人1981年在《中警四十五週年校慶特刊》刊出的〈如何取締同性戀－男娼〉一文。在此我想更深入的檢視他是如何進行突擊檢查。一開始，李錦珍先就「男娼」與「人妖」作一區別：

> 人妖打扮成女性，行為十足怪異，外表明顯容易辨認，且皆在餐廳或某公共場所出現，只要有意即可上鉤。男娼除行動因生理被破壞舉止顯得稍無男子氣概之外無明顯異樣，且它有集團暗號及性質不同，非熟悉或他人介紹不容易打入上鉤。[96]

儘管同性戀仍舊常常被描述為人妖，1970年代末、80年代初伊始，人妖漸漸成為公眾論述中用來指涉跨性別者或變性人的字眼。以娼妓而言，同性戀與人妖的不同之處在於前者不容易透過外表來辨識，即使李錦珍堅持，由於同性戀被「雞姦」過，我們仍可從他們女性化的舉止中辨識。在新公園突擊未果後，李錦珍終於解開圈內「○號」、「一號」與「十號」的密碼[97]，並在下一波的取締行動前對下屬簡報：

> 由於無法當場查到猥褻行為及姦宿行為，且我警察同仁亦不能同男娼至旅社或住宅姦宿然後再由其他同仁取締，如此於法不合，且同仁亦不幹。故我特別叮嚀每次行動時，務必二人一組，一個釣上鉤時，另一個即尾隨，接洽閒談時，一定要假裝煞有其事，然後問其有否經驗，曾於何時在何地作此姦宿，問

---

95 徐聖熙，1979: 87。
96 李錦珍，1981: 96。
97 參閱第二章。

> 得有結果時，相偕欲至旅社或住宅，走出新公園大門，借表親
> 熱，右手伸過其腰借攬腰而抓住其皮帶表明身分，然後跟後面
> 支援同仁將其帶回派出所，再將其前幾次未逾三個月**姦宿**行為
> 製作於筆錄上[98]，送分局裁決。[99]

在此，同性性行為被當成「姦宿」或「性交」，即便那些同性戀－男
妓往往被依「行跡不檢」（《違警罰法》第64條第1項）懲罰：這項
法條通常被引用來懲罰妓女犯嫌，但用來懲處男同性戀同樣方便。[100]
儘管在台灣的法令條文中同性戀彷彿不存在，但警察國家仍以潛在規
範，將同性戀當作賣淫來管制。

李錦珍描述某次逮捕一名女態年輕男子的經驗。李問對方是否有
經驗，男子答道：「我經驗好的很，前二天才跟一個老美至金 X 旅
社，事後得到六百塊。」[101] 離開公園時，李錦珍要求對方走在他前
面，理由是：

> 我叫他走前面我走後面，以免讓警察懷疑，但我真正目的係怕
> 我走在前面，因走路姿勢被他發現而溜走。[102]

從稍早李錦珍對男妓陰柔癖性的描述看來，他要求走在年輕男子背後
的原因，恐怕是潛意識恐懼被「當作女人」，也就是從後面被雞姦而
去勢。

由於1980年代初期，媒體大規模報導一連串警方突擊新公園男同

---

98 根據《違警罰法》第6項，警察得懲罰三個月內有違警行為者。

99 李錦珍，1981: 96，粗體字為我所加。

100 中央警察大學講師孟維駛在〈同性戀的違法性〉中指出，除了《違警罰法》的「行跡不檢」條外，沒有
任何現存的法律可以引用來懲罰同性戀。孟維駛堅信，同性戀在未來將成為一個巨大的社會問題，因此
呼籲立法委員修改《刑法》，在（後來取代《違警罰法》的）《社會秩序維護法》中增加可用以懲罰同
性戀行為的條文。參閱孟維駛，1983。

101 李錦珍，1981: 96。

102 李錦珍，1981: 96。

性戀活動，在大眾的心目中，男同性戀是以成了一種賣淫的模式，即便在以下的新聞報導中，其性行為可能並未收費：

> 根據警方調查，目前同性戀大概分為兩種，一為感情的，另一為純找刺激的；前者交易不必花費，純是感情的慰藉；後者則是在找到對象後，先談「代價」，其交易純為刺激。但無論如何，這兩種不正常的行為，都是嚴重的「心理變態」。[103]

警方描繪「同性戀」的方式隱含了兩件事：（一）同性戀是個內在矛盾的修辭（oxymoron），因為同性戀屬於情感範疇，而非性的範疇；（二）如果同性戀屬於性的範疇，那麼就必須花錢購買。放眼台灣的商業性文化，主流社會無法想像無償的性，也就不令人意外。

《社會秩序維護法》

1970年代晚期起，公眾對《違警罰法》的批評開始浮上檯面，違反人權事件層出不窮，自由派、法律學者紛紛自法理學角度起而批判《違警罰法》，指出其過時、蒙昧之處：懲罰不符比例原則，允予警方濫權辦案，最重要的毋寧是於《憲法》站不住腳。[104] 國民黨政府起先對此日益高漲的批評聲浪相應不理，直到1979年與美國斷交，造成了嚴重的政治危機，為了宣示改革的決心，政府始宣布將以《社會秩序維護法》取代《違警罰法》。[105] 不過直到1991年，《違警罰法》才終告廢除。

「善良風俗」的規範體制現在轉由《社會秩序維護法》維繫，並繼續禁止性交易，包括拉客仍在禁絕之列（第80、81條）。重要的

---

103 謝文聰，1982。
104 林山田，1979。
105 桂京山，1991。

是，儘管法律為嫖客除罪，卻仍將一年內犯滿三次的妓女送進教養機構達六至十二個月（第80條）。[106] 值得注意的是，第81條第1項所據以定義娼妓的性行為模式為禁止「姦、宿」，至關重要。先前《違警罰法》中的「姦宿」一詞在此略做修改，由頓號區隔「姦」與「宿」。受理《社會秩序維護法》的地方法院簡易庭曾質疑，第80條第1項是否適用於同性戀娼妓（顯然同性戀已遭警方逮捕、起訴）抑或為從事陰莖－陰道插入性交的異性戀娼妓。對此，法院高層的回應應可闡釋條文修改的意義與運作：

> 制訂《社會秩序維護法》的目的在於維護公共秩序，確保社會安寧。解釋該法條應參酌立法目的。意圖得利而陪宿之行為，其目的雖非姦淫，惟係出於不正當的目的（如雞姦、猥褻），對於社會善良風俗、公共秩序、安寧顯有妨害，即有加以處罰之必要。因之無論同性間意圖得利陪宿之行為或異性間非以姦淫為目的，意圖得利而陪宿之行為，其係出於不正當之目的而有害善良風俗，即屬違反該法第八十條第一項第一款。尚若係出於正當目的，並無害於善良風俗，則無該條款之適用。[107]

「宿」字由是變成「性交」的委婉用法。即使司法權威沒有具體規定何者構成法條中所說「陪宿」，但顯然性工作無論對象、目的，即為非法，因而必須禁止，立基於聖王父權家庭的性秩序始得以維繫。唯有在婚姻關係中的那些人才不需要為「陪宿」辯駁，至於其他所有人——尤其是未婚婦女與男同性戀——都必須為自己與人上床的私人行為辯解。在後《違警罰法》時代，藉著這個「宿」字的隱諱運作，透過控制娼妓和有罪推定，所有包括同性性行為在內的婚外性行為和情

---

106 《社會秩序維護法》，收在劉清景、施茂林，1994。
107 司法院刑事廳，1993: 331-332。

色實踐仍持續受到警控——即便可能是以極其隱晦的形式。

結論：聖后性道德的興起

　　本章勾勒戰後台灣奠基於儒家聖王道德觀、居支配地位的性秩序透過國家權力的運作而建立起的歷史過程。揆諸官方與媒體的性論述，「善良風俗」的規訓體制有《違警罰法》背書，建立起一套性規範，再透過警控性工作及婚姻／家庭外的性，鞏固此一性規範的疆界。聖王的民族／國民主體位置尤其深嵌在國民黨政府「善良風俗」的強力生產結構內。在此一性／別體系內，未婚婦女與其他邊緣性少數如跨性別者、男同性戀等皆被疑為娼妓，受到警控：在台灣戰後史上，國家透過禁娼規範著女人的性和男同性戀兩者。因此，進步的性／別政治必須挑戰國家所維繫的「善良風俗」所建立起的社會秩序和性秩序。由於反色情／反娼的國家女性主義近年來興起，「善良風俗」的規範體制亦隨之日益擴張，眼下的當務之急應是對之提出異議。本書導論曾介紹何春蕤與丁乃非對主流女性主義政治的批評，我在此則企圖與之構築起批判連帶，以說明國家女性主義者所制定、企圖超越婚外性相之性別政治，實與民族國家沆瀣一氣，一同撐起「善良風俗」的異性戀正典體制。在此必須先檢視國家女性主義者修改《社會秩序維護法》與《刑法》的政治活動主張。

　　1998年，若干婦女團體，包括婦女救援基金會、勵馨基金會、台北婦權會與台灣女性學學會（其中根據何春蕤對解嚴後市民社會的性別化的系譜學研究，婦援會與勵馨在催生《兒童及少年性交易防制條例》中皆扮演要角）[108] 對跨黨派女性立委建議修改《社會秩序維護法》的法案，聲稱要將嫖（女）妓的（男）嫖客入罪化。這些婦女團體認為現行法規深具歧視性，罰娼卻不罰嫖。而她們主張嫖客理應入

---

108 何春蕤，2005a；2005b。

罪，且施以比娼妓更嚴厲的懲罰。除了公開嫖客身分之外，女性團體也要求（男）嫖客必須強制接受性別平等教育，以及接受性病檢查。然而她們補充道，未婚嫖客者可以減輕懲罰，初犯的娼妓也可以予以較輕處分，如給予警告。此外，該法案不只呼籲嚴懲皮條客和性產業的老闆，還要處罰賣淫發生地點的地主房東。最後，性交易場所若是地處幼兒園、托兒所或其他各級學校半徑500公尺內，更應施以嚴懲。[109]

這「溫存修法」（劉毓秀在報導中所用之語）所設想的社會秩序與性秩序除了變本加厲外，實無異於既有聖王國家所維繫的秩序。[110]女性怒於律法對妓女的歧視姿態，但卻未因此從根本質疑懲罰妓女的法律正義，反倒是要求嫖客也應一併受罰。此外，嫖客必須重新接受教育，學習紳士風度，以禮待女人。有趣的是，國家女性主義者對剛下海的妓女和未婚成年男性嫖客擺出的寬大為懷，恰好複製了異性戀中心的聖王慈愛正義（先前是由警察依《違警罰法》來施恩）。國家女性主義者像是在對新手妓女說：「好吧，基於我倆的姊妹情誼，這次姑且放妳一馬。但是妳如果不好自為之，若有再犯，就別怪我手下不留情。」至於未婚嫖客，國家女性主義者則重施故技（姑且不論手法多麼幽微），強加婚內性行為的常模，而忽視了像是光顧牛郎店的未婚女性以及性產業中其他形形色色的各式性實踐。

弔詭的是，一方面主流女性主義者提出法案倡議新的社會秩序，將娼妓／小姐排出視線外，這樣「她們的小孩」就可以在一個高尚的環境中成長（在她們的提案中，性活動被排除在方圓500公尺以外，這較1967年的特種行業規範200公尺還要更遠）；另一方面同時卻又遊說立法院將「良家婦女」從《刑法》中刪除。因為有著這樣的法律範疇，長久以來，只要性產業老闆雇用非初次下海女性來從業，就不

---

109 梁玉芳，1998。
110 梁玉芳，1998。

會被《刑法》所起訴。反娼女性主義者希望廢除這項法律範疇，並不令人意外，因為她們認為，良家婦女不只是父權思維的產物，將婦女區分為良婦與婊子，同時也鼓勵了性產業的發展，而她們則認定所有在此產業裡工作的女人一律都是受害者。然而，反娼女性主義者的論題核心有個矛盾，可見於自由派女性主義者沈美真影響甚鉅的著作，《台灣被害娼妓與娼妓政策》（1990）。[111] 沈美真主張廢除「良家婦女」類別，在書中描寫1980年台灣性產業對社會造成的危害時寫道：「台灣色情理髮廳充斥，使得**良家父老**要找個單純理髮的地方都不容易。」[112] 儘管沈美真誓願刳除女人之間的性差異，在此卻完全認同自己為「良家婦女」，徹底服膺於聖王所訓示的婦德。

「良家婦女」的類屬終於在1999年1月14日廢除，媒體宣稱「婦團大勝利」，足以教反娼女性主義者歡欣鼓舞，雀躍不已。[113] 修改後的第231條以「男女」代替「良家婦女」，以「性交」代替「姦淫」，或「猥褻之行為，而引誘、容留或媒介以營利者，處五年以下有期徒刑」（第231條）。[114] 實際上，這代表了自1999年起，除了那些殘存的公娼館外，娼妓至此已然全然非法。[115] 丁乃非與劉人鵬對此修法提出了精闢的觀察：

> 奇怪的是，當「良家婦女」被取消時，「她」其實變得無所不在了。（因為，再也沒有人可以說我「習於淫行」了。）就罪

---

111 沈美真是一名執業律師、婦援會創辦人。根據何春蕤，2005a、2005b，沈美真參與了《兒童及少年性交易防制條例》起草。有關《防制條例》在國家女性主義的情感文化脈絡中的運作，參閱第六章。

112 沈美真，1990: 63，粗體字為我所加。

113 《聯合晚報》，1月15日，引自丁乃非、劉人鵬，1999: 440。

114 此外，1999年《刑法》修正案後，公然猥褻的懲罰（第234條）也從拘留增加為一年以下有期徒刑。重要的是，該修正的法條還引入了一項最高可處二年以下有期徒刑的「意圖營利犯前項之罪者」。最後，《刑法》第235條使得猥褻品的範圍擴及到大眾傳媒中任何形式的影音再現，不再僅限於文字、圖畫、影像。

115 立法院通過一項特別辦法讓現存的妓院繼續合法做生意。前文提過，由於政府已停止發行公娼執照，且自1973年起，所有的執照都不得繼承轉讓，因此在台灣，妓院在近幾年內便會絕跡。

章的條文來說，「男女」一詞恰恰取代了「良家婦女」的位置；而幾乎沒有改變的，是「良家婦女」的受害性質，她會被壞人引誘、被容留而與他人姦淫。再刪除「良家婦女」之後，男的女的，也就是人人，都被迫成為「良家婦女」。男的女的，所有人，就性事或「淫行」來講，都（應當）是「良家婦女」，也才可能成為純淨的被害客體。凡是「良家婦女」之外的性主體、性行為，都已經成為被鎖定要被取消排除的對象。[116]

以下分析的反娼／反情色陣營晚近針對性產業發起的道德聖戰，將顯示「良家婦女」這個主體位置如何被所謂「聖后」女性主義者給啟動，以及台灣公民如何被驅動去援引這套性別化的性規範來活出她們的慾望。[117]

2004年1月，台灣政府遲來地諮詢一則針對性產業的特別報告，宣布將實施娼妓除罪化，並漸進式地朝向性產業除罪化的終極目的發展。反娼／反色情婦女非政府組織（包括婦女救援基金會、勵馨社福基金會、彭婉如文教基金會、台灣展翅協會、天主教善牧社福基金會、台灣女人連線）聞之色變，起而成立名為「推動縮減性產業政策聯盟」的組織，隔月即發起抗議。「推」盟堅持：「賣性者不處罰絕不等同於性產業除罪化」。鑑於「性產業對於兩性關係、家庭及社會具有多重負面影響」，「推」盟要求政府：（1）施行有效的福利政策與規範政策，以便縮減性產業；（2）「不罰」出來賣的個人；（3）對嫖客處以罰鍰，作為娼妓所造成的社會風險、社會成本之補償；（4）處罰從性交易中得利的第三方；（5）「應透過國家政策及社會運動，促進所有人，包括青年勞工、身心障礙者、老年人、同性

---

116 丁乃非、劉人鵬，1999: 441。
117 在此我援引的是巴特勒提出的援引（citationality）與性別操演（gender performativity）的概念。

戀者等，都能享受平等、非交易的良好性關係。」[118]

　　較諸先前的立場，國家女性主義者現在對娼妓似乎更加慈愛了，改口呼籲政府不要懲罰娼妓，因為「在娼嫖關係中得利且居宰制位置的」買方才應受罰，同時繼續譴責嫖客，不只應當為將本地年輕少女推入火坑，誘入青樓負起責任，也是讓非法性工作者（從中國、東南亞）移入台灣的元凶，陷整體社會的性健康於危殆之中。因此，身為國內外性消費者的嫖客，理應為了將台灣搞成「跨國境危險疾病（梅毒等性病、愛滋病、抗藥性肺結核等）的散播」的高危險地區而受懲，並負擔起納稅人為了控管性（像是防範少女賣淫和人口販賣）和防治性病所付出的鉅額公帑。[119]

　　所以，「推」盟提議的「罰嫖不罰娼」實質上造成更強大的警控：諷刺的是，在後《違警罰法》的年代，卻呼求更嚴厲（即使表面上看起來更慈愛）的警察國家體制。將性產業的驅力歸咎於如脫韁野馬般的男性獸慾，結果使得更多的警察必須防止眾「福爾摩沙女兒」被推入火坑[120]，且警察監控更加無微不至，以保護良家出身的台灣國民免於接觸非法移民性工作者帶病的身體。從「推」盟的兩名領袖劉毓秀與黃淑玲合力撰寫的一篇文章，我們可見到台灣社會被移民性工作者給淹沒的懼怕是如何展現出來。在此文中，劉毓秀與黃淑玲著手驅散荷蘭、德國等國家性交易除罪化的「迷思」。她們認為，是類政策不僅未能達成初衷——亦即（國家）對性產業加強的管理，以及娼妓去汙名化——導致非法外籍性工作者大量湧入兩國的災難性後果。有趣的是，劉、黃羅列出德國性工作者仍未受平等對待的處境，特別是當地非法移民性工作者的苦難，這些例子主要涉及德國娼妓和妓院必須遵從的嚴苛規範、註冊程序，以及無法讓性工作者完全受《勞工法》保障的建制化歧視。劉、黃繼續主張道，性交易合法化唯一較成

---

118 推動縮減性產業政策聯盟，2004。
119 黃淑英，2004。
120 「福爾摩沙女兒」是勵馨基金會最新的模範女性獎項。

功的國家是澳洲，因為它「先天條件良好」：

> 包括人種單純，移民管制方便，福利制度完善，而且從事性服
> 務的人口非常少。無論台灣，或德國，甚至荷蘭，都沒有這個
> 條件。[121]

在採用這套殖民主義式的論調後，劉、黃繼而推薦「推」盟所立基的
瑞典模式，進一步呼籲台灣政府「不宜承認其工作權益，以免產生鼓
勵作用」。不久前，這兩位女教授才告訴我們德國的性工作者如何被
政府虐待，現在卻企圖勸阻台灣政府改善那造成剝削、汙名化性工作
者的社會／法律領域（而此領域正是她們藉由德國經驗而指認出）。
我們該如何理解她們論點中的斷層呢？或許，「去汙名化」一詞對她
們而言意味著不同的東西？

　　也許從黃淑玲先前的文章〈台灣特種行業婦女：受害者？行動
者？偏差者？〉中提出的「娼妓汙名」可以窺見端倪。在此文中，黃
淑玲基於當代台灣性工業的社會人類學研究，提出性交易除罪化與合
法化皆不能泯除「娼妓汙名」，因為「社會的鄙視是這個行業的本質
之一」。[122] 此外，

> 在一個父權社會，妓女和男性顧客的關係絕非平等，她們是在
> 男性付出高價下逾越男性所訂立的「良家婦女」條款，因此逃
> 脫不了男性的歧視。男人對她們的鄙夷不但顯現在平常生意接
> 觸時，也表現在婚姻市場上排斥她們。就社會地位而言，妓女
> 絕非是顛覆男女關係的前衛者，反而是被男性歧視的女性異
> 類。[123]

---

121 劉毓秀、黃淑玲，2004。
122 黃淑玲，1996: 141。
123 黃淑玲，1996: 142。

因此，只要妓女在父權體系下的婚姻市場不得其門而入，娼妓汙名就會繼續存在。[124] 換言之，由於她在這樣的體系中未能承接起家庭主婦這個常模位置，使她成為這男性主宰的社會所蔑視的「女性異類」（用黃淑玲的話來說）。重要的是，將「女性他者」的社會蔑視本質化的同時，黃淑玲假設了一個不受任何社會遞嬗所撼動的父權體制，而社會的改變卻正是女性主義這股政治力量所企圖鼓動的。換言之，父權體制在此被假設為既存的整體，「娼妓汙名」穩築其中，奠基在聖王的道德階序；在此，妓女最好熟諳自己所佔據「女性異類」的位置，「在新國家與新國家的所有女人面前」感到羞恥，就像丁乃非在分析國家女性主義者針對公娼事件所展現出的階序化性別羞恥一樣。[125] 藉著將自己定位在聖王規定的「良家婦女」主體位置，國家女性主義者——或曰聖后——維繫了自身與「女性異類」之間的分野。聖后唯有駁斥那從不屬於她的汙名，方能安全居於道德制高點，冷眼漠視（賤斥）異類日復一日對抗社會不平等的生計搏鬥。

如何春蕤所示，透過《兒童及少年性交易防制條例》掌管青少年男女的性生活。[126] 性觀念的常模諄諄告誡年輕人，使他們尊重異性，以身體交換金錢為恥，只有婚內的性是合情合理的。更有甚者，她教導男孩如何實踐「平等歡愉負責的性愛」[127]，提出更進步的性／別教育，俾使青少年能「適度」在指定安排的「有點隱密又不太隱密」的空間內探索自己的身體，這樣她便能夠全景（panoptic）綜觀，確保課室內的合宜得體。[128] 藉著引介將娼妓分級的處分制度，她希冀訓練成年女性遵從家庭性道德。即使她改變心意，決定不懲罰成年女性工作者了，也仍要羅織所有她們身邊的人入罪（以免讓她們

---

124 參閱我在第五章對劉毓秀「娼妓汙名」的分析。

125 丁乃非，2002b: 446。

126 何春蕤，2005a、2005b。

127 劉毓秀，1997c。

128 這裡對空間的嚴控，不禁令人聯想到國民黨政府1966年針對茶室／咖啡屋室內設計的規定。

的朋友愛人靠她們不道德的收入維生），因而迫使她們必須獨自工作，因而將她們置之於險境，讓她們獨力與現實中的虐待和剝削相抗衡。[129] 同時，「聖后女性主義者」更呼籲對已婚嫖客施以重罰，以保障自身的家婦地位，從而鞏固穩定的家庭生活，相良夫，教正子。而即便小孩長大成人後變成同志，她也可以容忍，只要小孩潔身自愛，悉心維繫身體自主，節制情色生活，在一個不受性交易汙染的隔離社會空間中滿足他隱晦幽微的慾望。[130] 假借保護孩童、青少年乃至成人之名，不分性別，不受邪惡的大野狼侵擾，乃至保護台灣社會不受移民性工作者的病體感染，聖后女性主義者道貌岸然換上女警的角色，與聖王國家並肩維繫，乃至擴張「善良風俗」的異性戀規範體制。

這，便是聖后女性主義者欽定的二十一世紀台灣嶄新的性秩序。我們在思索，當今台灣何謂性異議份子時，也必須將此規範條件納入考量。在新的法律規訓體制日益懲性（sex-punitive）之下，所有女性公民都被迫走入「良家」變成「婦女」之際，台灣近年來的發展更證實了性自由四面楚歌的劣勢：反娼／反色情陣營圍剿長期直言性異議不諱的性基進派何春蕤，對之提起刑事告發（在性／別研究室的學術網頁散布人獸交的色情素材）[131]，而台灣首家同志書店「晶晶」也以進口（在香港合法購買的）情色男體寫真雜誌遭到國家起訴[132]。而

---

129 這正是瑞典現在所面對到的問題。參閱夏林清，2000: 193-202中，妓權運動者歐絲特根（Petra Östergren）就目前瑞典法律狀況的描述。

130 聖后貌似比聖王對同性戀更開放。例如，劉毓秀（1997c）以瑞典主流性教育對同性戀權益的宣導為例，提倡瑞典式的平等、非交易形式的性別正義才是最進步的現代性。

131 後來被稱作「動物戀網頁事件」。參閱何春蕤（2006）編纂的事件簿。

132 2003年8月25日，台灣海關扣押上千本晶晶書局從香港進口的《軟芯》（soft core）雜誌。翌年，晶晶被依《刑法》第235條散布猥褻品起訴。儘管審理過程中抗議聲浪不斷，店長賴正哲仍被判有罪。該事件的聲明請見：http://anti-censorship.twfriend.org/1202.html，2010年6月17日擷取。敗訴後賴正哲於2005年聲請大法官釋憲。儘管大法官決議維持原判，但其2006年的釋字卻是台灣法律史上頭一遭承認性少數的言論自由。同時，反查禁團體結盟要求廢除《刑法》第235條。見http://zh.wikipedia.org/zh/%E6%99%B6%E6%99%B6%E6%9B%B8%E5%BA%AB，2010年6月17日擷取。

另一方面，當性工作者不勝警察每日騷擾，被迫接受HIV檢測時[133]，國家也持續透過性交易和愛滋來警控同志人口群，突襲被認為有性交易或藥物濫用之嫌的同志場所，指其「散播愛滋」。[134] 無論直接涉入與否，眾家聖后都與此反性的國家文化所施加的暴力脫不了共謀的關係。因此，基於意識形態的運作和實踐，台灣異議性公民與新的社會秩序、性秩序對抗，業已成為當今最為艱鉅的任務。

---

133 在既有的反性法律與（1990年頒布的）《愛滋防治條例》的網絡構築出的懲罰機器和監管機器下，男同性戀和娼妓被當作帶原的性他者對待，往往被強制，甚且強迫驗血。參閱丁乃非（1995）鞭辟入裡的批判。

134 本書導論提過的AG健身房曾因疑有娼妓而遭突擊檢查。2004年1月17日清晨，警方突擊一間住宅區公寓，正在進行私人舉辦的以性愛為前提的男同志銳舞（gay rave）轟趴（Home Party）。92名男同志遭到逮捕，媒體和廣播電台接到警方通知，蜂擁而至，並獲准進入偵辦現場，緊接著便是一股對愛滋的道德歇斯底里（moral hysteria），在台灣史上前所未見。參閱洪啟明（2007）對這次事件以及台灣同志銳舞次文化湧現的詳細研究。

第四章

從玻璃圈到同志國：
《孽子》、認同形構與性羞恥的政治

在我們的王國裡，只有黑夜，沒有白天。天一亮，我們的王國
便隱形起來了，因為這是一個極不合法的國度：我們沒有政
府，沒有憲法，不受尊重，我們有的只是一群烏合之眾的國民。

——白先勇[1]

認同的形成是在一個不穩定的點上，主體性「無法說出的」故
事與歷史、文化的敘事在這裡交會。也正因為被擺在文化敘事
的相對位置上，被殖民的主體被全然剝奪了進入這些文化敘事
的資源，也因此經常是在「其他的地方」：雙重的邊緣化，被
置換在其他地方才能發言。

——史都華・霍爾[2]

　　本章將處理導論中所提及的本書中心問題意識，也就是，就同志
運動而言，把一部再現男娼壓迫的小說做為同志歷史與認同基石的意
義究竟為何？本章企圖對《孽子》提出一個歷史與運動脈絡化的閱
讀，分別檢視這本小說所再現的虛構想像社群與當下透過此一文本所
形塑出的政治主體想像社群，並進一步勾勒出這兩者之間的關聯。本
章首先揭示《孽子》如何在1980年代被打造成一同性戀符號後，接著
逆著敘事體而讀，挑戰了把《孽子》讀為一則同性戀救贖故事的主流

1　白先勇，1992: 3。
2　Hall 1988: 44. 這裡的翻譯採自黃非虹的譯文，見史都華・霍爾作、黃非虹譯，1993：25。

人道主義詮釋，顯示它所再現的一種關於男同性戀的羞恥感是如何形塑小說裡的集體認同，並深究這個特殊羞恥感的形構是如何與卑賤女性特質發生關聯。接著，我進一步歷史化這個羞恥感，將小說所再現的壓迫置放在前幾章所鋪陳的國族文化與規範脈絡來重讀，論證《孽子》為1970、1980年代公眾論述所建構的「玻璃圈」的再現。然而，《孽子》所再現的男色交易卻在1990年代同志（國）論述裡消失不見了。我更進一步探討了同志運動論述所生產的主體與其侷限，特別指出在「現身」議題問題的討論上如何置移了那份《孽子》所再現與賣淫密切相關的性／別羞恥感，以及何以這樣的論述效應有和當下反娼／國族女性主義所建立的性秩序同聲氣的危險。這兩個關於《孽子》的想像共同體的連結於是刻畫了一個關於性主體身分認同形塑的軌跡，而這個軌跡裡的重要關鍵問題正是那個和賣淫密不可分的羞恥感及其在地的性／別政治。

《孽子》──1980 年代的男同性戀符號的打造

《孽子》的作者白先勇最近甫從加州大學聖塔芭芭拉分校（University of California, Santa Barbara）的中文教職退休。1965年起便享譽當代華文世界的白先勇，於1937年生於中國桂林，父親白崇禧乃是侵華戰爭對日抗戰的武將。1951年，時年十四的白先勇隨著家人遷台。白先勇早期的作品，包含幾篇同性情慾的故事[3]，見於1960年在台大外文系就讀時與同學歐陽子、陳若曦、王文興等人創立的《現代文學》，是為台灣的現代主義文學運動的濫觴。[4] 1967年第一本短篇小說集《謫仙記》付梓，四年後，《台北人》問世（1982年譯為英文 *Wandering in the Garden, Waking from a Dream: Tales of Taipei Characters*），

---

3 包括〈月夢〉（1960）、〈青春〉（1961）、〈寂寞的十七歲〉（1961），收錄在白先勇，1989。
4 有關現代主義文學運動，參閱張頌聖（Chang 1993）的研究。

收錄十四篇短篇小說，寫的是1950年代流亡台北、受到曩昔創傷羈絆的中高齡外省族群。《台北人》不只確立了白先勇在兩岸文壇的盛名，也確立其人道主義者形象。[5]

《孽子》扉頁題詞：「寫給那一群，在最深最深的黑夜裡，獨自徬徨街頭，無所依歸的孩子們。」[6] 故事發生在1970年代初期，描寫一群被逐出家門，在新公園賣淫為生的少年。敘事者阿青（李青）因為同性戀行為被學校退學，被父親逐出家門，一頭栽進新公園的同性戀王國，結識小玉、吳敏、老鼠等友人，且在新公園耆老楊教頭的庇護下展開了男妓的新生活。阿青摯愛的手足弟娃亡故，喪弟之痛自此成了他揮之不去的陰霾，總是提醒著他那貧病交織，由逃家私奔的母親與遭國府遺棄的老兵父親所組成的家庭。進入新公園後，阿青邂逅了黑暗王國的傳奇人物——龍子，一段塵封的新公園歷史於焉復甦。龍子在十年前手刃他命運多舛的愛人——孤兒阿鳳。而在警方逮捕新公園的男孩們，且在公園實施宵禁之後，楊教頭於是成立一間同志酒吧，名為「安樂鄉」，仰賴人稱傅老爺的退役將領傅崇山當靠山。傅老爺的兒子由於不見容於自己的父親，在軍中自盡，傅老爺因此成為新公園裡缺席的家父角色，是同性戀孽子如阿青、龍子等人力求和解的對象。經過短暫的太平日子，安樂鄉卻因小報記者惡意「踢爆」，不得不在傅老爺去世之際，黯然收場，青春鳥們也離去新公園的大家庭，各自逐夢。

這本關於同性戀男妓的小說架構，以其最初受到的評價尤其重要。1983年初版的封底上，有如下的簡介：

> 白先勇以憐憫之心，哀矜之筆，替一群為家庭所棄，為社會所

---

5 白先勇的作品於1970年代末期引入中國，旋即在1980年代被奉為圭臬。白先勇在大陸學者之間的知名度從相關的學術研究數量中可見一斑。參閱袁良駿，1991；王晉民，1994；劉俊，1995、2007。是類的典律化（canonisation）過程亦不乏批判，見朱偉誠，1998a。

6 白先勇，1983。

遺之「孽子」，譜出一闋大悲咒，繪出一幅流離圖。作者懷著入地獄之悲願，為「那一群在最深最深的黑夜裡，獨自徬徨街頭，無所依歸的孩子們」上陳情表，將他們的辛酸淚、淪落史公諸於世。

這是一篇「孽子」們失樂園後，尋找救贖，重建家園，狂熱的追求自我與愛的史詩，繼《台北人》後，《孽子》為白先勇第一部長篇小說，是作者多年來心路歷程的記錄。[7]

應鳳凰在推薦這本小說時評介道：

> 全書厚達四百頁，是一部題材與內容，都很少為小說家們所注意，甚至一般讀者也很難想像的一個同性戀世界的眾生相……白先勇確實具備小說家特有的敏銳與同情心，他的文字功力又一向是評論家們最讚賞的……他記錄的那個世界，再黑暗，再沉淪，讀者在讀過全書之後，總是油然生出一番同情之心。足見白先勇，除了是完成一部長篇力作，也是為這一群人，款款的譜出了一闋大悲咒。[8]

自始《孽子》就未曾被視作敗德猥褻之作，而是一本同情、悲憫，為社會邊緣人所譜的「大悲咒」。《孽子》甫問世，便被媒體挪用來指涉玻璃圈，尤可見於《時報周刊》警方突擊金孔雀餐廳的特別報導。[9]記者張民忠花兩頁篇幅描述警方取締行動的過程，在照片旁加註「一堆『玻璃』被捕」、「看看這群孩子，是誰把他們推向罪惡的深淵」等字樣。喬裝員警甚至暗中錄下年輕男侍「鶯聲燕語」，並詢問陪酒、陪舞乃至陪睡的細節。張民忠繼而描述罪嫌在警局拘留的場

---

7 參閱白先勇，1983的封底。

8 應鳳凰，1983。

9 關於這次警方突擊行動的媒體報導，參閱第二章。

面，思忖道：

> 望著這些零號、一號和六九號的男孩，不禁想起白先勇所寫的
> 一篇小說：《孽子》，這是他「寫給那一群，在最深最深的黑
> 夜裡，獨自徬徨街頭，無所依歸的孩子們」。在現實的社會
> 中，有些孩子就因為無所依歸，徬徨街頭，而被性變態的人拖
> 入那黑暗的深淵……，（他們）所以被拖下水，可能是因為錢
> 財誘惑，可能受騙，還可能為幾近強暴的手段逼迫。[10]

縱然張民忠承認同性戀不再是精神疾病，不過他還是引用了若干謀殺
案，告誡讀者同性戀關係中徒有「慾」而無「戀」，只能是「怨恨與
貪婪」不能是「快樂與適切」。[11] 張民忠對未成年男侍聊表同情，以
下文為報導作結：

> 十八歲、十九歲、十五歲。這是屬於什麼樣的年齡呢？面對這
> 無助的一群，希望社會給他們的不僅是苛責與嘲笑，他們沒有
> 罪衍，只是一群迷途的羔羊，需要社會、家庭及每個人的愛
> 護、溫暖和誘導，更需要諒解和愛。給他們愛吧！讓我們一齊
> 來幫助他們走向光明的坦途。[12]

該報導刻意引用《孽子》，對該起事件不折不扣的恐同再現，正是白
先勇小說的「憐憫」所能夠從如張民忠這樣的小說讀者身上所引發出
的同情。

　　從1985年愛滋登陸台灣伊始，在公眾文化中關於同性戀主題的論
述便以前所未見的速度激增。在這指涉男同性戀的表意過程中，白先

---

10 張民忠，1983: 98。
11 張民忠，1983: 99。
12 張民忠，1983: 99。

勇扮演了一個重要的角色。1985年9月10日，女性雜誌《濃濃月刊》舉辦的圓桌論壇「推開那扇玻璃窗：正視國內同性戀問題」頗能代表此一現象。這是台灣首度有公開的論壇特別召集所謂的「專家學者」來討論同性戀問題，與會人士包括泌尿科醫師江萬瑄（見第一、二章）、社會學家楊孝榮、光泰乃至白先勇本人。討論內容聚焦在如何從心理學、醫學、社會學的角度，理解那些當時視為威脅大眾健康的想像的「玻璃圈」成員。重要的是，光泰對「快樂且忙碌」的同性戀生活方式的描述，以及白先勇對希臘情愛和文學作品中普世的同性戀現象的描述，引發了楊孝榮的焦慮。基於堅定的科學知識立場，楊孝榮警告上述「主觀」觀點蘊含的潛在危險會誤導台灣的「保守的」社會大眾。[13] 媒體大幅報導這次論壇，光泰和白先勇在圓桌討論上的發言成為眾矢之的，激起一陣道德反挫。《民族晚報》刊出〈斥忝不知恥的玻璃論調〉，痛斥這些作家對同性戀給予的肯定，直言若非醫師和學者出面平衡論調，圓桌論壇將會「流毒社會，製造比癌症鼠疫更可怕的汙染」。[14] 保守雜誌《掃蕩週刊》甚至大肆抨擊白先勇和光泰的發言是「人妖貴族的無恥妖言」。[15]

　　愛滋的道德恐慌所引發大眾對同性戀的關注持續增溫。1986年，除了白先勇出面重新解讀《孽子》之外，《孽子》也正式搬上大銀幕，成為第一齣台灣本土的同性戀電影。1986年5月，以人道主義報導底層的左傾雜誌《人間》刊出一期特刊《不能說出口的愛》，共有四篇文章關乎青年同性戀，包括白先勇所撰的公開信〈不是孽子：給阿青的公開信〉，標題透露出小說家企圖於此「孽子」一詞在公眾論述中開始成為男同性戀的符號之際，重新接合其書名。白先勇以諄諄的長者口吻，娓娓道出他對那為同性戀情感所苦的、孤立無援的年輕人毫無保留的支持，鼓勵他堅強，對抗社會加諸同性戀者的不義。白

---

13 圓桌論壇討論的紀錄請參閱陳淑蓉，1985。

14 《民族晚報》，1985。

15 諸葛更亮，1985: 27。

先勇聲稱「其實同性戀者，尤其是同性戀者青少年，他們也是非常需要家庭溫暖的」，呼籲阿青在還有機會回頭時，返家安慰他的父親：

> 他這陣子所受的痛苦創傷絕不會在你之下，你應該設法求得他的諒解，這也許不容易做到，但你必須努力，因為你父親的諒解等於一道赦令，對你日後的成長，實在太重要了。我相信你父親終究會軟下來，接納你的，因為你到底是他曾經疼愛過的，令他驕傲過的孩子。[16]

對白先勇而言，父親與同性戀兒子的和解，便是兒子得以甩脫「孽」字罪名的契機。白先勇延續《孽子》封底上的救贖論調，重申家庭仍然是同性戀兒子終極的救贖方式。

對小說重新家庭化（refamilialisation）的企圖，在同年電影版《孽子》的媒體論述中也聽見了回聲。從1986年2月，群龍電影公司宣布要將白先勇小說改編為電影的那天起，以迄八個月後影片上映，《孽子》在媒體中激起一陣不小的漣漪，包括演員名單、電影的自我審查、官方的認證等都受到非議。在多數知名演員拒演同性戀的情況下，賣座導演虞戡平不得已只好起用一票籍籍無名的年輕演員——金馬獎演員孫越除外。孫越飾演的楊教頭結合了原先傅老爺的角色以及公園園丁（後者在阿青初入新公園時予以接待收留）。孫越在公眾場合的公益形象向來深植人心，據報他擔綱出演這個角色，是因為他強烈地認同楊教頭的角色所傳達出的人道主義理念，「並非泛泛的『同性戀之父』」。[17]

---

16 白先勇，1986: 46。

17 高愛倫，1986a。小玉這個陰柔敢曝的角色的選角也頗耐人尋味。有人問導演為何小玉由女生飾演，導演回答：「如果我們真請一位女性化的男孩扮演『小玉』，片子推出後，可能會引起不良的後遺症，給演員帶來『真孽子登場』的壓力，所以改用女孩反串，效果應不致差太多。」（《民生報》，1986a）惟有在假設性別展演絕對奠基於性生物學主義（biologism）的情況下，才有「效果應不致差太多」的說法。

台灣媒體的把關單位新聞局對於本片對大眾的可能影響戒慎恐懼。由於並沒有特別的規範可以禁止電影公司拍攝同性戀主題，新聞局只得公開表示不鼓勵這樣的主題，呼籲該片表達得愈保留愈好，以免遭禁。許多作家起而回應政府的訊息，各抒己見。其中司馬中原表明自己對同性戀的厭惡：

> 文學的目的是在探討無限的人生；作者對人物的認同如果誠懇、同情、關懷，就是對社會有貢獻……《孽子》可以從人性作適當、有深度的掌握，千萬不要把「畸形」視為文學的本質，作品或許不會流於庸俗。[18]

小說家李昂亦起而附和：

> 白先勇是可信賴的作家，虞戡平是可信賴的導演，他們不故意渲染同性戀的畸形面，說不定還能將《孽子》拍成有教化意味的片子，幫助一批徬徨的人……反而可促成他們對未來生活充滿上進心。[19]

　　《孽子》的電影改編將小說中1970年代的場景搬到了1980年代中期，內容極度省略，敘事亦與原著大相逕庭。電影版不僅強調家庭愛（family love）對於社會邊緣人的救贖價值，並且全然淨化了原著小說中刻畫栩栩如生的、藏汙納垢的新公園世界。在這種正常化（normalisation）的前提下，原著小說所植基的新公園娼妓文化全然不復見於電影版，也就不令人意外。

　　儘管已經過自我審查，政府對電影版的《孽子》仍然如一篇新聞

18 高愛倫，1986b。
19 高愛倫，1986b。

報導所說，「管教從嚴」。[20] 通過送審前，該片曾兩度遭新聞局官員查禁，復又經過三名新聞學者與八名心理醫師組成的審查小組全盤電檢，才以成人電影類別勉強闖關成功。[21] 然而，儘管爭議重重，該片在1986年9月上映時票房並不理想，儘管片商以聳動的廣告宣傳，喊出「為您打開那神祕的玻璃窗，展現 0 與 1 之間的掙扎」口號。[22]

由於電影製作過程所引發的軒然大波，「孽子」一詞也成為新聞的愛滋論述用來指涉男同性戀的術語，例如以下兩則新聞報導的標題：

> 板橋那條黑街玻璃圈的天堂，十之八九孽子，陋室裡打情罵俏[23]

> 孽子逢場作戲玩得兇悍，防治觀念全無，令人擔憂[24]

到了1980年代晚期，就如同《師友》月刊的一篇標題〈孽子的愛：青少年的同性戀行為〉所指，男同性戀已然泛稱為「孽子」。[25] 在此，孽子一詞為心理學所採用，被精神科醫師陸汝斌和社會學家彭懷真拿來討論同性戀的病原與預防。[26] 同時，早被媒體汙名化的新公園，則是在《孽子》文化表意的效應下，繼續成為男同性戀空間的唯一符號。誠如第二章所示，1980年代末起，「新公園」儼然已是台灣社會中難以磨滅的男同性戀與愛滋的象徵；甚且連1990年行政院衛生署所

---

20 《台灣日報》，1986。

21 《民生報》，1986b。

22 《民族晚報》，1986。這聳動的口號，無疑源自第二章所檢視的媒體對玻璃圈的再現。

23 《台灣日報》，1986。

24 《中華日報》，1988。

25 吳璧雍，1987: 53-55。

26 基督徒社會學家彭懷真著有《同性戀自殺精神病》（1982）、《同性戀者的愛與性》（1987）。根據吳瑞元（1998: 96-98）的研究，1980年代，彭懷真在社會工作場域中的性心理部署扮演要角，廣為宣揚畢珀的同性戀病學範型。在其救贖同性戀的熱情之下，潛藏的卻是異性戀中心論。

出版的《愛滋病概況》手冊也使用新公園的綜覽圖做為封面。[27]

白先勇對娼妓的人道部署

　　如前所示，在1980年代的台灣，《孽子》成為男同性戀符號的過程與愛滋的同性戀化（homosexualisation of AIDS）密不可分。而重要的是，儘管在1970年代中期，同性戀已不再被病理化，《孽子》仍舊深植於「性心理」的裝置中，同性戀仍然被看作精神病學上的缺陷。如果說光泰的《逃避婚姻的人》可被讀為性心理裝置的早期產物，那麼，白先勇的《孽子》被打造成同性戀符號的過程，則是見證了此裝置及其規範場域日益擴張之實。值得注意的是，揆諸前文提及的《孽子》相關評價，顯見小說談論娼妓的主題幾乎完全被略去不論。若「《孽子》裡（所載）的道」，如白先勇在訪談中所說[28]，「是同情，憐憫，是 moral in the broadest sense（英文為原文）」，那麼，這種同情憐憫如何與折磨白氏筆下人物的那社會秩序構成共謀關係呢？

　　上文那篇訪談問及白先勇，《孽子》是否受西方作家惹內（Jean Genet）、帕索里尼（Pier Paolo Pasolini）影響？白先勇答道：《孽子》沒有受到其他文學作品影響，但又補充道，在美國出版的報導文學《為錢還是為愛？》（*For Money or For Love*）「給予他很大的啟發」。[29] 白先勇解釋說，是根據某篇新聞對「在大城市裡淪為男妓」逃家男孩的調查。根據本書，這些年輕人出賣身體不僅只是為了金錢，也是為了愛——從顧客身上擷取的父愛：「書中的人物可以說是一群得不到父親的愛與諒解的『孽子』……那些男孩子往往不是為了金錢，許多是為了尋找那麼一點愛、一點溫暖、即使是短暫的。」[30]

---

27 行政院衛生署，1990。
28 袁則難，1984a: 20。
29 白先勇，1995: 458。
30 白先勇，1995: 459。

白先勇觀察道：「書中說的是美國，但在台灣亦有同類的情況，而其中也有許多動人的故事。」緊接著提出一段自白：

> 我自己就認識一個這樣的孩子。他沒有受過什麼教育，卻唱得一口英文歌。其實他根本不懂英文，並不明白歌詞的意義，但唱起來倒是有腔有調的，很好玩。他的身世十分可憐，旁人聽了都替他難過，他自己反而不覺得怎樣。他的父親是個老軍人，為人十分粗魯，母親是個台灣女人，沒有受過教育。父親對他很嚴屬，後來還把他趕出家門。有時偷偷回家探望母親，如果給父親碰上了，就會連罵帶踢的攆他走。他跑在前頭，父親在後面一邊喊罵、一邊追打，母親夾在中間，好歹要把兩人分開。這類故事多得不可勝數。天下間有無數孩子在找爸爸，《孽子》可以說是尋父記吧。書中的人物失去了家庭，失去了伊甸園，在樂園之外流浪，淪落為娼。但他們並不放棄，為了要重新建立自己的家園，他們找父親，找自己……。[31]

這本關於美國男妓的書啟發了白先勇，重要性有二：首先，同性戀男娼被置於某種論述框架內，非道德的實踐從中得以道德合理化：家庭愛的本質受到認可，俾使男妓尋愛的故事「動人」。在此我們可以借用溫蒂‧布朗（Wendy Brown）的話說，家庭愛構成了一種「強迫論述性」（compulsory discursivity）；在家庭愛的前提下，男同性戀得以被寬容、饒恕。[32] 此外，白先勇將從娼（與《孽子》的包裝本身）接合為「淪落」這點，不應等閒視之，因為其中的道德論調，正是以人道關懷之名包裝。白先勇所敘述的那個台灣孩子的故事，格外重要，讓我們聯想到《孽子》中的角色（如阿青、小玉）。然而值得注

---

31 白先勇，1995: 459-460。
32 Brown引自Butler 1997a: 136。

意的是，白先勇與其他人深切同情的那些孩子並不認為自己的家庭背景有什麼大不了。所以這裡我們應當質問的反而是白先勇的發言位置：那讓他得以同情、摸頭的發言位置不僅為階級劃分所標誌，並且也為奠基於聖王典範之上的道德劃分所標誌——無論後者是以多麼幽微的方式展現。白先勇指娼者為「淪落」、認定家庭是出走的男孩終得以救贖的伊甸園，暗中隱然為打壓孽子的聖王社會秩序背書。我們必須從白氏對娼妓的再現和相關的階級議題出發，重探《孽子》所根植的人道、同情框架。

如我們和大部分主流評論者一樣，順著敘事體來讀的話，這本小說基本上是在描寫「那群在最深最深的黑夜裡，獨自徬徨街頭，無所依歸的孩子們」如何淪落賣淫，以及他們如何努力奮發向上，掙脫那卑劣下賤的生活方式而最終達到救贖。這種救贖論，非常清楚地反映在諸多主流評論者對於敘事者阿青的轉變的詮釋上。[33] 他們很典型地把阿青和學校管理員所發生的同性性行為（他為此被逐出學校和家庭）做為阿青向賣淫墮落的起點。然而，根據一般的閱讀，阿青並沒有全然被敗壞的賣淫世界所染。相反的，阿青的靈魂被他已死去、心愛的弟娃所牽引著而逐漸邁向救贖。在小說後半部，阿青在床上被他認為最正派、最可親、最談得來的俞先生摟住，而羞恥地忍不住失聲嚎啕痛哭的這一幕，更是廣被讀做阿青心路歷程的轉折點；正如龍應台所言[34]，阿青「汙濁的靈魂」在他的淚水裡得到洗滌：

> 一陣不可抑止的心酸，沸沸揚揚直往上湧，頃刻間我禁不住失聲痛哭起來。這一哭，愈發不可收拾，把心肝肚肺都哭得嘔了出來似的。這幾個月來，壓抑在心中的悲憤、損傷、凌辱和委屈，像大河決堤，一下渲瀉出來。俞先生恐怕是我遇見的這

---

33 這種正典化的閱讀蔚為流行，例見龍應台，1985；何華，1989；劉俊，1995；吳壁雍，1987；袁則難，1984b；謝家孝，1983；陳芳明，2003；曾秀萍，2003。
34 龍應台，1984: 55。

些人中，最正派、最可親、最談得來的一個了。可是剛才他摟住我的肩膀那一刻，我感到的卻是莫名的羞恥，好像自己身上長滿了瘡疥，生怕別人碰到似的。我無法告訴他，在那些又深又黑的夜裡，在後車站那裡下流客棧的閣樓上，在西門町中華商場那些悶臭的廁所中，那一個個面目模糊的人，在我身體上留下來的汙穢。我無法告訴他，在那個狂風暴雨的大颱風夜裡，在公園裡蓮花池的亭閣內，當那個巨大臃腫的人，在凶猛的啃噬著我被雨水浸濕的身體時，我的心中牽掛的，卻是擱在我們那個破敗的家發霉的客廳裡飯桌上那隻醬色的骨灰罈，裡面封裝著母親滿載罪孽燒成了灰的遺骸。俞先生一直不停的在拍著我的背，在安慰我，可是我卻愈哭愈悲切，愈更猛烈起來。[35]

經歷了如此的心靈洗滌之後，阿青來到了他兒時和弟娃常去玩的植物園裡的蓮花池畔。在蓮花「出淤泥而不染」以及植物園象徵伊甸園這兩個意象的映襯之下，阿青的靈魂於是戰勝了他那個滿載罪孽的肉身，而在小說最後得到救贖。

　　葉德宣曾強力地挑戰這種救贖論，他清楚指出，這種異性戀中心的目的決定論調，把家庭及其連帶的倫常價值當作「超驗的符旨」：「凡是一切不指向『慾的昇華』的符徵都不能任其顯意。」[36] 他更銳利地觀察到，龍應台以救贖（父、子與靈、肉間的衝突以及這兩組二元論裡的後者分別為前者所救贖）來評論《孽子》的最大弔詭，恰恰是奠基在她對小說之同性戀主題之否認。[37] 為了彰顯同性戀／同性情慾才是接合出父子靈肉衝突的關鍵要點，葉文引了上面那段「心靈洗滌」的場景做為例證，並把阿青的羞恥感讀作李·艾德曼（Lee Edel-

---

35 白先勇，1990: 271-272。
36 葉德宣，1995: 76。
37 葉德宣，1995: 73。

man）所稱之為「同性銘寫」（homographesis）的寫作修辭：

> 同性慾（homosexual desire）對李青之所以羞恥——乃至他竟
> 須自虐地形諸烙印此羞恥於己身的譬喻——不是因為恥辱確已
> 內存於同性慾之本質，而是因為同性慾不能見容於家庭、社
> 會……嚴格說來，李青關注的是他的父母兄弟沒錯，然而同性
> 慾卻也正是令他「傷透腦筋」的問題。前者被詮釋者、甚至作
> 者／自白者解讀為向心的「靈」，後者則是離心的「慾」，讓
> 自白者李青不知所措的就是這兩者之間的拉扯、緊張。[38]

我想藉著詳述這種性羞恥的本質，來補充葉德宣獨到的見解。性羞恥
並非只關乎同性戀慾望在台灣社會裡表意的負面意義；更確切地來
說，它攸關阿青的賣淫行為。而更重要的是，這份關於性的羞恥感，
是透過阿青對他不遵守婦道母親的認同所形構而成。[39]

　　阿青的母親在他八歲時離家出走，與人私奔，而小阿青從來就不
曾被他母親所疼愛過。的確，小阿青對他母親向來只有畏懼；阿青的
母親生阿青時因難產而堅信阿青是「她前世的冤孽，來投胎向她討命
的」。[40] 因為弟娃才是母親寵愛的，母親的離家並沒有讓阿青感到特
別難過。事實上，阿青和他母親的關係冷淡到連他一想到要去拜訪
她，去告訴她弟娃得急性肺炎死去的消息時，都自覺尷尬異常。而當
阿青最後終於去探望他母親時，他對她說他也離家了：

> 「哦，是嗎？」母親喃喃應道，她的大眼睛默默的注視著我，
> 手擱在我的手背上。一剎那，我感到我跟母親在某方面畢竟還

---

38 葉德宣，1995: 75。
39 張小虹（1998: 189）援引精神分析理論，將這種羞恥感詮釋為道德被虐狂（moral masochism）的產物。
　　我對這種特殊的性羞恥之解讀則著重在處理歷史文化獨特性，與張小虹的詮釋有顯著的不同。
40 白先勇，1990: 53。

是十分相似的。母親一輩子都在逃亡、流浪、追尋，最後癱瘓在這張堆塞滿了發著汗臭的棉被床上，罩在烏黑的帳子裡，染上了一身的毒，在等死。我畢竟也是她這具滿載著罪孽，染上了惡疾的身體的骨肉，我也步上她的後塵，開始在逃亡，在流浪，在追尋了。那一刻，我竟感到跟母親十分親近起來。[41]

在此要特別強調的是，阿青一直到被逐出家門後才對他母親產生認同，而伴隨這份領悟而來的是他和他母親間強烈的情感聯結，一種阿青自幼從未體會過的親子親密關係與溫暖。

值得特別注意的是，在小說裡，阿青就只有跟俞先生這麼一個人吐露他自己的身世和家庭背景。（雖然讀者很早就透過敘事者自身告白而得知阿青「淒涼」的身世，而阿青的同伴們也向他傾訴他們悲慘的家世，但謹慎的阿青一直到遇見俞先生之後，才對後者稍稍碰觸了這樣一個敏感的話題。）在前述的「洗滌心靈」那一幕之前，阿青向俞先生訴說了他那破敗不堪的家、他死去的母親和弟弟，以及他那活得痛苦不堪的失意父親。[42] 然而，有些事依舊是阿青說不出口的；阿青並沒有辦法將他自己的賣淫行徑告知俞先生，也無法提及他對他母親那滿載賣淫罪孽骨灰的痛苦認同。這種特殊的羞恥感，正是在小說中最「正派」（或許也最正常）的男同性戀角色與阿青上床的那個時刻，一股腦「湧上」（"floods into"，借用賽菊蔻討論羞恥形構與酷兒展演的用詞）阿青的心頭。[43] 同時重要的是，雙方行將發生的親密關係並不像是性交易；就是這樣的場合，誘發了阿青的羞恥感。對阿青而言，那說不出口的，代表他沉痛的自覺，覺察到自己與俞先生遠非同類，自己只是個賣皮肉的，也是那位滿載罪孽母親的兒子。在那「紛亂」的時刻，纏繞在娼妓汙名上的羞恥感「湧上」阿青心頭，阿

---

41 白先勇，1990: 59；Sedgwick 1993a: 5。
42 白先勇，1990: 270-271。
43 Sedgwick 1993a: 5.

青的自我意識於焉成形，但也同時受到干擾。重要的是，如果我們將羞恥當作「源自社會性（sociability）也致力於社會性」的「一種溝通形式」[44]，「一個被命名的身分，一種用來解讀旁人對自己行為的腳本」[45]，那麼，就政治而言，我們就需去質疑身為男妓的阿青所經歷的那構成「壓抑在心中的悲憤、損傷、凌辱、和委屈」的社會力量運作。[46]

在此，透過阿青對他不道德的母親的認同——也就是藉著徵引（citing）、進而就位於（assuming）丁乃非所討論的華人社會象徵層次裡的卑賤女性特質（base femininity）——我們得以進一步來解釋這種特殊的同性戀羞恥感。[47] 在小說裡，性工作和家務工作之相依，恰恰刻畫了阿青母親短暫一生的生命軌跡。在飽受養父虐待後，她逃家到下等茶室謀生，充當女招待。在茶室闖出的名聲太壞而混不下去後，她繼而當起下女幫傭，不久之後便在雇主的牽線之下嫁給了阿青的父親。做為家庭主婦的她，因為要補貼家用去幫人洗衣，而「常年埋葬在那堆積如山無窮無盡的髒衣堆裡」。[48] 在離家與人私奔後，她又重回風塵，成了大跳豔舞的歌舞團女郎，而在最後因梅毒孤單病死於貧民窟。在這裡值得特別注意的是阿青母親「養女」的身分。養女為盛行於二十世紀上半，台灣農業社會「童養媳」習俗的產物。農村家裡的女兒在收養的名義下，被送或賣給別人家去當「媳婦仔」，甚至再被轉賣成為婢女或妓女；正因她們被視為卑賤，「所以『送掉』『賣掉』，『領養』她們、以致於虐待她們等等行為都被視為是合理的。[49]

---

44 Sedgwick 1993a: 5.

45 Sedgwick 1993a: 12.

46 白先勇，1990: 271。

47 關於丁乃非論及卑賤女性特質之作（丁乃非，2002a; 2002b），參閱導論中的討論。在此我也使用巴特勒所闡釋的「徵引」（citationality）及「性的就位」（assumption of sex）等概念，見Butler 1993: 93-119。

48 白先勇，1990: 50。

49 丁乃非，2002a: 140。有關台灣「童養媳」的研究，參閱曾秋美，1998。

阿青母親的卑賤女性特質當從第三章所分析的「善良風俗」正規脈絡來理解。在此脈絡中，1950、60年代的「養女」被國民黨政府建構為一特殊的女性階級，佔據想像中的娼妓人口的大多數。而保護這些苦命女淪落風塵賣淫，也就成了政府當局消滅色情的重要一環。舉例來說，除了在1951年設置「保護養女運動委員會」外，國民黨政府也在1956年合法公娼的同時（《台灣省妓女管理辦法》），頒訂了《台灣省現行養女習俗改善辦法》，明令警察負起社會工作的任務，確保養女福祉，以防範虐待、人口買賣以及逼迫賣淫。[50] 此外，在這個「聖王」國家仁愛式救援行動最為活躍的1950年代間，國民黨政府為彰顯其成果，固定於保護養女運動委員會週年慶時，盛大舉行被救養女之集團結婚。[51] 這個精心策劃、透過國家所控制的傳媒宣達的結婚儀式，成功地掩蓋掉了保護養女運動這個官方動員活動極其微小的成果：在經費與行政資源極端稀少的情況下，這個運動實際上只碰觸到少於它所欲救助人口群的0.4%。[52] 儘管如此，它所傳達的意識形態卻很清楚：婚姻對（特別是命苦、缺乏社會資源的）女人絕對是必要的，因為女人的性相唯有透過婚姻建制才能為國家所認證。

　　如此將阿青母親卑賤生命軌跡與「養女」在「聖王」國族文化裡形構對照來看，我們發現，小說敘事所賦予阿青母親的能動主體，可以說與養女的文化腳本完全相符：倘若沒有婚姻的成功救贖，養女命中注定只能一輩子做下賤女人。[53] 瀕臨病死前，阿青母親喃喃自語道：「死不是死，我這種女人還活著做什麼──」。[54] 她的宿命論可以但更必須讀做一種標記了性／別的持久性羞恥；這種性別化的「性」羞恥知感跟了下賤如她一樣的女人過一輩子，甚至連人死也一

---

50 有關此一國家發起之運動的初步研究，參閱游千慧，2000。
51 例見《中央日報》，1959。
52 這是我根據司法行政部犯罪問題研究中心（1967: 123, 167, 194-195）的數據所計算出來。
53 感謝馬嘉蘭的提醒，常模也有失敗的可能。
54 白先勇，1990: 58。

同要帶進墳裡。就人道主義的主流閱讀脈絡來說，如果把阿青的心路歷程讀成一則救贖的故事，那我們就是在原諒敘事體懲罰像阿青母親一樣「失足淪落」的女人時，所揮灑的敘事暴力。[55]

《孽子》所再現的同性戀壓迫

接下來我想要把幾個《孽子》所再現的社會傷害，放置在上述的正規歷史脈絡裡來重讀，以進一步脈絡化那個特殊的男同性戀羞恥感。小說裡最主要構成性羞恥、性汙名與壓迫男娼在新公園維持生計的社會傷害力道，莫過於警察所行使的公權力。阿青所認知的「王國」，乃是一與其他男妓、皮條客、恩客共同構成的社會空間，其領域不以面積計，卻是由警察的監控範圍來定論。在透過警察監視而生成的「黑暗王國」裡，就是有被捕而丟人現眼的風險，才使那群在阿青眼中為「良家子弟」的大專生躲在公園樹林裡，不敢拋頭露面。[56]因此，當國家暴力赤裸裸地降臨時，首當其衝的是那些男妓，而非良家子弟。

在警局，審訊男妓們的是一個「一張大方臉黑得像包公」的警官。[57]雖然男孩們犯的是「逾時遊蕩」的罪名，但警察懷疑當中有賣淫情事：「你說吧，」警察問老鼠：「你在公園裡有沒有風化行為？……你在公園裡賣錢麼？多少錢一次？」輪到吳敏時，

> 胖警官朝他上下打量了一下，單刀直入便問道：
> 「你比他長得好，身價又高些了？」
> 吳敏把頭低了下去，沒有答腔。

---

55 「失足淪落」（fallen）語出馬嘉蘭。感謝馬嘉蘭的提醒，藉由性別化的卑賤女性特質的位置性，阿青身為「孽子」的能動主體得以從文化層面來理解。

56 白先勇，1992: 19。

57 白先勇，1992: 225。

「你是○號麼？」胖警官瞅著吳敏頗帶興味的問道，旁邊兩個警察抿著嘴在笑。吳敏一下子臉紅起來一直紅到了耳根上，他的頭垂得更低了。[58]

如第二章所示，「○號」和「一號」在男性中心論的語意中具象化代表肛門性行為，其中○號代表肛門，被當作陰道的代替品，被代表陰莖的一號插入。因此，○號同性戀男娼被當作「背後式」的女方。「你是○號麼？」這個「頗帶興味」的問題除了引起其他員警訕笑，實際上是一召喚（interpellation）的舉措，不但恐同，而且也帶有厭女的情節，彷彿隱約在問：「你算什麼，女人麼？」[59]

這位當代的聖王包公，以一段訓示為質詢作結：

你們這一群，年紀輕輕，不自愛，不向上，竟然幹這些墮落無恥的勾當！你們的父兄師長，養育了你們一場，知道了，難不難過？痛不痛心？你們這群社會的垃圾，人類的渣滓，我們有責任清除、掃蕩……[60]

這段訓誡的目的，當然是為引出這群青少年的羞恥感。若將這一幕警方問案放在當代台灣文化的脈絡中，那麼警方所執之法不是別的，正是《違警罰法》。如第三章所示，這項禁絕賣淫的特殊法律乃是立足於聖王道德典範之上，須得要仰賴造成對方的羞恥感來維繫既有的父權性秩序。[61]

---

58 白先勇，1992: 188。

59 泰樂（Tyler 1991: 37）指出，恐同的嘲弄「你算什麼，死gay麼？」與厭女（misogynistic）的「你算什麼，女人麼？」用法相當。

60 白先勇，1992: 229。

61 法律的運作仰賴心理機制來生產罪惡感。比利時同志理論家歐剛坎（Guy Hocquenghem）觀察到，現代西方的刑罰體系是藉著精神病學來壓抑同性戀。歐剛坎評論道：「如果壓抑要有效的話，嫌疑犯必須瞭

自拘留所放出來後,阿青和他同伴們的生活,在小說後半部有了重大的轉變,他們開始在他們師傅楊教頭所新開的「安樂鄉」酒吧裡上起班來,暫時結束了顛沛流離的苦日子。然而好景不長,「安樂鄉」先是被小報記者「踢爆」,而小報的報導更招致閒人騷擾,最後只得被迫關門大吉。有意思的是,儘管這酒吧既安全隱密又高格調,也的確提供了那群良家子弟大專生來「尋找些羅曼史」[62] 的空間,然而它還是被小報再現為藏汙納垢的妖窟。

報導所稱的「男色大本營」是「人妖」聚集的巢穴,異類的世界,遠非中國文學傳統中的桃花源烏托邦,而是傅柯所稱的「異托邦」(heterotopia)[63],為前來「分桃」的尋芳客提供色情服務。這些「玉面朱唇巧笑倩兮」的人妖,絕不容許粗聲背叛了自己的外貌。在此,一旦維繫異性戀「壟斷」性/別市場的體系只以排外的二分法來理解性別,那麼同性戀的鬼魅化/牛鬼蛇神化(homospectralisation)便不僅是「去勢」(emasculation)的運作,同時也是「陰柔娘化」(effemination)的過程。[64] 對於小報男記者來說,安樂鄉毋寧代表著被不男不女的賤斥物所佔領的不宜人居的地帶,構成了巴特勒在討論性別主體的正規化生產時所注意到的一種「(主體所)恐懼的認同地域」。「正因其對此認同地域的拒斥」,巴特勒寫到,「使得主體形構場域會對她所宣稱的自主和生命加以限制」。[65] 男性記者害怕成為「他們」的一份子,失去身為正常「人」的優勢地位,只得落荒而逃。

安樂鄉被踢爆後,立刻引來一批前來看人妖的群眾。在這裡,白先勇運用了排版的設計,來顯現入侵安樂鄉的異性戀者他們找尋人妖

解到壓抑是必須的。體制的法則要得以履行,父親之法則(Law of the Father)至為關鍵。除非被告有罪惡的良知,否則正義不會存在。」(Hocquenghem 1993: 73)

62 白先勇,1992: 221。

63 Foucault 2000: 361.

64 Miller 1992: 15.

65 Butler 1993: 3.

奇觀的凝視：

> 在哪裡？
>
> 　　　　在那邊。
>
> 是那個？
>
> 　　　　是那兩個吧。
>
> 報紙上不是說有好多？……

> 在嗡嗡營營的笑語中，有兩個字在這琥珀燈光照得夕霧濛濛的地下室內一直跳來跳去，從這個角落跳躍到那個角落，從那個角落又跳蹦蹦的滾回來。

> 　　人妖
>
> 人妖
>
> 　　人妖
>
> 人妖
>
> 　　人妖

> 酒吧檯周圍，浮動這一雙雙帶笑的眼睛，緊緊跟隨著我和小玉，巡過來巡過去……吳敏卻吃夠了苦頭，讓那群浮滑少年狠狠的戲弄了一番「玻璃」，一個攔住他叫道。「兔兒」，另外一個摸了他的頭一把。[66]

我們如何理解那些「人妖」、「玻璃」、「兔兒」等蔑稱所揮灑出的力道，也就是透過召喚、而迫使阿青他們成為受宰制的社會體？在這裡，巴特勒把「酷兒」（queer）一詞視為「操演」的提法，對我們

---

66 白先勇，1992: 284-285。

理解這個傷害的場景特別有關連：

> 「酷兒」一詞向來為語言實踐的操作，它主要的目的一向在於
> 羞辱其所命名的主體，或者更確切的來說，主體經由那羞辱的
> 召喚而產生。「酷兒」的力道正是從它被重複性地喚起而由此
> 變成與指控、病理化與汙辱相連結。藉由這個喚起，恐同社群
> 的社會連結得以透過時間而形成。當下的召喚呼應了以往的，
> 而且將那些罵人的恐同社群綁在一塊兒，彷彿眾人跨過時間而
> 異口同聲。在這個意義上來說，總是有個想像的合唱團在嘲弄
> 「酷兒」。[67]

白先勇的排版設計因此可以讀為視覺化了「人妖」這一汙衊的稱謂，
在循環式的運動裡、在反覆的過程裡強化了它深具傷害性的力道。令
人深思的是，對巴特勒而言，經羞辱召喚而釋出而產生（受宰制）主
體的語言力道，與其說是出自於說話主體的意圖，不如說是說話主體
徵引／援用既定的社會成規，而社會成規當然總已是權力關係運作下
的產物。更進一步來說，因為成規之所以能為成規，靠的是它不斷的
被徵引，所以依賴求助於成規的這個動作，總已是一項反覆性的實
踐，而也就是這個實踐的長久持續性運作，給了召喚這個言語行動一
個時間的面向。因此，在分析憎恨言語所揮舞的傷害力時，巴特勒解
釋道：

> 很清楚的，中傷性的稱謂是有歷史的，那個歷史在發言時被呼
> 喚出來也同時再被鞏固，但是並沒有很確切的被說出來。這不
> 僅是個關乎這些稱謂是如何被用、在什麼脈絡裡與被用目的的
> 歷史；而是，這樣的歷史是如何被稱謂捕捉住而又被安置在稱

---

67 Butler 1993: 226.

謂裡。因此，稱謂是有歷史特性的，而這可以理解為歷史已經成為稱謂的內在，從而構成其當下的意義：種種用法的沉澱累積變成了稱謂的部分，是這種凝結了的反覆賦予了稱謂的力道。[68]

我想在這裡喚出一個鑲嵌在台灣文化裡，有關男同性戀蔑稱表意並造就其歷史特性的特別脈絡。我要談的這個脈絡是傳奇人物「他K」所述有關台灣gay bar的歷史。被封為台灣gay吧開山祖師的「他K」在1970與1980年代間共開了幾十家gay吧。在回憶到開第一家「吧」的源由時，他說道[69]：

> 那時候 [按：1960年代末]，我在台北又待了二年，而且慢慢的認識了好多同好，我發覺同性戀並不是我一個人，常常我們都找時間聚會，我們也去過三水街那些茶館，**可是我們不喜歡，我們也看不起那些「賣」的人，妖裡妖氣的**，我們雖然也男扮女裝，可是我教那些「女兒們」要像個淑女，大家閨秀，**最重要一點，絕對不可「賣」**。因為我們人越來越多，而且在公開場合又不能談這些事，有次有兩位老兄就在一家餐廳忘情的談起戀愛來，最後被別人以「人妖」、「兔子」打了一頓。

「他K」的酒吧一直是合法經營的，而雖然他做的休閒生意不盡然符合傳統特定營業，但倒也能避開他人側目，一直到1978年他所開的兩家吧因為被人密告媒介色情，而遭警察取締：

> 那時候男扮女裝，一方面是吸引客人及生意，二方面他們化了

---

68 Butler 1997: 36.
69 這個故事出自胡亦云（八卦雜誌《翡翠報導》記者張亞力的筆名）對他K的訪談，收錄在《透視玻璃圈的祕密》。該書選在1980年代中愛滋登陸台灣激發道德恐慌之際出版。

> 粧也只不過是唱唱歌跳跳舞出出風頭而已，絕對沒有「人妖」
> 賣錢的念頭，可是，到了新聞眼上就變了質，變本加厲的渲
> 染，什麼「變態」、「兔子」、「人妖」等等，反正說得出的
> 名詞都冠上了。弄不好還要給抓去關幾天……。[70]

值得特別注意的是，「他K」的回憶裡很清楚地顯示兩件事，也就是
男同性戀當時在台灣被等同於色情交易、以及傳媒亂扣「他K」和他
同伴帽子。他的兩個同性友人在大庭廣眾下談情說愛被當成男妓，而
慘遭修理；另一方面，儘管「他K」堅持和人妖賣肉的生意劃清界
線，他的酒吧還是被公權力視為色情場所，而遭臨檢取締；儘管「他
K」蔑視「妖裡妖氣」的男娼，他還是被冠上所有說得出口的蔑稱，
而被迫去佔一個有雙重性汙名的主體位置（病態〔變態〕加上淫蕩
〔賣春〕）。在「他K」符碼化的回憶裡，很重要的一點是，gay吧在
台灣之所以作為一個新興的社會空間，是因為其疆域的界定是奠基在
拒斥原有三水街茶室「人妖」的交易文化之上。同樣重要的是，這裡
出現了性的階層化運作，因為「人妖」和「兔子」的交易行為是被鄙
視的。更進一步來說，這個性階層化的形構是透過、也的確呼應、形
同妖裡妖氣般「娼妓」和大家閨秀「良家婦女」這個娼良分徑的規範
性區別。[71] 因此，這個在gay吧浮現於1970年代台灣的這個脈絡裡所
生產出「蓋高尚」男同性戀主體，可以視為奠基在排斥卑賤女性特質
上，也就是我在之前所論證、那個形構孽子再現的同性戀差恥感的論
述性定位。

---

70 胡亦云，1985: 67。

71 有趣的是，儘管他K鄙視那些「賣錢」的男娼，他卻不諱言自己在日本經營吧業時多次「被包」的經
驗：
　　[根據他K] 被別人「包」的，跟「賣」不同。「包」的時候，就像個「良家婦女」一
　　樣，規規矩矩地跟人家過日子，當然時間是事先講好的。（胡亦云，1987: 70）
　　耐人尋味的是，即便被包的意義是基於在某些特定條件下成為「良家婦女」，「被包」與「出來賣」兩
　　者的對比仍然持續對應「良家婦女」與娼妓的階序化區分。

因此，羞恥的召喚場景可被重讀為再現了男妓在聖王國家文化中被打壓的地位。更進一步來說，在主流救贖論把孽子們參與安樂鄉事業當成他們「從良」的轉折點的狀況下，這個羞辱的場景，更需要被重新閱讀。我們可把它讀做標記了那個和賣淫連在一起抹不去的同性戀羞恥感，而這個羞恥感已在這裡結構化於那個救贖論裡新形成的同性戀階序。在這個聖王性秩序裡所形構的同性戀階序裡，阿青和他的同伴被往上提升，佔據了「蓋高尚」的新主體位置。

　　令人深思的是，正規的羞辱力道在宰制壓迫男妓的同時，也製造生產了一個那些孽子們所認同為「我們的」空間，那就是他們在新公園與安樂鄉所建立的社群。這個被國家所監控的異色情慾空間，透過論述而在賽菊蔻所謂「居住／國族」系統（habitation/nation system）裡所構成[72]，就這點來說，這個「我們」的空間也許可以在台灣的脈絡裡稱之為「色情邦聯」。儘管「色情邦聯」是正典異性戀社會得以構成的必要外在，「色情邦聯」不但給了一個被家庭社會放逐的人可以尋求友誼慰藉、相濡以沫的地方，同時也提供了他們得以維持生計的機會。的確，儘管它是如此被汙名化，正是這個空間──正如葉德宣所分析小玉敢曝的「人妖歌」（在前述的創傷場景之後所作）所揭示的──讓蔑稱的羞辱得以轉化為諧謔。[73] 而也正是在這樣互助互濟的社群裡，因為有個心臟科名醫「史醫生」替圈內的弱勢成員義診（包括定期身體檢查、免費抗生素以及衛生教育）[74]，使得阿青他們能在顛沛流離之際，還有這麼一點點但非常可貴的社群資源，確保他們「性」方面的健康。就這點而言，阿青比他母親幸運太多；性／別上卑賤的她，在婚姻之外並未能找到屬於「她」自己的空間與社群，終至孤單無助，在欺貧又笑娼的偽善社會裡帶著「惡疾」梅毒的汙名

---

72 Sedgwick 1993b: 147. 賽菊蔻用這個詞來指個人居住在特定地理空間的動作，其意義是透過論述生產出來。
73 葉德宣，1998: 84。
74 白先勇，1992: 110。

死去。

同志 = 良家子弟?

在小說末端,那群被敘事者指為「良家子弟」的同性戀大專學生,終於不再躲藏而在最後鼓起勇氣從灌木叢走了出來。這個位移的動作預示了一種新的同性戀主體在台灣公共空間的浮現。的確,1990年代台灣同志運動最明顯的特徵之一就是它是在大學校園興起的。1994年台灣第一個正式向校方註冊的同性戀社團,「台大男同性戀問題研究社」(又稱Gay Chat)出版了《同性戀邦聯》,一本宣稱「台灣第一本關於男同性戀歷史與文化的報告書」。[75] 題為「同志新聲音」的序言,清楚地把這本書定位為一本「同性戀寫給同性戀看」的書,意圖翻轉同性戀濫交的刻板形象的當代再現模式。[76] 值得注意的是,序言特別提到了《孽子》,並聲稱,「白先勇先生描述的黑暗國度已成過去,新的時代即將來臨。」[77] 因此,這本書的書名可以視作1990年代同志企圖重新接合出《孽子》所再現的想像社群。

這本書共有12章,分別由Gay Chat的成員執筆,文章的主題包括了同志歷史(這個編年史從西元580年的莎弗〔Sappho〕開始,經1969年紐約的石牆暴動〔Stonewall Riot〕,到1990年代於台灣各大學校園興起的同志社團)[78];同志團體與出版品介紹[79];台灣的男、女同性戀團體[80];對媒體再現同性戀刻板印象的分析(例如「愛滋病是同性戀的病」)[81] 等等。在這裡特別有意思的是一篇與書名同名的文

---

75 台大男同性戀研究社,1994。該社團的成立揭開了大學校園內男、女同性戀社團的風潮。
76 Gay Chat 1994: 8.
77 Gay Chat 1994: 8.
78 或慕芳,1994: 11-27。
79 林志鵬,1994: 50。
80 婉青,1994: 91-100。
81 馬陸,1994b: 147-168。

章，〈同志共和國：同性戀邦聯〉。「在台灣」，作者馬陸宣稱：
「有成立一個同性戀國度的必要性」，以用來抵抗異性戀霸權。[82] 這
個同性戀國度由21個共和國所組成，依男女同性戀者的活動空間、出
版品、團體、職業以及性的實踐方式，做為劃分想像同志邦聯的依
據，同時作者也對各個共和國的特色和歷史作了簡短的介紹。令人深
思的是，在各式各樣的性實踐模式被用來想像如「SM共和國」的情
況下、在像「職業」這樣的範疇也被用來想像如「演藝圈共和國」的
情況下，馬陸的同志共和國裡，並沒有存在像是「男色交易／色情邦
聯」這種想像。的確，在論及「新公園共和國」時，馬陸特別註明這
個共和國因《孽子》而最負盛名。繼而提到新公園如何在大眾的想像
裡被聯想為汙穢骯髒之地時，馬陸說這也許是真的，因為真的是有人
專程到那邊要找人打炮，但「去除這樣居心的少數人後」，馬陸解
釋，「新公園實際上只是個交友聊天的場所罷了。只因它是全台灣唯
一公開的同性戀去處。」[83] 最後他寫道，由於新公園的歷史和盛名，
它「庇護了七〇年代的青春鳥，也充實了九〇年代新人類的心。」[84]
這裡特別要注意到的是，這個想像的「同性戀國」以白先勇所描繪
1970年代新公園的「黑暗王國」為指涉點，從其上投射出一個不再受
壓迫、沒有陰影的新時代想像同志社群。然而，這個想像的同性戀邦
聯，在此排除了一種抵抗異性戀正規霸權的性實踐，也就是賣淫──
性交易。有鑑於該書宣稱要翻轉從玻璃圈的娼妓化（whorification）
得來的男同性戀＝濫交的文化刻板印象，也許將賣淫給排除並非無心
之舉。因此，以性交易為監控疆界的常模依舊持續運作於這個90年代
同志國的想像。

---

82 馬陸，1994a: 52。
83 馬陸，1994a: 55。謝佩娟在新公園釣人文化的研究中指出這種藉由階序化來排除淫亂同性戀的現象。她
　　所訪問到的 Gay Chat 社員常瞧不起那些新公園的常客。謝佩娟指出，大學的男同性戀學生在尋求「正
　　常」眼光看待的同時，也複製了異性戀社會評判男同性戀的性常模。參閱謝佩娟，1999: 79-82。
84 馬陸，1994a: 59。

此外，在馬陸宣稱「眾人平等」，敞開雙手歡迎其他共和國加入同性戀邦聯的同時，說道：

> 基本上，這些共和國的成員都是由異性戀或潛抑同性戀的父母養大的，因此難免沾上他們的習氣，仍會忍不住以父兄的想法觀點來看事情。就如同當初的美國移民一樣，仍保留著在英國時候的習慣，仍要兩百年之後，才逐漸發展出屬於他們自己的生活型態。不過，我們也是很努力在做的，不是嗎？[85]

受教育的階級背景標誌了這裡所稱的「我們」。歷史上，台灣戰後的聖王政府最能夠直接控制的一群人非受教育階級莫屬。[86] 馬陸必然「沾上」聖王道德思想的「習氣」。遠在大學精英為同性戀權利發聲前，早在1960年代（如前章所示），同性戀男娼文化早已存乎都市化的台北。從這個角度來看，馬陸所援引的美國移民去殖民經驗便出現了不同的色彩，畢竟美國移民遠非被殖民者，反而是將原住民驅離家園的一群外來者。同樣地，同志主體的新大陸其實存在已久，早住著「人妖」、「兔子」和「玻璃」；這些同志在試圖將自己從「異性戀思維」中解放出來的同時，卻將自身的中產階級標準強加於同性戀娼妓之上。

《同性戀邦聯》出版的兩年後，白先勇的《孽子》又再一次被符號化與政治化。1996年，在「同志」的大纛下，各大專院校男女同性戀運動團體結盟，形成「同志空間行動陣線」（簡稱「同陣」）以對抗台北市政府的新都市計畫，將新公園的使用改弦更張，變得更加「家庭友善」、更貼近「一般大眾」的新都市計畫。在同志運動後，《孽子》披上更多象徵意義，甫成立的同陣利用《孽子》來宣示新公

---

85 馬陸，1994a: 69。
86 第三章所提及、於冷戰時期頒布的《禁止青少年涉足妨害身心健康場所辦法》（1970）正是個例子。

園的主權以及同志公民權。我已在導論中分析此一歷史的時刻，在此則要檢視同陣介入行動中所提出的認同政治問題，以及著名女性主義理論家張小虹所接合的此類政治之論述侷限。趙彥寧認為，張小虹幾乎是90年代形塑台灣同志研究興起最重要的旗手[87]，我對她的論述實踐深感興趣，不僅因為其作品重要，更因為她對同志主體性的理解與性別研究、女性運動兩者有著千絲萬縷的糾葛。在此，我想用張小虹為例，來開展出性政治與性別政治兩者彼此相互建構、卻無從化約的社會脈絡；透過《孽子》所形構的同志國想像，也必須座落於此脈絡下。

曖昧政治及其論述侷限

「同陣」在1996年初舉辦了一連串「尋找新新公園文化系列活動」。打頭陣的是「同志票選十大夢中情人」，由男女同志票選他們心目中的名人偶像，而第二個活動則是在新公園所辦的園遊會。後者這個刻意選在光天化日下舉辦嘉年華會般的場合，似乎意味同志走出了悲情的過去，「集體現身」出來慶祝他們新的主體性。而所謂「集體現身」是同志運動者在意圖擴張同性戀可見度時用來保護參與者個人免於受媒體偷窺的策略，也就是同志運動者戴上面具，或在「同志」的符號之下，混處於一群對同志友善的開明人士裡，在公開場合出現。[88] 這兩個活動均廣受媒體關注，其中甚至不乏正面報導者。[89]

在〈同志情人，非常慾望：台灣同志運動的流行文化出擊〉這篇文章裡，張小虹讚許「同志票選十大夢中情人」為一場「漂亮而成功

---

87 趙彥寧，2000c: 244。

88 趙彥寧（1997c: 111-135）觀察到，為了抗拒做為他者的大眾媒體，同志主體是透過遮掩的策略來形構。有關同志「現身」的問題，參閱朱偉誠，1998b: 35-62；Martin 2003: 187-251；Liu and Ding 2005。

89 性權人士倪家珍（1997: 63）認為媒體對這些活動的正面回應，乃是由於後解嚴時期日益籲求文化多元的社會，於是將同性戀主體再現為可以寬容的「文化現象」。

的文化出擊」與「慾望現身」。[90] 她提出了一個相當值得深究的問題，那就是，為什麼「同陣」重新詮釋新公園（這樣一個長久以來被汙名化為肉慾橫流的男同性戀空間）的首度出擊，是同志票選夢中情人的活動，「而非直搗黃龍地辯白『同性戀』與公共空間性交（public sex）之正當性，這其中的策略轉換究竟為何？」[91] 張文認為，在台灣媒體向來在呈現同志議題時所展現之「泛性化」（對男同性戀的再現）與「去性化」（對晚近同志人權報導）的兩種極端窄化手法、可名為「性恐慌」的在地脈絡下，「同陣」的票選活動以偶像慾望投射為方式，打造出了一個較為寬廣的「慾望空間」，並使得同志在這般的論述空間內，得以「慾望現身」。更進一步來說，這樣的階段性策略是：

> （以）慾望的「常群化」（universalising view）進行對立政治中反歧視、反壓迫的運動「殊群化」（minoritizing posi-tion）。[92] 而同時慾望的無所不在，也足以反證新公園實質空間的爭取，不是將同志情慾集中圈限在特定獲指定之場域，只在此處被准許但不可越雷池一步的集中管理，而是透過對「汙名化」的翻轉，重新肯定歷史與身體之銘刻與記憶。**換言之，搶救新公園不只是要新公園，而是要以新公園集結台灣過去及現在的同志情慾／空間史，以新公園做擴散流瀉，直到在慾望的流動上的何處不是新公園。**[93]

張文把投票結果的跨性別認同（例如男同志認同女歌手，女同志崇拜

---

90 張小虹，1996: 9。
91 張小虹，1996: 11。
92 此處是以賽菊蔻的概念來理解慾望。賽菊蔻提出，現代西方文化有種內涵矛盾的同性戀建構方式，彷彿同性戀問題只屬於同性戀少數的議題，但同時卻也影響著所有人，不論他們的性相為何。參閱Sedgwick 1990: 83-86。
93 張小虹，1996: 12，粗體字為我所加。

男影星）解讀為同志（queer） 慾望的表明顯現：慾望的流動是「無疆界」、去模糊，跨越「異性戀 vs. 同性戀」，是駁斥任何二元論（例如正統精神分析裡慾望和認同關係之互斥）。[94] 而慾望的不定與流動所產生的曖昧，更奠基了同志認同政治之構成：「慾望的無所不在，也將是同志的無所不在，一如情慾政治的革命誘惑，總是如此曖昧而美麗。」[95] 而在另一方面，張小虹也把「同陣」運作所帶出的「集體現身」策略，視為慾望流動的曖昧政治：

> 在家族結構緊密、個人空間狹小的台灣，西方個人式的「現身」一直未能成為台灣同志運動的最愛，反倒是「集體現身」的方式，既能滿足同志對主體呈現的渴望，又適度保持不立即被對號入座的曖昧，也許對圈外人是「誰都是，誰都不是」的可疑，但對圈內人卻可是「誰都不是，誰都是」的心知肚明。[96]

張小虹特別指出當時兩條同時存在並進的運動路線，制約了這樣的曖昧政治。在國立中央大學新成立（由性基進派學者何春蕤召集）的性／別研究室打頭陣的性解放運動固然是同志運動的盟友，然而在張小虹看來，對女同性戀所領導的同陣而言，婦女運動則創造出了一個「曖昧遊走空間」：和男同志不同的是，同陣的女同成員在女性主義者身分的保護傘下，多了曖昧的迴旋空間。[97]

在此我想問題化張小虹所提之「慾望現身」與「集體現身」。首先，在把同志身分政治形塑為曖昧流動的慾望時，張小虹似乎忽視了：慾望在當代台灣社會脈絡裡是如何被權力關係所建構與制約，而

---

94 張小虹，1996: 15, 20。
95 張小虹，1996: 21。
96 張小虹，1996: 12。
97 張小虹，1996: 22。

這樣建構的去歷史化論述效應，也許可以在她「現身」的實踐上反映出來。張小虹曾在《中國時報》人間版的紙上電台上，「現聲」打造同志論述空間。在回答一位對她的性相感到好奇的「call in」讀者時，她談到了接觸英美「同志理論」如何讓她重新認識了自己，並在下面一段話裡「現身」：

> 許多年以前，我所仰慕的女同性戀詩人 [可能指美國作家芮區（Adrienne Rich）] 還在異性戀婚姻裡生兒育女；許多年後，我所崇拜的男同志理論家 [可能指英國文學批評家多利摩（Jonathan Dollimore）]，卻決定與女人結婚生子。我的「現階段」（異性戀取向）恐怕是在瞥見慾望流變之瞬息，所感之最保守也最激進的一種自我認知吧！[98]

把歐美學者性實踐的改變當作「慾望流變之瞬息」的範例模式，進而用來說明她「現階段異性戀」傾向的時候，就論述效應上而言，張小虹在這裡似乎不經意的將有歷史性的慾望自然化了：她不僅抹去了她作為台灣女性知識份子的這個特殊性，同時也策略性的避開了詰問她現階段異性戀身分在這個在地文化的建構。如第三章所描述，女性性相在台灣有其特殊的歷史形構；在台灣，女性工作者的慾望從來就不是那麼的流動；相反地，她們的慾望一直在「善良風俗」這個性別常模裡為公權力所嚴格管制。

其次，與方才提出的批評相關的是，那個在同志運動裡作為「曖昧遊走空間」的女性主義位置。換句話說，那個概括女同性戀的女性主義的位置，到底是個什麼樣的論述定位、它對女「性」主體與慾望有什麼樣符合常規的想像，以至於女同志甚至男同志可以在它的庇護下集體現身？在一篇出版於《婦女新知》雜誌的「女人認同女人」的

---

98 張小虹，1995a。

專號，題為〈在張力中互相看見：女同志運動與婦女運動之糾葛〉的文章裡，張小虹討論了1990年代中期在婦運裡，因女同性戀主體浮現、及其挑戰婦運異性戀議程路線所引發的婦運內部多重緊張關係。她以相當自省自折的筆觸，誠實地面對了她作為一個異性戀女性主義者，為同志代言、以及她以性別理論的名義在大學教室裡挪用酷兒理論的道德焦慮。特別就後者而言，這樣的焦慮，在張小虹決定採策略式反本質主義的立場，並同時隱約認知到婦女研究和酷兒／同志研究有某種相連性（雖然後者仍被前者所統攝）之後，似乎解決了一部分（如果不是完全消除的話）。在政略上執著致力於壯大同志主體——即便是透過代言和挪用——的張小虹承認，雖然她自己對「女性主義者」這個政治身分認同從來不曾質疑，但她卻猶豫把「同志」作為她的另一個政治身分認同，因為她對性的認同政治無止盡的分散斷裂、及其容易本質化而排他的傾向仍有許多理論上的疑惑。令人深思的是，張文在結尾時提醒讀者，如果「在張力中互相看見」不只是理論上「一句那麼必然如此容易的提醒」，那麼它「只有落實在每一個實際發生的衝突點上，才有具政治考量與物質基礎的分析判斷與權衡折衝」：「看見不是單單以去除盲點為目的，彼此看見是一旦啟動就不會停止的過程，是要在彼此看見中更具反省批判力地看見彼此。」[99]

在這樣的政略／理論脈絡下，我想舉個衝突點，以顯示透過差異政治而開展的辯證過程。這個衝突點發生在何春蕤於1994年出版《豪爽女人》後所激起的女性情慾議題辯論的脈絡裡。《豪》書熱情鼓吹台灣女人打破賺賠邏輯、豪爽追尋性愉悅，掙脫父權枷鎖和壓抑這樣的立場，在當時不但引起了主流媒體的道德反挫，同時也在婦運內部引發了強烈的批評和論戰。[100] 為了與何春蕤提倡的性解放的立場有所區別，包括張小虹在內的部分女性主義者提出了「情慾自主」立

---

99 張小虹，1995b: 6-7。
100 何春蕤（2006）所編的選集收錄了圍繞著本書的論戰。

場，而這個立場用張小虹的話來說，就是「女人不要貞節牌坊，也不要性解放」，「而是一個很寬廣的女性『身體自主』 空間」。[101] 值得特別注意的是，在這個女性主義「性」實踐的議題上，慾望突然變得不再是那麼的流動與瞬變，一點也不像張小虹之前在談同志慾望時所說的那麼queer了！的確，如果那「很寬廣的女性『身體自主』空間」不是本體存在而為台灣社會運作下的歷史產物，又如果那「很寬廣的女性『身體自主』 空間」因和性解放運動劃清界線而不被濫交的汙名所沾染，那麼形塑這樣的女性情慾空間想像的正規力道，則應可視為來自那個國家以性交易的禁制來規訓各式的情慾實踐的「善良風俗」正規脈絡，而非張小虹在別處所提倡的基進性政治。[102] 而從這個女性主義脈絡再重新審視張小虹分析「同陣」如何以「慾望空間」重新詮釋新公園那充滿性汙名的「實質空間」時，我們發現，由「慾望／集體現身」與「曖昧政治」的論述所生產出的同志主體與能動性，在去歷史化的慾望形構下，其實並沒有處理到那個建構新公園汙名與在地同性戀壓迫的宰制關係與權力運作。更進一步來說，如果那個「很寬廣的女性『身體自主』 空間」正是「集體現身」運動策略得以操作的「曖昧遊走空間」，那麼同志們在公領域裡的匿名性正是藉與良家婦女女性特質的集體連結而得到保證。換句話說，張小虹所描述的「集體現身」在將同志去個人化（de-individualise）的同時，弔詭地藉由良家婦女女性特質而將同志正常化了（normalise），而這樣的論述效應則是置換了那份《孽子》所再現、跟賣淫汙名連在一起的歷史性羞恥感。

　　以上的分析絕非抹煞張小虹在學術和社會運動領域裡推動性／別正義的成就與努力。[103] 相反的，這樣的批評意在點出鑲嵌在同運和

---

101 張小虹，引自龔卓軍，2000: 222。

102 感謝馬嘉蘭的幫助使我的論述更加清晰。

103 在此必須特別強調的是，我在此評介的張小虹的「情慾自主」位置形成於1990年代中期，與後來反娼國家女性主義陣營所捍衛建制的並不相同。張小虹長年支持持續進行中的酷兒運動對抗國家權力，並不像

婦運兩個重疊場域裡的曖昧和差異政治以及其侷限，以用來更進一步挑戰在台灣脈絡裡支配性別主體及其性實踐的歷史性常模，而這個常模正是那個反娼／反色情的「善良風俗」規訓場域。令人深思的是，自1990年代中期以降（也就是「同陣」誕生的那個特殊歷史時刻），在性別主流化與國家女性主義積極介入法律改革之下，這個常模的霸權已然更為擴張。以NGO形式運作的反娼／反色情女性主義者，不但於1995年成功的推動了《兒童及少年性交易防制條例》的立法，並在爾後的持續修法行動中，如何春蕤的歷史分析所揭示的，將此法轉變為「社會紀律的細微網絡」，並透過它逐漸對青少年的性活動、特別是網路色情進行更加嚴密的規訓與管制。[104] 顯然，性控制的體制在此特殊法律下益形緊迫了。若是警方對金孔雀的突擊發生在當下，那麼那些青少年服務生都將被送至感化機構保護管束兩年，雇主則面臨更嚴厲的懲罰。[105] 同時，儘管她們矢言泯滅消除父權定義下女人之間的娼、良分徑的「性」差異，國家女性主義者卻弔詭的佔據了在「聖王」道德──性秩序裡所歷史形構的「良家婦女」這個主體位置。在宣稱要為所有的女人爭性別正義時，這些我在第三章中稱之為「聖后」的國家女性主義者，同時也提出了一個新的性秩序、沒有商業性性行為的願景，而把她們良婦的常模強扣在婚姻─家庭場域外靠性勞力過活的眾多婦女之上。的確，那個生產與賣淫汙名密不可分的性羞恥感的機制，已經在二十一世紀的今天變得更強而有力，因為在「聖后」所訂定更具懲罰性的新性秩序裡，這個（新）國家裡的每個成員，正如丁乃非和劉人鵬所揭示的，人人都被強迫去變成「良家婦女」。[106] 我將在下兩章進一步探討「聖后」的性道德秩序。

---

104 何春蕤，2005a。

105 根據《兒童及少年性交易防制條例》，涉嫌性交易的兒童及青少年將處以二年之特殊教育。

106 參閱丁乃非、劉人鵬，1999。

重新宣奪「我們」的歷史

在以上的論證裡，如果說《孽子》所再現的同性戀虛構社群，是透過一個和賣淫與卑賤女性特質相連的性羞恥感而形構而成，那麼，1990年代台灣在《孽子》影子裡形成的同志國，在「被養」在婦運裡以及自身遠離賣淫文化的狀況下，特別就「性」事而言，似乎佔據了「良家婦女」的這個論述位置。在《孽子》持續被同志運動政治化，成為見證1970年代同性戀壓迫的歷史的同時，那個與賣淫連在一起的壓迫及其特殊性，卻也不斷的在同志研究[107] 與同志歷史書寫的建構裡[108] 被略過與遺忘。就在同志揚起彩虹旗、打造彩虹社區的同時[109]，那個象徵同志文化裡多元、擁抱差異的（跨國）彩虹願景，似乎未曾包含台灣過去和現在的男色交易文化。[110] 就這個面向而言，公共電視於2002年推出的《孽子》八點檔連續劇，其實可以視為這樣一個環節裡所出現的一個重要徵候。如果說公視《孽子》的叫好叫座可視為同志運動拓展同性戀可見度的一項重要里程碑，那麼這項成就的達成，可以說是以完全淨化小說原著裡的「色情邦聯」為代價，同時也一併遠離了那個如第二章所示的，自1980年中期後持續和愛滋病汙名相連結的性羞恥感。因此，如果說本章稍早討論的電影版《孽子》將小說的場景從1970年代更新為1980年代中期，以反映「同性戀黑死病」的「社會現實」，那麼電視劇版則又將《孽子》擲回到那安全的、尚未受到愛滋侵擾的1970年代。另外，非常值得一提的是曾秀萍的專書《孤臣・孽子・台北人——白先勇同志小說論》。這本白先勇做序、充滿同志平權意識的社會學式的文學批評，在公視《孽子》熱

---

107 例見紀大偉，1997: 130-163；王志弘，1996: 195-218。
108 例見王雅各，1999。
109 參閱莊惠秋，2002；許佑生，1999。
110 《孽子》的電視劇改編分析可參閱李佳軒，2003。

潮中出版，頗受歡迎。[111] 為矯正晚近同志研究注入《孽子》過多「強烈的運動色彩」，作者企圖提出一個「不醜化同志形象，亦不做過度的詮釋、美化同志」的閱讀。[112] 基本上來說，作者在這本直線式歷史觀所架構出來的書裡想要論證的是，小說所描繪的孽子們，竟只因為他們同性戀的關係而被社會和家庭所惡意對待：忠友孝悌的他們實在是無辜的，而且根本一點也沒有不正常。不過，這樣「正常同志」的形象是必然要對小說的骯髒賣淫主題做解釋的。所以，在問了白先勇是否擔心他描繪的賣淫行為會「將更加深大眾對同志刻板的負面印象？」之後，作者告訴讀者「無須迴避孽子於今看來似乎不夠顛覆的傳統思維價值觀，也無須因孽子貶抑自身同志情慾，而又賣身的行徑，陷入政治正確與否的掙扎與焦慮」，因為白先勇只不過是想透過虛構再現來達到他關懷社會邊緣人的目的罷了！[113] 而同時，作者也不忘提醒讀者，「孽子的賣身之舉雖不必以泛道德的角度批判，但也不宜說他們就樂於賺這種『皮肉錢』，以實踐『多元情慾』。」[114] 然而，如果不是奠基在那個用羞恥和賣淫來監控自身疆界的「良家」性／別常模，這個道德上超然中立、肯定同志政治正確的閱讀位置到底從何而來？

在〈台灣同志運動的後殖民思考〉裡，朱偉誠相當細緻地把梳了同志運動裡關於「現身」問題的爭論，指出「集體現身」這個深具台灣文化特殊性的運動策略，儘管政略上再怎麼便利有用，終究有其侷限性而無法挑戰壓迫現狀，因為出櫃不是像有些本土運動者主張那樣，是個人可以選擇在不同環境下如何或甚至要不要現身的問題；相反的，那樣斟酌裁量的去保護祕密，才是整個暗櫃政治的結構癥結，

---

111 見葉德宣（2005）對曾秀萍這本書精采的回應與批評。該書出版後幾個月內便再版。感謝劉人鵬指出這點。
112 曾秀萍，2003: 41。
113 曾秀萍，2003: 200。
114 曾秀萍，2003: 202。

也正是異性戀恐同機制得以操作的憑藉。[115] 朱偉誠正確指出，同志運動惟有修正自身的策略，針對在地同志壓迫的特殊性，始能維繫住後殖民的自主。在參照與挪用賽菊蔻所闡述現代西方同性戀定義上既常群（universalising）又殊群（minoritising）矛盾的論述架構後，朱文建議，既然以現身為要的同志身分政治在台灣不易展開，運動方向不妨朝以「非身分政治」挺進。這種賽菊蔻式的同志政治形構，顯然被轉譯為曖昧政治了：

> 對於走身分政治路線的同運而言，必須要現身無疑是天經地義的；但是若想像一個非身分政治的同運，則模糊曖昧本身未嘗不也是一種政治，不現身是因為沒什麼好現身的（現身成什麼呢？）。既然人的情慾是有可能流動變異的，又何必去認同那些武斷而僵化的性相身分？更何況它們多半是繼承自主流根據所謂的「性相」對人們所做的汙名分類。至於有人擔心這樣拆解一切之後，同運會因此而沒了主體……但只要運動的目標擺明了是要解放同性情慾，願意來參加的人不也就是使得上力的主體嗎？……畢竟這樣的同運要爭取奮鬥的目標，不是少數特定社群的權益保障，而是所有人都該享有的、追求同性情慾的自由與空間。[116]

顯然，朱偉誠所提倡的同志友善環境對應了張小虹的「慾望空間」形構，因而不經意將造成台灣同志壓迫的特殊性給去脈絡化了。在本章所剖析的台灣脈絡下，須指出解放同性情慾的大業（依此類推還有女性情慾），取決於積極處理介入《孽子》所再現的性別化的羞恥感，以及生產出此羞恥感的常規，而非更進一步去壓抑之，因為在台灣，

---

115 朱偉誠，1998b: 50-51。
116 朱偉誠，1998b: 58。

正是基於對賣淫的禁止與汙名來持續控管情慾空間與性自由。若不基進地挑戰聖后所制定的新社會／性秩序，同志運動、論述可能會再生產出一套自始即抑制男同性戀的性階序。鑑於朱偉誠近期所觀察到的，2000年以來，後國民黨時期的建國大業面臨「公民轉向」，更是迫切亟需性異議（sexual dissidence）。[117]

　　總而言之，我倡議重新形構朱偉誠常群化的策略，以做為結盟的政略，與非國家女性主義的妓權運動（始於1997年陳水扁廢娼）、性權、性解放等運動結盟。的確，那個婦運、同志運動、工運與原住民團體一起走上街頭，聲援公娼抗爭的「1998年國際婦女節反汙名大遊行」正展現了這個結盟政治的契機與必要。[118] 在一同推動性工作的除罪化以及挑戰《兒童及少年性交易防制條例》與《刑法》第235條侵犯情慾人權、壓迫色情言論自由的惡法時，我們不但緬懷《孽子》所留下的同志交易文化與色情遺產，也同時榮耀了那些歷來被良家所驅逐的性／別壞份子。對不認同正人君子、聖王父權及聖后「良婦」女性主義的同志來說，抵抗「善良風俗」霸權當然不會是件容易的戰役，然而，套句老話自我勉勵，「革命尚未成功，同志仍須努力」！

---

117 朱偉誠，2000: 115-151。

118 國家女性主義者與主流婦女團體發表嚴正的聲明抗議這次遊行，值得注意。見日日春協會，2000: 36-38。

第五章

性別現代化與性的文明化：
國家女性主義的性變態想像

兩性平等與「聖后」整體性

> 窗外濛濛發光
> 彷彿新世界即將破曉
> 人們將不再砍殺或欲奪
> 他們的雙手將用於撫慰[1]

　　1998年3月，就在陳水扁廢除公娼所引爆的婦運路線之爭的不久之後，台灣國家女性主義舵手劉毓秀，在名為「婦女權益行動年」[2]的第三屆全國婦女國是會議上，以這首她作的詩，帶出她在該會上發表、題為〈去商品化，公私融合，及平等歡愉負責的性愛與親情〉的論文。這首詩意境恬靜祥和，隱約表達了女性主義者樂觀的願景，指向一個以母性慈愛照顧替代了父權侵略的新紀元開展：在那個不遠的未來，兩性平等為一切的準則。劉毓秀的論文將婦女運動定位為對法國大革命《人權宣言》所開啟之現代性進程的挑戰，宣稱此進程所展現的，全然是資本主義與父權體系聯手對勞動階級與女人無止盡的宰制。尤其特別的是，劉文將台灣社會的性別壓迫歸咎於公私領域裡的女人客體化：父權家庭壓榨女人的生育力以及照顧／家務工作，而晚

---

1 劉毓秀，1998a。
2 見〈第三屆全國婦女國是會議行動宣言〉，1998。

期資本主義社會裡不斷擴張的色情市場，更大幅將女人商品化成為性客體。對此，劉毓秀以她一貫的學術運動模式，條列了需用公權力介入的要務（而這正是她的女性主義特別之所在）。因此，除了提倡女人與國家合夥、北歐福利國家式的公私融合之外，劉毓秀還力陳以教育和法律介入改革兩性不平等之迫切需要，因為現行的兩性關係在劉毓秀看來，深刻地被充斥台灣的色情交易文化所扭曲。因此，「去工具化」和「去商品化」為實現性別平等社會之關鍵，而根據劉的說法，在這樣的兩性平等社會裡，人人才得以自在享有歡愉的親密關係。值得注意的是，劉文在下面一段話，指涉了自1990年代中期以降由何春蕤與卡維波[3] 等女性主義異議份子所倡導的性解放／酷兒運動，以進一步申述親密關係的意義：

> 性應被視為親密關係的一環，應受強調的並不是毫無條件的性，而是性的正面力量，與歡愉自在的親密關係。因此，壓抑性固然不對，但是只強調性，或過度強調性，以致忽略性與其他因素的衝突或共振，也不足取法。我們應該瞭解，性和身體牽涉著整個人，以及整體社會；性和身體的解放措施，必須放在整個人和整體社會的大架構中來看，才不至於顧此失彼，以致越解越結或導致解體。[4]

劉毓秀對性的顧忌顯然蓋過了她想展現某種有別於禁慾式女性主義的開明立場。在將酷兒運動對性公義的追求化約為「只要性」的情況下，劉毓秀強調，「性」必須被她所設想的整體所統合，否則「過度強調性」會引發崩解文明社會秩序之大災難。換句話說，這個和國族女性主義實踐相關的整體性，在這裡似乎暗示了必須建立在壓抑那個

---

3 關於性解放立場的理論基礎表陳，見甯應斌，1997。

4 劉毓秀，1998a。

被賦予負面意義的酷兒性（queerness）之上。

劉毓秀所主張的性別政治不僅對女性主義公共領域的建立扮演了關鍵性地位，同時也確立了台灣近年來國家女性主義的霸權優勢。這位自1980年代晚期婦女運動興起以來，即長年投入婦運、以女性主義精神分析理論見長的台大外文系教授，分別在1994年到1995年以及1996年到1997年間擔任台灣女性學學會的理事長（該會於1993年創立），而她在該學會任期內，催生並編輯出版了《台灣婦女處境白皮書：1995》（1995）和《女性，國家，照顧工作》（1997b）。這兩本書可視為台灣國家女性主義發展初期的確切宣言，因為它們將台灣的性別壓迫歸根於父權家庭讓女人承擔無償家務工作，同時強烈主張國家介入家庭「私」領域，以療癒長期以來的性別不平等，將台灣的父權資本國家轉變為北歐模式的「母性」福利國家。這個在台灣1990年代歷史環節上對福利國家的女性主義索求，可理解為台灣在冷戰期間快速與不均工業化發展下所形成的一個歷史矛盾，而這個矛盾也就是韓國女性主義者趙惠淨所觀察到普遍於東亞的「壓縮現代性」（compressed modernity）[5]。台灣的女性主義研究顯示，冷戰結構下的社會文化變遷是如何造成1980年代職業婦女作為一新興階級的出現[6]，以及在所謂「三代同堂」逐漸大幅度被核心家庭結構所取代的社會情境裡[7]，這個新興階級的中產女人發現她們的角色與束縛於私領域、家庭裡傳統女性角色產生矛盾衝突。這股矛盾力量正式內爆於1990年代，當劉毓秀等職業婦女（又名為，冷戰背景下受高等教育的女性知識份子）初次得以掌權進入台灣戒嚴後的國家公民體制之時。

由於中產婦運和1990年代台灣以民進黨為首的反對黨選舉政治的密切歷史關連，劉毓秀的性別政治很快地就在當時陳水扁擔任台北市長的台北市裡找到了發展的平台：在1996年她正式成為台北市政府所

5 Cho 2000.
6 有關1980年代台灣新興職業婦女的情感結構在小說中的精準分析，見Ding 2010，以及何春蕤，1994b。
7 針對女性主義立場關乎三代同堂的傳統家庭的分析，見胡幼慧，1995。

設立「台北市政府婦女權益促進委員會」的委員（而此種委員會的設立是台灣官方的首創），替陳水扁施政時所強化的掃黃與廢娼背書。同年，一件兇殺案深刻影響了劉毓秀的女性主義實踐：1996年11月30日，一個長期活躍於政壇的婦運健將、民進黨（當時在野）婦女發展委員會執行長彭婉如被姦殺死於高雄。她死亡的悲劇震驚了台灣社會，特別是婦女運動成員們甚感悲慟，紛紛起而悼念痛失這一位自1980年代晚期即全心投入婦運的姊妹：她積極在黨內運作，決心要讓更多婦女參與選舉政治，以確保婦女在候選人名單裡面至少佔有四分之一的名額。彭婉如之死立即引發守夜與遊行，形成一股保護女性免於性暴力的聲浪，在台北由婦女運動者所舉辦的、前所未見的晚間大遊行更急切地標示出當時婦女人身安全的問題。當婦女運動哀悼痛失姊妹之時，女性主義者將悲傷轉化為戰鬥力，並訴諸公權力以矯正台灣婦女長期遭遇的性傷害。在社會高度關注婦女人身安全的氣氛下，女性主義的訴求很迅速地得到了國家的回應。在彭婉如案件的效應下，1997年原本被國會擱置已久的《性騷擾防治法》旋即通過立法，另外重要的是，同年分別在教育部與立法院則有性別平等委員會以及行政院婦女權益促進委員會成立。

同時，非官方民間團體「彭婉如文教基金會」於1997年創立，由劉毓秀擔任董事長，致力於推動婦幼人身安全。此基金會的重點在實施性別平等教育、動員家庭主婦參與社區治理、提供幼兒托育照顧網路，同時也透過這樣的網路提供婦女就業機會。它的另一個更重要的使命則是推動立法改革以保障並保護婦幼權利，特別是使其免於危險性犯罪侵擾，於是，彭婉如基金會快速與其他保守的婦幼福利非官方組織（包括婦女救援會、勵馨基金會以及終止童妓協會）[8] 結盟，形成一個強大的反娼／反色情集團。除了反對妓權運動外，此集團更是施壓力促行政立法以保障婦幼遠離「不好的性」。由於女性主義者的

---

8 見何春蕤，2005a；2005b文章中精湛的歷史分析，在其霸權形成的過程中，特定法律如何生成並演化。

介入，1990年末期的台灣同時也形成了一個新的法律場域。繼1997年立法的《性騷擾防治法》之後，《刑法》增加了妨害性自主罪的新章節，1999年《刑法》關於妨害風化罪的修訂則明令全面禁娼、加重公然猥褻的懲罰，以及對新興傳媒上散播色情嚴加管制。影響所及，在新的兩性平權架構下，法律表面上賦予台灣人民性自主來防堵性侵害，但這個新的性自主同時也被用來抵禦敗德色情入侵。[9] 誓言替彭婉如「堅持走完婦運的路」[10]，台灣女性主義者成功地（至少部分而言）將性別平等意識注入一個以男性為主要宰制力量的社會、以父權為運作基礎的國家。

2000年民進黨候選人陳水扁贏得總統大選後，國家女性主義正式構成了新台灣國家性別意識形態的重要部分。作為民進黨政府下台灣新國族的「哲學女王」（Philosophy Queen）[11]，劉毓秀確立了平等性別關係的倫理架構，並為民進黨政府於2004年出版的婦女政策白皮書奠定了哲學基礎，而這基礎則是奠基於一個她稱之為「建立萬物平等共生之整體性」。[12] 這樣整體性的假設因此構成了性別與性平等得以實現的不可或缺條件：基於互相尊重與互為主體關係的理想，每個人都能夠而且享有「歡愉的」親密關係。然而這裡所謂的每個人，是不包括娼妓和酷兒的，因為「聖后」整體的涵蓋邏輯運作必然得進行先行排除的動作。

本章企圖追溯國家女性主義主體形構的歷史進程，顯示一個對女性政治家的哀悼如何逐漸演變成為後解嚴時期重新打造國家的女性主義大計。我將把女性主義的福利國家女性主義想像的形構座落於1990年代的台灣女性主義與酷兒政治脈絡下，點出國家女性主義所追求的

---

9 見第三章對1999年犯罪法修訂的分析。

10 這段句子摘自《彭婉如紀念全集》第三卷的標題，見胡淑雯等，1997。

11 劉毓秀在一場重要訪問中使用「哲學女王」一詞，而該篇訪談被視為是台灣國家女性主義之理論敘述，參照李清如、胡淑雯，1996: 23。對於劉毓秀在這篇訪談所佔據的女性主義知識份子主體位置的深刻批判，見Ding 2000。

12 劉毓秀，2004。

公益之內在階級矛盾，並進一步闡釋劉毓秀的國家女性主義大計，如何被她的（極為異性戀正典式的）慾力或力比多政治（libidinal politics）所驅動。特別的是，我將聚焦於劉毓秀的兩篇精神分析論文，〈文明的兩難：精神分析理論中的壓抑及其機制〉[13] 與〈後現代性產業的慾望機制，及其與後現代論述及後期資本主義的關連〉。[14]這兩篇以精神分析為理論架構的論文之特殊性與重要之處在於，作為90年代台灣女性主義政治脈絡的歷史產物，這些論述呈現了劉毓秀如何用力比多政治的觀點來介入情慾現實，不僅用來規範國家女性主義者作為慾望主體所能從事、正當的性，同時也回應來自酷兒（或者更明確的說，是性／別運動）與妓權對主流婦運的挑戰。值得注意的是，劉毓秀的精神分析理論既是她對父權的認知論，同時也是顛覆父權的方法論。劉毓秀對精神分析理論的投注，在於她企圖用女性主義觀點來解構這套被認定為父權思維產物的語言，以透徹理解父權心靈的操作機制。[15] 她把精神分析當成拆解「主人」房子不可缺的利器，因此，精神分析在她的國家女性主義大計裡成了知識根基。再者，由於劉毓秀積極介入解嚴後台灣公民社會的形構過程，她的影響力遠遠超出象牙塔，這位英文系教授常在報紙上發表文章，透過她在精神分析知識領域裡的反思與應用，發表她對性的（通常是性所帶來的危害）關注。她的論述因而構成了一個相當特別且重要的女性主義知識場域；她的女性主義精神分析形同一套正常化的技術，用以支撐她「忌性」的性別政治。就這些面向來說，劉毓秀的論述所生產出來的性別主體，可視為台灣特殊歷史環節裡的性部署之重要一環。

　　而在這性部署的過程裡，非常關鍵的是佛洛伊德觀點所理解的性

---

13 劉毓秀，1997a。我以下的分析將針對劉毓秀1997年寫的英文論文，收於劉毓秀的專書*The Oedipal Myth: Sophocles, Freud, Pasolin*的第二章（1999a）。此英文版對於國家女性主義所界定的女性特質（femininity）有較多著墨。

14 劉毓秀，2002a。

15 劉毓秀，1997a: 41。

變態——也就是溢出婚姻生殖常模的性——是如何在過去十年來，在國家女性主義霸權興起與兩性平權的脈絡裡（借用傅柯的話來說）被「植入」[16] 台灣。在劉毓秀用精神分析語言所接合出的社會—象徵秩序裡，性變態在性別上被認定是陽剛的，而台灣90年代興起的酷兒和妓權運動，正是透過這陽剛的性別屬性及其被賦予的負面性而表意的。本章的關切並不在於劉毓秀所援用的精神分析理論是否得當，而是企圖顯示，她如何以高度保守道德的方式，將佛洛伊德／拉岡具顛覆性的性變態理論接合到她自己的反娼妓論述，以及這樣的性部署在效應上如何生產了具有在地特殊性、溢出原有精神分析理論框架下的性變態主體位置。另一方面，雖然本章並不企圖對劉毓秀論述作出全面的精神分析，但是我仍依據她的論述裡主要的徵候與邏輯，以李·艾德曼在 *No Future: Queer Theory and the Death Drive* (2004) 一書中精神分析式的酷兒倫理，發展作為我批判敘事的軸線。而這個國家女性主義的主要徵候就是，在劉毓秀以歇斯底里為典範、將之本質化成為女人的正常性相時，她也將自己認同為歇斯底里女人。而有意思的是，精神分析告訴我們，歇斯底里病症的主要源由正是性壓抑。

接下來，我將首先檢視劉毓秀如何透過彭婉如基金會運作來落實女性主義實踐，以及顯示劉毓秀如何賦予國家女性主義主體一個符合常規的性，這個性同時也標示了女性主義者至善與單偶理想之間的緊密連結。最後，我將分析劉毓秀對酷兒與娼妓的嚴厲批判，顯示這些被詆毀的主體如何逐漸被形構成為文明裡的死亡驅力，成為入侵女性主義象徵秩序的負面性。以下所要敘述的故事便是，國家女性主義的歇斯底里主體如何付諸行動，透過壓抑來避開她自己對性的嫌惡，以及她又如何佔據了母性超我（maternal superego）的位置來建立整體的「聖后」道德秩序。

---

16 Foucault 1990 (1976): 36.

彭婉如文教基金會與女性主義社區打造

劉毓秀的福利國家想像在過去幾年間已透過彭婉如文教基金會（總部在台北，其他辦公室散落在台灣各地）的工作達到實踐。一開始因彭婉如命案的關係著力於社區治安，現在致力的方向在「五大社區照顧福利系統」，包括社區保母支持系統、社區自治幼兒園、社區學童課後照顧、社區兒少暨家庭支持服務以及社區居家服務系統[17]，可以清楚從系統設計看出，兒童與青少年的身體是福利國家照顧的主要關切對象。對劉毓秀而言，彭婉如文教基金會關注的社區治安與社區照顧體現了一種國家女性主義所致力實現的社會理想，其理由摘要如下：

1. 社區主要由當地居民共同經營與治理，提供符合當地特殊需求的多樣服務。因為服務提供者與使用者皆來自於同一社區，就如同大家庭一樣，基於社區互惠共享的原則，服務品質也因此能夠長期維持。

2. 社區由男人與女人共治。並且，因為女人在照顧工作上面的經驗與敏銳度，更突顯出她們在社區治理不可或缺的重要性，她們的貢獻將大大增進服務品質。

3. 服務收費合理，對家庭經濟困難者還有打折。以社區學童課後照顧為例，普遍需求量大的照顧服務同時能夠降低運作成本。同時，服務品質需維持在中產階級可以接受程度，這樣每個小孩所接受的高品質照顧才能讓他們日後變成高素質且兼具平等意識的國民。

4. 社區照顧系統的去商品化。社區照顧系統既非營利事業，使用者因而得以用成本價「享用」系統。社區照顧系統使得原本只能在私領域取得的服務可在公領域互享，也就是說社區照顧工

---

17 劉毓秀，2002b: 2-3。其中社區居家服務系統的服務對象也包含老人以及失能者的照顧。

作得到充分的公眾／社會資源，另一方面，社區照顧同時能夠
提供基本的生活條件，藉以支持每戶家庭之運作。

5. 這個社區福利系統創造就業機會。舉例來說，社區學童課後照
顧提供雙薪需求家庭的主婦們有機會可以在社區工作。彭婉如
基金會一方面供給婦女們課後照顧師資訓練，一方面也供給她
們非剝削性的薪水。[18]

劉毓秀相信，上面所闡述的社區生活若能夠完全實現，台灣將變成一
個更好的地方，而這樣的社區將能凝聚台灣認同，使之成為一個生命
共同體，進而體現一個「老吾老以及人之老，幼吾幼以及人之幼」的
大同社會。[19]

　　在此我欲提出幾點關於這個福利想像的階級政治和社會控制問
題。首先，非常重要的是，劉毓秀的福利國家想像座落在1990年代台
灣的脈絡下，當時台灣開始從東南亞包括菲律賓、印尼、泰國、越南
等地引進移工從事家務工作，劉毓秀極力抨擊政府引進「外籍勞
工」，並呼籲政府立即終止這項「飲鴆止渴」的新政策，指責政府沒
有善盡福利國家職責，同時也未將就業機會開放給本國人民，甚至還
加入跨國剝削勞工之行列，劉毓秀警告這將帶來「毒瘤般」新的社會
問題，例如外籍勞工引進台灣將引發階級和種族衝突，並舉德國境內
種族問題來闡釋她的論點。她如是寫道，「我們應該知道，種族和階
級問題，是國家政治問題中最難纏的問題。我們有必要去惹這個麻煩
嗎？」[20] 同時，她也主張中下階層人民缺乏足夠的語言及社會資源去
雇用菲律賓家務傭工，因而這項政策將加深台灣現有的階級衝突，她
堅稱解決問題的辦法應依循北歐國家的社會福利政策，而在這樣的國
度，（她在另一篇題為〈娜拉的後代〉文章中語帶欽羨地說）「不僅

18 劉毓秀，1999b: 83-84。
19 劉毓秀，1999b: 84。
20 劉毓秀，1996a。

沒有外籍女傭，更且根本就沒有『傭人』」。[21]

　　雖然劉毓秀確實指出全球資本化脈絡下剝削跨國勞工的問題，也點出台灣政府為解決東亞壓縮現代性生成的階級矛盾，所採行之短線操作。然而，事實上，她的女性主義不過是在規避種族與階級問題，而如此欲將階級問題置之不顧的行為，更可從彭婉如文教基金會試圖將家務照顧重新定義為「服務」而不是「工作」之舉中看出端倪。因此，家務工作做為服務已不再是雇主與員工間的關係，而是服務提供者與使用者之間的關係，也就是《婉如之友季刊》裡頭清楚指出的，「彼此之間沒有尊卑貴賤，只是需求不同」。[22] 然而如此撇清關係的舉動不過是平等意識的中產婦女對於這些與家務勞動相關的汙名採取主動遺忘。根據丁乃非脈絡化的歷史分析，與家務勞動相關的汙名生成往往與性工作有密不可分的連結，而中產婦女的主動遺忘不僅對於台灣外傭普遍剝削現象視而不見，也拒絕將性工作合法化。[23]

　　接著，我將探討劉毓秀的想像社區裡的社會控制問題。第一，雖然這個社區福利計畫看來瓦解了既有核心家庭的疆界，然而實際上它是透過社會力來重劃家庭：一個像母親一樣的保母踏入母親因為工作而缺席的家庭。彭婉如文教基金會把其所提供的照顧服務形容為「婉如／宛如母親」，不是沒有道理的。而在基金會努力朝中產母親的標準看齊的時候，我們發現，不是每個母親都具備足夠資格扮演母親的角色，例如，那些以前當過公娼的媽媽。第二，孩童照顧被視為家庭控制的延伸。劉毓秀自己提出來的理由是將這種大家都可以負擔的學童照顧服務普遍植入並擴及到經濟狀況不佳的中下階層家庭，而她的

21　劉毓秀，1997d。

22　季刊編者，2001。

23　見丁乃非，2002a。吳永毅的一個重要移工研究也指出，在台灣雇主家被嚴格監控而被剝奪自身空間和時間的家務移工，甚至不是被現代資本主義體系下的契約關係所剝削，而是被當代漢人種族中心論所更新的前現代奴役制度所壓迫。另外，他也引用丁乃非來論說1990年代的「現代妻」在雇用移工服侍公婆之後，地位隨即提升為「現代婆」的管理位置。他認為，契約婚姻中的兩性平等作為一種中產理想，是建築在台灣對移工奴役狀態剝削下而進展的。見吳永毅，2007。

假設前提就是中下階層的家庭對小孩疏於照顧，因此孩子易受「既方便且時髦的價值」影響而誤入歧途。[24] 因此，社區學童照顧使得宛如母親般的保母得以覺察出可能誤入歧途的孩童或青少年，透過知識／權力結合之下，同時實施心理衛生諮商輔導以監控莘莘學子。[25] 在解釋青少年心理衛生諮商輔導的功用時，劉毓秀再清楚不過地強調這個論點：

> 社區兒少心理衛生及諮商支持系統：搭配社區課後照顧、社區自治幼兒園（托兒所）及保母支持系統進行，由專業社工及輔導人員負責，提供一至三級的預防教育及個案輔導、通報與轉介。社區的兒少心衛支持系統是家庭功能薄弱時代的必要措施，妥善與其餘托育系統及相關醫療、救助、（家暴等）防治措施配合，可以達到早期處置，預防中輟、犯罪、身心疾病等效果。[26]

這個段落清楚指出這項社區福利照顧系統在家庭功能漸趨微弱的當下乃是迫切需要的措施，且透過社會醫療的方式來運作。何春蕤曾闡釋近年來台灣透過《兒童及少年性交易防制條例》針對青少年、兒童所作的社會規訓[27]，而劉毓秀所倡導的福利社區與監控單位之間密不可分的連結，某個程度而言顯示社會控制已透過新手段得以確立並進入台灣自由主義。另一個重點是，劉毓秀的主體說話位置同時使她的社區政治變得可能，這也關鍵地實踐了她理想中、賦有聖王道德特質的「老吾老以及人之老，幼吾幼以及人之幼」的社會／政治秩序。

在一個重要訪問中，劉毓秀解釋了她如何招募家庭主婦，讓她們

---

24 劉毓秀，1999b: 82。

25 參照第一章分析因心理衛生而教養出的性常模（sexual norm）。

26 劉毓秀，2002b: 3。

27 何春蕤，2005b；Ho 2005a。

離開廚房去參與社區事務。由於認知到父權家庭的正當性已深深嵌入婦女意識而不易撼動，她的策略是透過「做她們認為對別人、也對自己家庭最好的事」[28]，動員婦女們的「母性」來說服婦女踏出家庭並參與公眾事務。重要的是，在追求這個女性主義之善時，劉毓秀訴諸於精神分析論述以接合出一種專屬於正規女性性相的愉悅，並以此愉悅驅使、驅動國家女性主義主體去做照顧工作。接著，我將檢視劉毓秀如何在她的論文〈文明的兩難：精神分析理論中的壓抑及其機制〉裡，批判變態的陽剛性相，以建構那正規的女性性相。

「性批判」：單一性伴侶的情慾政治

劉毓秀的〈文明的兩難：精神分析理論中的壓抑及其機制〉最初發表於台灣女性學學會在1996年舉辦的「性批判」研討會，並於次年的《思與言》的「性批判」專號中出版。劉的這篇文章可視為台灣主流婦運對自1990年代中期開展的性／別解放運動的重要回應。何春蕤在1994出版的《豪爽女人》將婦女運動與性解放做了連結[29]，而這個勾連讓許多包括劉毓秀在內的大多數女性主義者無法認同，於是她們紛紛將自己定位為「情慾自主」的「性批判」立場，聲稱在父權體制沒有消滅以前是不可能有真正的性解放。[30] 的確，在該特刊的導論裡，客座編輯黃淑玲特別強調了劉毓秀這篇論文對女性主義推動改革兩性關係的重要性，指出劉文清楚說明了男女在「性」上的根本與絕對差異，而這「正是性解放不適宜作為婦運現階段性慾政治的癥結所在」。[31]

而劉毓秀的此篇論文所處理的「壓抑」主題似乎更是針對性解放

---

28 李清如、胡淑雯，1996: 22。

29 何春蕤，1994a。

30 顧燕翎，1997。

31 黃淑玲，1997: iii。

的命題而發出。她在佛洛伊德、拉岡與克莉斯蒂娃（Julia Kristeva）的理論架構裡，說明個體如何因為閹割情結作用和伊底帕斯情結的壓抑，以及這個亂倫禁忌的壓抑所生成的潛意識心靈活動是如何在快樂原則（the pleasure principle）和現實原則（the reality principle）的統攝下，透過初級作用（the primary process）驅動理性思考的次級作用（the secondary process），而在父權象徵秩序裡再現為慾望／言說的性別主體。劉文論證，在陽具被設定為優越意符的象徵秩序裡，由於母親對陽具的慾望使得她易於迎合兒子的需求，而這溺愛使得男孩的前伊底帕斯時期的壓抑（其所壓抑的是母子一體共生、立即滿足的幻覺）較女孩來得晚且不完全，因而促成了男孩的自戀自大。另一方面，由於伊底帕斯情結的壓抑，男孩較女孩有強固的超我與自我，使得男孩較善於運用現實法則。根據劉文的說法，男人缺乏「現實感」與擅長運用現實法則的互相加乘，造成了男人為追求快感滿足而不斷征服、改變與宰制包括了劉毓秀所謂諸如女人、大自然與社會的「客觀現實」，而男性侵略、施虐與本質為變態的男性性相則造就了現今文明發展階段的難題。相較之下，劉毓秀聲稱，女人的性相就來得深情、體貼與慈愛，並進一步援用歇斯底里和強迫型神經症這兩個精神症狀為典範模式來解釋男女在性相上的根本差異。她特別引用佛洛伊德對這兩個精神疾病的區別所做的觀察，聲稱：「女人『緊緊抱住一特定客體』而且她的原慾『從未擴散到整體的自我格局上』，而吾人發現在男人身上『正是如此一般的擴散：一種鬆綁掉了的客體關係、一種在面對客體選擇時的置換關路（facilitation）』」。[32] 如此男女的差異，就是雜交／濫交式的男性性相對照於單一性伴侶式的女性特質。[33]

　　劉毓秀對男性性相的論點關鍵處在於她宣稱，「男性心靈的發展

---

[32] Liu 1999: 137，我的翻譯。

[33] 劉毓秀，1997；Liu 1999。

過程偏重自我灌注（ego-cathexis）、壓抑客體灌注」。然而，在劉文的解釋裡，何謂「適當」的客體灌注卻是異性戀正典心態所預設的，而這可以清楚從下面她談論男孩伊底帕斯壓抑的這段話看出端倪：

> 男人壓抑的是對母親／女人、也就是壓抑那個離自我最遠客體的客體灌注。因此，發生在男人身上的壓抑所潛抑的是最先進形式的客體灌注，其所壓抑住的，是那能讓男人離開自我（本位）而去接觸他者的可能性，也就是由於明顯生理差異、能讓男人絕對明白不是他自己的他者。因此，驅力的能量就這樣從最為異質的所有可能客體上移開，而保留於（男性）自我，甚至退化到較早期的變態灌注形式……[34]

這段話最大的問題在於，劉毓秀把性器官的差異當成完全他者的表意。我們注意到，性別差異是如何在這裡從「明顯生理差異」（也就是男人得以定義之異他性〔alterity〕），滑向「最為異質的所有可能客體」的這個過程中彰顯其意義，而這個性別差異意義的浮現，則必須架構在客體對象為相同性別——如自戀以及同性戀——的排斥上。麥可‧華納（Michael Warner）曾為文批判了這種異性戀思維。他論證，鑲嵌在現代西方性／性別意識形態裡的正典精神分析論述將性別等同於異他性，在目的論的正典心性發展的敘事中，將同性戀病理化為停滯於自戀階段的性相，並在這個過程中，一併置換掉了其異性戀者自身理想自我（ego ideal）賴以形構的自戀機制及其對根本異他性的排除。「性別」，他寫道，「就是差異本身的現象學」。[35] 舉例來說，男同性戀在劉毓秀的性想像裡成了被她所珍視的女性客體灌注之負面對立。[36] 如果說，根據拉岡的說法，孩童依陽具的有無而在象徵

---

34 Liu 1999: 135，我的翻譯。

35 Warner 1990: 200.

36 Liu 1999: 119.

系統裡佔據性別化的主體位置，又，假使陽具作為優勢意符的同時也一併作為父親禁制壓抑孩童回到母體的變態客體灌注，那麼陽具作為父的功能在劉毓秀的想像裡則成為不可或缺之必要。[37]

在把男性性相視為多樣變態的同時，劉毓秀極力撇清女性性相裡的變態，並進一步把女孩對父親的愛解釋為「最為純粹的客體灌注」。[38]而當這異性戀式的愛抵銷了女孩原初自戀以及隨之而來的侵略性時，劉毓秀也同樣堅決否認這種侵略性的自身反溯構成了女性自甘受虐的性相。的確，不論施虐或受虐的性癖，在劉毓秀看來都是專屬男人的變態。在此，劉毓秀特別引用路易斯·卡普蘭（Louis Kaplan）的實證研究來說明「正常女人不是受虐癖者」，並進一步聲稱，受虐慾只不過是出自「模擬女性情境的父權觀點想像」，而且力陳「在表意的軌鍊上和象徵化的過程裡，女人先是被男人拿來使用、然後拷貝複製，而這就產生了男性中心的施虐受虐」[39]。巴特勒著名的性別操演論對這種女性主義的本質論曾提出過有力的批判。巴特勒以跨性別的扮裝來做例子，論證扮裝揭示了性別常模的結構，顯現出其偶發及其生理性別、社會性別與性別表演間看似劃一的關係。[40]對巴特勒而言，性別認同來自操演，而這個操演是個人在象徵體系、受律法所驅而對非男即女性這兩個位置的徵引。因此，性別演出既非單一也非可自由選擇的行動，而是一連串反覆的操演，而男性特質和女性特質正是透過這操演而體現產生。[41]

有意思的是，雖然劉毓秀悉知美國1980年代女性主義脈絡裡對女同性戀SM的爭辯[42]，但她還是強要去區分正常女人和性變態者（包括

---

37 劉毓秀是反對解除陽具所鎮住幼兒多重變態所執行的壓抑。

38 Liu 1999: 136，我的翻譯。

39 Liu 1999: 147，我的翻譯。

40 Butler 1990: 137.

41 Butler 1993。雖然巴特勒在這裡主要在解構自視為「原典」或「自然」的優勢異性戀將其同性戀貶抑視為劣等拷貝的說法，她對於模仿結構的操演的揭示，同樣有助吾人批判像卡普蘭與劉毓秀所展現的正典異性戀女性主義性思維。

42 這個爭戰起於80年代美國基進文化女性主義者以及女同性戀分離主義者指控實踐性愉虐的女同性戀社群

被認為普遍的男性受虐者以及「少數」女同性戀受虐者）的差別。在將性變態者解釋為全然受死亡驅力所驅使而逾越快樂法則，劉毓秀說道：

> 由於正常的女人不是性變態，她不像受虐者一般只是一味追求痛苦和虛無。她所緊緊抱住的是，她在社會、文化及生理介面所能產出或獲得的任何意義，而這個意義當然是越豐富、越快樂越好。但如果她所能獲得的唯一意義是羞恥和痛苦，她也只能認命，雖然很明顯的——而這裡的前提和前面所述的一樣，也就是她本身不是變態——假如她能獲尋羞恥／痛苦之外的意義的話，那麼她一定會很樂意這樣去做。[43]

然而，為了符合佛洛伊德把死亡驅力視為於內在人類心靈結構的理論，劉毓秀不得不承認，女性性相是有那麼一點點變態的成分，但卻跟男性變態大相逕庭。[44] 死亡驅力是如何在正常女人身上運作的問題，在我下面分析劉毓秀如何藉死亡驅力接合出娼妓汙名時，會有詳細的討論。在這裡，我想先引美國酷兒理論家李·艾德曼對死亡驅力深具啟發性的闡述，來帶出我要討論的面向。在他解釋拉岡對死亡驅力的重新詮釋時，李·艾德曼區分了兩種經由死亡驅力迴路所產生的痛／快（jouissance），一種是凝固身分認同的，而另一種則是消解身分認同：

> 作為幻想般逃離內在於意義的疏離，痛／快將它自己附著在一個認同所依附的客體上。在這個層次的意義上來說，痛／快所

複製父權思維與暴力。關於這個爭戰所引發的女性主義論戰與性愉虐倫理的深度精神分析探討，見 Merck 1993: 236-266。

43 Liu 1999: 148，我的翻譯。

44 Liu 1999: 148-149。

產生出的身分認同是僵化的；痛／快原本是來幫我們逃脫出（禁錮我們的）意義，但它卻在這裡起了侷限的作用。但是，就另一個層次來說，痛／快撕裂了構成人人所知的象徵現實內裡，破壞**每個**包括主體必然將其當成自己的客體的完整性，痛／快喚起的死亡驅力總是堅持作為內在於主體和屬於主體的空無，以超越主體自身的幻想與主體的自我實現、超越快樂法則。[45]

我接下來要顯示的是，劉毓秀所謂的歇斯底里正常女人在她尋求幸福的過程裡（也就是她所「緊緊抱住」的意義）是如何僵化掉身分認同，以及這僵固的身分是如何更進一步延展為整體認同主張，以極力抵禦李·艾德曼所提的另一類痛／快。由於幸福快樂是全然主觀的，正如同佛洛伊德在《文明及其不滿》裡所告訴我們的[46]，況且以他人的名義去談幸福快樂極不符合倫理，我在此最多只能去追溯劉毓秀的論述與女性主義實踐裡的表意鎖鍊所產出的幸福意義。

在劉毓秀所描述的象徵體系裡，正常女人所擁有、在性事上而言唯一的能動性，就是她所說女人「緊緊抱住」「那個在表意的鎖鍊上所達成原初滿足經驗的成功替代」[47]，而這正常女人所擁有的唯一愉悅，似乎只有從「神經支配」的歇斯底里症狀上獲取的身體知覺。歇斯底里女人滿足於她所擁有的，而且從不計較地接納她的客體。劉毓秀同時也引用拉岡，把歇斯底里的神經支配當成所謂「超越陽具之外的愉悅（jouissance）」[48]，並聲稱：「女人的性對於男人的性因而是不無滿足的，而且，實質上也比男人的性更自足、更不須依賴實體的

---

45 Edelman 2004: 25，我的翻譯，粗體字為原文強調部分。Jouissance作為「痛／快」的譯法來自台灣學者葉德宣。

46 Freud 1985 (1930).

47 Liu 1999: 148，我的翻譯。

48 Lacan引於劉毓秀，1997a: 78。劉毓秀把jouissance翻為「愉悅」。

對象。」劉毓秀甚至強烈指出，女人自己沒有性方面的問題；她的問題全來自男人的侵略性。值得注意的是，雖然劉毓秀極力以歇斯底里、正面性地來解釋女性特質，她最後卻被她自己的邏輯逼著承認，如此自足、不求變的女人和女性主義所尋求的變革，在終極意義上是不搭嘎的。[49] 儘管如此，她還是提出了一個以歇斯底里為典範的女性主義改革方案。

　　劉毓秀所提出的方案的第一要務，便是藉由法律改革的推動來建立較為強固的女性自我以及超我，而這包括了像是撤除女人從夫居的法律、讓「所有女人成為權威和責任的繼承者」。[50] 同時，她也力勸女人不要陷入陽具崇拜的陽剛情結以及所有「陽具崇拜對生理女性的歧視」，所以對這個改革方案很重要的是要選擇接受女人現有的潛意識。[51] 在女人被賦予權力後，劉毓秀所期待的是女人以「客體灌注和身體愉悅的方式將權力轉為驅力，施諸他人和自己。」[52] 另外，她同時也主張，要預防女人用權力來「自虐互虐」。[53] 至於男人，劉毓秀主張，由於男性侵略慾的肇因正是嚴厲超我所執行的強固壓抑所形成的男性強固自我，所以改革男人心靈的唯一方法，是減低而不是解放男人的伊底帕斯情結壓抑，因為如果僅單方面解放後者，父權只會「赤裸裸的展現出來」，「導致更多的侵略、失能、變態和精神疾病」。[54] 劉毓秀再三強調，性別改革非得用弱化男性超我「這條看似

---

49 劉毓秀主張女性不求變的主要原因是因為她有著較強的「現實感」。令人深思的是，在劉毓秀的提法裡，女人心性所認知的「現實」似乎完全不需經由快樂法則中介而總已存在，也就是說，她所謂的「現實感」是沒有慾望的。

50 Liu 1999: 154.

51 Liu 1999: 155.

52 Liu 1999: 155.

53 劉毓秀，1997a: 81。在這裡，可以引一段劉毓秀在提倡福利國家與專業照顧工作時的發言，作為對照：「台灣在解嚴、解除高壓的父權國家統治後，一骨碌栽入眾（男）人爭奪權力的新情境。一般男性——以及越來越多的女性出於反制與模仿而獲得——的侵略性，和此侵略性於兩性之間、人與人間造成的惡性競爭，以及對於大自然的無節制剝削，無疑是今日台灣社會必須設法解除的亂源。」（劉毓秀，1997b: 52，粗體字為我所加）這些越來越多的認同陽剛性別的女人（如豪爽女人、公娼、妓運份子），在劉毓秀的想像裡都是變態而需要教化的。

54 Liu 1997a: 82. 在聲稱男人女人都不需解放／解除他們的伊底帕斯壓抑的同時，劉毓秀所堅持的「這條看

迂迴的路線」，藉由女性主義觀點的法律改革，訂出更加限制傳統男性不良行為的法律來達成。她說：

> 進一步來說，對女性權威的承認可以增加女性客體的吸引力，而這可以促進男性客體灌注模式的改變。現有的男性客體灌注模式，也就是「客體選擇置換的闘路」，便可以倒轉過來，如此我們當可以期待男性更能夠珍視特定的女性客體，而且能對她更為忠實。[55]

這，就是台灣國家女性主義舵手所提出兩性平等新世界的願景！很清楚地，劉毓秀透過心理動力語言所形構的改革計畫的整個重點，在於建構能夠跟男性自我平起平坐的女性自我。在選擇接受現有象徵秩序裡形構的女性潛意識的同時，劉毓秀對其內涵的探討，也就是多重慾望潮流所產生的心靈衝突，非但置之不理，更不用提整個心靈賴以運作的幻想場域。的確，精神分析闡述的幻想——也就是它作為和性的產生無法分離的概念——是完全被摒除於劉毓秀的討論之外。而當「幻想」一詞出現在她的論述時，「幻想」總是完全指向男性變態體現之心理形式。相較於英美精神分析女性主義傳統裡所強調潛意識對建立穩固性別認同的挑戰[56]，劉毓秀所強調的強化女性超我／自我以及她所挪用的精神分析，無疑是比較接近強調適應正常社會的自我心理學。

　　令人深思的是，在劉毓秀性別改革的藍圖裡，女性的主體位置不

似迂迴」的女性主義路線所做的，說穿了就是繼續鞏固慾望異性戀化了的正典伊底帕斯／核心家庭結構。在這樣的架構下，劉毓秀要藉法律改革來建立女性超我／權威，如此除了一方面解除父權社會家庭對女性的壓制（suppression），同時也在另一方面增加對男性的壓制。根據劉毓秀的說法，這套外在的法律壓制機制有助強化女性超我與自我，同時也有削弱男性超我與自我的效果。見劉毓秀，1997b: 82。
而在〈後現代性產業的慾望機制，及其與後現代論述及後期資本主義的關連〉一文裡，劉毓秀則進一步勾勒出因性解放而使父權赤裸裸展現的文明崩解想像。詳見下文的深入分析。
55 Liu 1999: 157，我的翻譯。
56 Rose 1986: 7.

但穩穩地從歇斯底里／單一性伴侶的典範被接合出來，而且更被提升成為女性主義的文化理想。但諷刺的是，劉毓秀雖然主張走出父權文明的唯一方法是直接拋棄父權體制並挑戰它的權力架構，她卻「緊緊抱住」父權得以建立其上的根基，也就是家庭建制。更諷刺的是，劉毓秀自己就曾寫過一篇可說是台灣女性主義批判家庭制度最具批判力的論文。在90年代中期婦女運動推動《民法‧親屬編》的修法時，劉毓秀以文字付諸行動，發表了一篇題為〈男人的法律，男人的國家及其蛻變的契機：以民法親屬編及其修正為例〉的論文，清楚揭示家庭建制如何透過《民法‧親屬編》的法條來宰制女人。她以客家女性的身分道出她寫這篇論文的目的，透過自傳式的敘事，描述了當她在孩提時期初次領悟到，她所認同的祖母所行使的權力其實來自父權時，所感到的那種深沉震驚與羞恥，而這樣的知感結構又是如何深刻影響了她對婚姻家庭的體認與她日後的女性主義實踐。然而，即便她自身對婚姻制度的懷疑與憤怒，劉毓秀說她還是「受到人生的召喚而論及婚配」[57]，但是決心要跟像她一樣的家庭主婦討回公道。劉毓秀接著對《民法‧親屬編》進行結構式的分析與意識形態批判，精準顯示「女人」是如何在父權經濟體中表意為交換的符號，特別的是，《民法》看似性別平等的法條如何掩蓋了深沉的性別階序。而重要的是，她的分析顯示了這些法條是如何在「妻以夫之住所為住所」的規定下，組織成環環相扣的矩陣，剝奪女人的財產、規範女人的性行為、無盡壓榨女人的無償的性與家務工作、並最終將她囚禁於父權家庭裡。[58] 如果說劉毓秀直指父權家庭為奴役女人的強烈批判需要被認真對待，那麼也許我們有這樣質問的正當性，也就是，為什麼在這種情況下，劉毓秀還是終究選擇跟婚姻站在一起，而且還把家庭主婦優先作為國家女性主義的能動主體？

---

57 劉毓秀，1995: 10。這裡所說的「人生召喚」正是阿圖塞（Althusser 1971）所批判的國家機器意識形態及其生產（性別）主體的運作機制。

58 劉毓秀，1995。

特別有意思的是，在高舉單一性伴侶為女性主義文化理想的同時，劉毓秀對拉岡所說的「兩性關係並不存在」（按：英文翻譯為 "there is no such thing as sexual relation"）深深感到尷尬。[59] 這個拉岡的格言出自在他闡述女性性相的第二十講，而劉毓秀則把它解釋成所應該有的真正兩性間平等關係之不存在：兩性關係都是全然由男人主導，透過前述男性特質裡同性－自戀的方式，從象徵系統裡所佔據陽剛主體位置上投射出來的。[60] 劉毓秀的這個詮釋其實相當有趣，原因不在於她的讀法正不正確，而在於她這樣讀所產生的論述效應。[61] 根據拉岡的說法，這常被誤讀而狼籍名聲的格言所強調的是，任何性關係，不論是同性戀或異性戀，都非天生「自然」、未經過媒介而產生的，因為人作為會說話的存在體，必須在象徵秩序——也就是大他者（the Other）所在之論述場域——裡去佔據陽性或陰性的位置才能得以成為言說主體，而這個代價便是所有的性相（sexuality）都被意符所標誌而生成為欠缺（lack）。由於主體性是這樣由這種原初且永遠無法彌補的失落所構成的，在任何性關係裡，沒有所謂陰陽互補這回事，更不用提因為這種互補想要成就的完美和諧的整體性：「二」永遠不會合／和而為「一」。就這點來說，拉岡的理論徹底挑戰了一種根深蒂固的「兩性」的正典異性戀思維。而在另一方面，任何性關係都必然是藉由幻想、在「真實」的場域發生，而拉岡所謂的「真實」是指抵禦象徵系統和意義的那個創傷核心。拉岡研究者也指出，拉岡認為，男人在跟女人性交時，真正讓他「爽」（get off）到的，不是作為整體客體的女人，而是拉岡所謂的客體小他（object a）所帶出的「變態」式的幻想。這個勾引慾望源由的客體小他是給予嬰兒原初滿足經驗的乳房的替代，透過轉喻而體現為女人身體的任一部分，像是說話的聲音、體味或甚至氣質（aura）。雖說一般認為拉岡都把變態

---

59 Liu 1999: 155.

60 劉毓秀，1997a: 76，這樣的說法也見於1996b: 15。

61 以下對此格言的解釋參照了Dylan Evans (1996: 181) 對拉岡理論所做的精簡整理。

歸於陽剛特質，然而瑞格蘭（Ellie Ragland）指出，晚期的拉岡理論把變態從男性延伸到女性，把原先在拉岡性分化公式裡、放在女性欄的客體小他與變態做連結。[62] 就拉岡的理論架構來看，那個（劉毓秀所渴望的）真實、美好、和諧的兩性互補性關係不過是在想像秩序所形構的幻想，而這理想化了的異性戀式浪漫愛的原型正是那個前伊底帕斯時期的母子共生一體。[63]

因此，劉毓秀所建構的男、女性相——也就是性自足的歇斯底里的女性與變態濫交的男性——可以視為她在理論以及政略層次上對性解放的命題，所做出的明確的回應：性自足的女人不需要性解放，而既然女人在性方面的唯一問題來自男性的侵略慾，社會需要的反而倒是更多壓制、限制住男人的措施。的確，如同我在第三章所做的分析，90年代後期由主流婦女運動推動一系列有關於性法律方面的改革，其所依據的正是這種理性思維。

「穢思惡行」的後現代慾望

這個聖后文化想像的幸福世界裡，表面看來似乎所有需求都滿足，而索求也都得到實現。的確，若非有個淫穢的後現代狀態在威脅著劉毓秀所要的正常生活，像化外之物般持續侵襲著聖后文明，慾望這種東西根本就不需存在。在〈後現代性產業的慾望機制，及其與後現代論述及後期資本主義的關連〉這篇曾先後發表於女性學學會主辦的女性主義研討會，以及婦女救援基金會所舉辦防制青少女自願從娼的研討會的論文裡，劉毓秀對性解放和妓權運動提出了猛烈的抨擊，直指後者提倡她稱之為「穢思惡行」的權利。〈後〉文把這些被認為有問題的社會運動的理論基調回溯到後現代論述，認為以德勒茲

---

62 Ragland 2001: 113.

63 Ragland 2001: 101.

（Gilles Deleuze）、瓜達里（Félix Guattari）與克莉斯蒂娃為代表的後現代理論所力倡的，莫不是一種她認為慾望生產的去昇華政治，而此立論的效應正是模糊了需要與生產模式的根本關係。同時，〈後〉文聲稱，因為後現代論述致力於去除社會和道德枷鎖以尋求強化感官樂趣，後現代理論家和性解放運動於是與資本家同流合汙，造成色情市場版圖不斷擴張。

在「穢思惡行」大舉氾濫社會場域的情況下，如此後現代的情境塑造了一種新的心靈經濟體，進而生產了「電子生化人」這樣的新物種。根據劉毓秀的說法，作為高科技產品的電子生化人之所以異於人類，是因為其缺乏正常的心靈壓抑機制。缺乏意志力、自我控制和道德判斷力的電子生化人，本質上就是個只追求立即滿足的物癮者。為了進一步說明這種癮症，劉毓秀特別提出了她稱為「電子生化人的愛情故事」。這個愛情故事的場景設於被稱之為「魔域」的性產業，並且有兩個性別版本。女性版所說的是女電子生化人與她的物癮的情事——這物癮林林總總包括了讓她愉悅的消費行為，像是整型美容或上網——以及她如何為了要養癮而從娼的悲劇。另一方面，男性電子生化人則為佛洛伊德在《圖騰與禁忌》裡所描繪的原初父親之化身，形構為被解散了的部分驅力（partial drive）並將電子生化女人當成部分客體（part object）來取用滿足。在論證電子生化人的愛情故事是透過男性陽剛自我灌注、死亡驅力與後期資本主義共同編織出來的敘事後，劉毓秀呼籲讀者正視後現代解放論述的毀滅衝擊，因為此論述的目的就是在徹底毀滅現代文明社會建立其上的原我／自我／超我的三層心靈結構。[64]

劉毓秀在提及後現代慾望機制時所採看似左派的政治立場，其實一點也站不住腳且道德訓說之意味濃厚。[65] 根據她的說法，資本主義

---

64 劉毓秀，2002b。

65 甯應斌（2001）曾批評劉毓秀這篇文章所接合出來的後現代慾望，認為劉文對全球化以及新興科技對現代生活親密性及社會性的挑戰，均做出了極度保守的回應，也說明主流女性主義如何轉向文化政治，藉

系統無盡生產消費慾望是在生產新的需要，而這需要則被進一步色慾化而變成商品在市場流通，勾引更大對追求快感的慾望。[66] 重要的是，劉毓秀在這裡將透過需要和匱乏結構而成的政經領域再生產力與慾望的力比多經濟兩者混為一談。根據拉岡的說法，慾望正是需要（想去滿足的胃口）和（對大他者所發出的）索求的分裂，因此慾望之所以為慾望是因為它總是貪得無厭的。[67] 因此，當劉毓秀聲稱「過去幾十年間透過無孔不入、無遠弗屆的後現代資本商品流與知識／資訊流的傳遞，使得五花八門、無奇不有的慾望滿足方式，倒過去生產千奇百怪、無以饜足的『需要』」[68]，她所做的正是無盡搾取精神分析所持的慾望觀念，以用來怪罪一概被認定為中產階級的性解放運動者，譴責這些人對商業化了的性快感的無止盡追逐。換言之，雖然她大力借用精神分析理論，可是劉毓秀對「性」所提之政經分析其實是建構於對性正常假設的前精神分析概念，也就是把性需求座落於強調功能和本能的生物學上。因為，要是沒有這樣正典的預設立場以及看似義憤填膺的假階級正義（也就是勞動階級男性的生理性需求滿足被認定所謂「基本」、是不需透過性幻想而達成的）[69]，她對後現代慾

以維持既定的社會秩序。的確，劉毓秀在另一篇文章中，確實表現出對科技的恐懼。對此她宣稱新的影音媒體科技，依賴的是男性化且具侵略意味的窺視慾望（scopic drive），因而與女人與生俱來的觸覺與嗅覺等感官知能有所牴觸。見劉毓秀，2002d。

66 劉毓秀，2002a：54。

67 事實上，劉毓秀自己在〈文明的兩難〉（1997b：64；1999a：108）還特別指出了拉岡這個對慾望的提法。雖然拉岡並未將慾望標誌性別屬性，但正如劉毓秀這個觀察所出現的章節標題——"An Endless Joyride: Vicissitudes of (Male) Psyche/Civilization"——所明示的，她顯然欲強調，作為父權語法與象徵秩序產物的慾望是陽剛專屬、不顧後果追求享樂的Joyride。然而，詭異且令人費解的是，劉毓秀又在〈後現代性性產業的慾望機制〉裡的一個註腳提出了下面的說法：

後現代性論述莫不藉著轉化佛洛伊德理論——即循著佛洛伊德對於「壓抑」機制之重大發現而提出「反壓抑」或「去壓抑」之說——以打擊既有體系，追求（性）解放。此舉的心靈層面意涵為消除表意活動移動之軌鏈或語法，因為此軌鏈或語法所賴的，正是壓抑機制所形成的微量心靈能量順暢流動的體系，即潛意識體系。（劉毓秀，2002b：56）

在這裡，劉毓秀又以捍衛既有象徵秩序之姿反對去壓抑之說。關於此巨大矛盾之進一步分析，見下文。

68 劉毓秀，2002b：43。

69 在劉毓秀眼裡，一旦抽掉這個預設立場，男性勞動階級的性便立刻在道德上變得可疑。她在《婦女政策白皮書》裡說，由於女性持續在自由市場裡被物化和商品化，使得「廣大勞工男性不能享受正常兩性關係」。見劉毓秀，2004。

望的解釋只是一再反覆贅述。

讓我們現在更進一步來看看電子生化人的愛情故事。這個末世毀滅的寓言可以說體現了拉岡式的「真實」，不斷惡毒侵犯劉毓秀所認知到的社會現實。這界外之魔域被描繪成折磨拷打的密室，裡面盤據的則是一群殘暴如原初父親般的男性電子生化人，他們以加害者的身分虐待女人，更在這個過程中讓他們可憐的受害者淪落為可鄙的變態；這冷酷無情的悲慘世界跟劉毓秀認為一般正常人應該要找尋的幸福滿足快樂，是完全無緣的，而這番人間煉獄正是性解放的「真實」。劉毓秀說，在拿掉了壓抑的心靈機制後，男人或那佔據陽剛主體定位的人，他們變態的本質展露無遺：

> 主體（subject）在掙脫種種內、外束縛之後，不必再拘泥自我
> ——以及客體——的統合完整，而能夠很方便地解散為部分驅
> 力，任意取用外在人、物的部分，用作部分客體，以滿足其隨
> 意變態的部分驅力。服務男性的性產業之急速擴張及其內容之
> 繁複多變，便是明顯的例子。[70]

和之前相同的，劉毓秀這裡藉客體灌注對自我整合的提法清楚地建構在性相發展的正常假設上。在這個正常的發展過程裡，幼兒的多重性變態，也就是部分驅力透過各個不同的性快感區域如肛門或嘴巴來獲得滿足，而這樣的變態卻在佛洛伊德稱之為伊底帕斯生殖性愛的「健全組織的暴政」下被逐漸壓制。[71]

值得特別注意的是，劉毓秀拿電子生化人比作原初父親的提法，而她引用的則是拉岡性別分化的結構公式。拉岡的陽性結構是由兩個矛盾的邏輯組成，即 $\exists x \bar{\Phi} x$（可讀為：「至少有一個 x 不受閹割功用

---

70 劉毓秀，2002a: 52。
71 Freud 1991(1917): 365.

所制」）與 $\forall x\Phi x$（可讀為：「所有 x 都受閹割功能所制」）[72]，他也把第一個邏輯裡講的那個唯一例外詮釋為佛洛伊德所說的原初父親。而劉毓秀援引了這個邏輯，並把它解釋成男性陽剛主體之最終體現。她更舉了一個當時因挪用公款喝花酒徇私而被起訴的台灣知名地方議會議長，來說明某些特權階級非但把自己當法律，還進一步擴張屬男性特權、超越「情、理、法」的界外之境，從而嘉惠所有其他階層的男性。劉毓秀認為，「男性性層面的大幅 $\Sigma x\overline{\Phi x}$ [按：原誤，「∃」這個在數學邏輯裡的量詞符號，在劉文裡被誤植為「Σ」]化」具體顯現在充斥台灣社會如鋼管辣妹和檳榔西施的奇觀，而這正是台灣後現代性的特性。[73]

劉毓秀所用的拉岡相當有意思。這是因為，她誤把普同準則（在這裡代表了男人集體，也就是父權）之所以能得以成立所需要的唯一例外（也就是原初父親），當成了那個普同準則。然而，根據拉岡，因為原初父親不受閹割所制，他不能被認定為存在象徵體系裡。相反地，象徵體系正是因為兒子們所執行的弒父行為而確立的。另一方面，因為這般極端的排除仍可用語言來書寫，原初父親在此意義上可以說是「**以被排除的方式存在**」（ex-sist），而這裡的意義是說，他弔詭地從象徵系統裡面被排除，也就是拉岡說的 "extimate"。[74] 根據佛洛伊德的《圖騰與禁忌》，社會之所以成為社會，正肇始於對這擁有**所有**女人的殘暴父親的謀殺。[75] 因為兒子們想要**均**分他們父親的特權，所以他們在弒父後，訂立了法律來禁止曾經只有父親專屬的痛／快（jouissance）。如同瓊安‧科普傑（Joan Copjec）在〈佛洛伊德在《圖騰與禁忌》裡所提出的解釋〉一文中指出：

---

72 Copjec 1994: 214.

73 劉毓秀，2002a: 58。見 Chen 2000 所捕捉檳榔西施的影像。有關鋼管辣妹和檳榔西施的開創女性主義能動性研究，見 Ho 2000; 2003。

74 Fink 1995: 110，粗體字為我所加。

75 Freud 1990 (1913). 有趣的是，Bruce Fink（1995: 111）指出原初父親是唯一能和女人有真正性關係的男人，他的快感全然不必經由幻想，而能夠從被他視為整體的女伴身上得到。

是一個結構，一個平等社會的「真實」結構，而這結構因而顯示了它不能被化約於那永遠無法決然達成的流動平等關係。小小的妒忌和沒有權力的感覺威脅了這樣的平等關係，也使得其永遠無法實現，而妒忌和沒有權力感更是背叛了它們有罪的源頭，也就是那個它們必須抹去的起因。[76]

因此，原初父親後來代表了「真實」，也就是那個象徵秩序為了自身的建立所必須斷然否認的負面性。但是，在劉毓秀的例子裡，她所賦予那個醜聞纏身的政客的意義（畢竟這位人士在當時只是地方議會議長而不是立法委員）卻顯示於象徵秩序上，因為在她的提法裡，原初父親不是文明要摒棄的，也不是象徵體系所要除去的，而是對後者的擴張。對陽剛的性經濟體來說，超越快樂法則終究是來幫助快樂法則的：

> 當拉岡提醒我們佛洛伊德認為男性的性模式呈現一種「多相變態（polymorphously perverse）」時，他所強調的，正是男性之性的前述兩個面向之間（按：快樂法則與超越快樂法則）的連慣性，即男性個人和群體利用其自我及現實法則，掩護、包庇其超越快樂法則行徑，並以後者所釋放之能量回饋前者。總之，在父權體制的性與性別常模下，女人成為男人壯大其自我、抒發其多相變態（或部分驅力）慾望的管道。而性產業正是為這種常模提供了極端典型的例證。[77]

如果不用律法加以限制，男「性」會不知天高地厚。因此，在這裡，原初父親再次被確認為父權的最終極體現，而這個父權就是劉毓秀的

---

76 Copjec 1994: 12，我的翻譯。
77 劉毓秀，2002a: 53。

女性主義所欲推翻的。儘管或正恰是因為弒父，劉毓秀就像那謀殺父親的兒子，把自己變成好的父親（相對於他們邪惡的父親），制訂立法來保護「平等」（這裡當然是男人的平等）社會，確保未來後代不受痛／快的侵襲。[78] 因為劉毓秀的女性主義想像決然否決原初父親，她的政治事實上是認同好父親所訂定的快樂法則。因此，她佔據了好母親／聖后的主體位置，並領導道德大軍撻伐「穢思惡行」。

當歇斯底里遇到變態……

讓我們舉一例來看看劉毓秀的道德聖戰是如何進行的。在一篇題為〈正視性變態論述的腐化作用〉[79] 刊登於《中國時報》的投書，劉毓秀激烈地回應了性解放理論家卡維波先前在該報上為SM辯護的論述。卡維波的文章的新聞事件背景是當時立委黃顯洲陷入吃搖頭丸召妓玩SM的性醜聞。為破除當時媒體對SM實踐的煽情與偏見報導，卡維波特別引用了佛洛伊德解釋精神病為壓抑性變態失敗的說法來為SM正名。[80] 對此，劉毓秀極度不滿，認為卡文對精神分析的性變態理論的闡釋完全「避重就輕」，而對這「攸關人倫與社會律法」的「性愛主客關係」提出她堅定的女性主義立場。[81]

劉毓秀因此企圖將性變態重新定義為壓抑失敗的性幻想。她解釋，一般人跟性變態者不同之處在於前者「會瞭解真實的性愛生活既不是也不應該是性幻想的具體實現」，而後者卻是具體實踐他的性幻想，並聲稱「『我的性幻想正是妳所想要的，我的所作所為正是為了帶給妳愉悅』」。[82] 如此，劉毓秀宣稱，性變態者可以達到異於精神

---

78 Copjec 1994: 154-156.

79 劉毓秀，2002c。

80 卡維波，2002。

81 劉毓秀，2002c。

82 劉毓秀，2002c。

分裂者的主客交相混的境界。緊接著,她對性變態提出了下面的論證,而這段話我認為是她性變態想像的核心要點:

> 由於性幻想基本上有冒犯客體、違背情理的特質,性變態者的前述態度可想而知是會導致其對象的不悅與不舒服的;**事實上,後者是否有這種感受,往往是她據以判斷是否碰上了性變態者的可靠判準。**此時,性變態者的基本說辭是:「讓我們解放壓抑!讓我取用妳身上合我意的部位,也請妳隨妳意取用我身上的任何部位吧!」[83] 正如性變態祖師爺薩德伯爵所說的,卡維波等人所訴諸的,也是類似的邏輯。一切都看似無比開明、平等、民主,而事實上,這種「性變態者論述」一旦生效,他就達成了削解、腐化客體,將她納入變態者陣營的目的。對於未成年者,或知識弱勢的閱聽大眾而言,性變態論述的腐化作用是很強的,今日台灣隨處可見的檳榔西施、「自願從娼少女」以及受媒體影響而普遍發展出窺淫癖好的閱眾,都是明顯的例子。[84]

劉毓秀在這裡雖然沒有引用拉岡,但她對性變態的提法很清楚是援用了拉岡對變態的說法。拉岡把佛洛伊德將變態視為正向的神經症的這個說法用了痛/快的觀點來重構。他說,包括歇斯底里在內的精神官能者「拒絕成為大他者的痛/快源由」,也就是說他人絕對不可以在他/她身上「爽」到,而變態者則是自願成為大他者痛/快的工具。[85] 有意思的是,自我認同為歇斯底里女人的劉毓秀說,當她覺得不悅/不舒服時,她就知道她一定是碰上了性變態。而這種感知結構所展現的,恰恰是拉岡定義下的神經症狀。

---

83 這段引文是拉岡對性變態的解釋。
84 劉毓秀,2002c,粗體字為我所加。
85 Fink 1997: 128.

任何有平等意識、堅持「情慾自主」的女性主義者大概都會認同劉毓秀批判性變態論述的立場，也會很輕易地被她所揭露性變態論述的「假」平等外表所說服。劉毓秀在此還大力讚揚了《中國時報》揭開關於色情行業裡SM性花樣的內幕，顯示應召女郎如何被灌迷藥後再被強迫進行SM性交易，最後終至沉淪而無法自拔。比較自由主義的女性主義者則有可能會留意到，劉毓秀對報紙的自然敘事與SM女郎悲慘的寫實似乎有著無比的信念，因為在被下藥又被當作部分客體和性玩具的女郎，無論如何是絕對不可能有任何能動主體可言。而雖然自由主義女性主義者也可能質疑劉毓秀，為什麼根本不提女郎自身的意願，她到最後還是會同意劉毓秀所下真理似的結論，也就是，「大幅度藉性交易方式進行的SM背後，明顯是性別權勢差距的問題。性變態是優勢者相對於劣勢者的特權，古今中外皆然」。[86]

　　讓我們在此來進一步探究歇斯底里和性變態相遇的可能意義，把這兩個主體放置在一個想像的場景，讓她／他們作為鄰居。這個場景的想像是有根據的，因為在劉毓秀那篇談壓抑機制的論文裡，她特別引用了佛洛伊德在《文明及其不滿》中著名的一段話。而這段話裡，佛洛伊德解釋了他為什麼在面對基督教「要像愛你們自己一樣地愛你們的鄰人」的誡令時退避三舍：

> 人可不是渴望被愛的溫和生物。相反地，他們是天生被賦予強大侵略性的生物。因此，他們的鄰人可不僅僅是潛在的幫手或性對象，他 [鄰人] 也招引他們用他滿足他們的侵略慾，無償剝削他的工作能力，違反他的意願將他作性的利用，獲取他的財產，羞辱他，使他受苦，折磨他並殺害他。[87]

---

86 劉毓秀，2002c。
87 Freud引於劉毓秀，1997a: 73。

劉毓秀說，這段話裡的那個鄰人無庸置疑是有性別的，而且就是男人。除了用這段話來總括說明她所申論的男性侵略慾，她也聲稱，精神分析理論裡的女人是不會有侵略性的。就這樣來看，我們當可假定劉毓秀在面對這個兇狠的變態鄰人時也會退避三舍。然而，根據拉岡的說法，她無法在大聲指控鄰人被化約的變態侵略性的同時，而不指控自己。在重讀佛洛伊德怯避鄰人之愛的律令時，拉岡將這惡煞鄰人與實踐薩德式享受痛／快的律令所釋放的侵略性並置。而拉岡透過康德式的倫理命令所接合出的這條薩德式的律令，是這樣的：「我有享受你身體的權力，任何人都可以這樣對我說，而我也會行使我的這項權力，沒有任何限制可以阻止我在任意強索中想飽足的喜好。」[88]拉岡清楚說明，蘊藏於那兇惡鄰人心中的正是吾人自身的侵略性，而我們施虐的超我和痛／快卻也都同時建立於這自身的侵略性之上。我們的良知似乎從我們的罪惡感那裡獲取淫穢似的享受，而另一方面，膽敢接近痛／快的人，則冒了粉碎透過想像形成的身分認同的危險。[89] 因此，假如有人真的真心去愛鄰人，無視慾望法則而去接近痛／快，那麼可能發生的狀況是，「我鄰人的身體破裂成碎片」。[90] 值得特別注意的是，在解釋這些斷肢殘軀時，拉岡並沒有對整體有任何多愁善感的情愫。相反地，他要我們反思精神分析客體關係學派裡所提的部分客體的這個觀念。對拉岡而言，客體關係學派所想像的部分客體意味著：

> 這部分客體只想要被重新整合到客體裡，也就是那個早就已經穩固下來、是我們溫柔以待以及愛的對象，而這對象則集結所謂性器官階段的所有美德於一身。然而，我們應該以有點不同的方式來看待這個問題。我們應該注意到，這客體必然是以一

---

88 Lacan引於Zizek 1991: 168，我的翻譯。
89 Edelman 2004: 85-86; Merck 1993: 262.
90 Lacan引於Edelman 2004: 85。

種獨立狀態，處於一個如我們按照慣例認定為中心的場域裡。作為完整客體的鄰人，其影子輪廓就在那兒，如果我可以這樣說的話，就像卡巴喬（Carpaccio）的 "San Giorgio degli Schiavone in Venice" 畫裡 [斷肢殘骸] 的形體，和我們分開，在殘骸間升起。[91]

鄰人獨立所處、慣例認定為中心場域，不是保守中產階級自我從想像秩序中投射出來的和樂家庭，而竟是布滿斷肢殘骸的墳場！拉岡在此對異性戀正典意識形態提出了明確批判；他嘲弄了那個依據伊底帕斯慾望目的論底下統合而成、不同時期的原慾發展，而那個劉毓秀所擁護的整體「生殖愛」及其所有美德正是拉岡所鄙視的。

因此，我們現在可以說，劉毓秀在迴避她變態的鄰人時，她也在拒絕去處理她自己的痛／快。相反地，她緊緊抱住婚姻，並牢牢遵守好父親所訂立的快樂法則。她無法忍受他者的痛／快，而進一步把她自己歇斯底里的性相模式投射到其他人身上，並要求他人跟她一樣性壓抑。因此，在高舉擁護父權的慾望法則時，劉毓秀佔據了母性超我的位置，擔起了社會和一般大眾的道德監護人，保衛他們不受變態論述的腐蝕。[92] 令人深思的是，在防護社會身體不讓死亡驅力與變態的攻擊時，劉毓秀鑄造了一個武器，賦予那些道德意志不堅的大眾來作自我防衛，而這自衛的武器便是娼妓的汙名。

聖后悲憫情懷與娼妓汙名

自從妓權運動在台灣展開以來，酷兒們就持續與反娼的女性主義者奮戰，挑明她們以汙名對性工作者和性異議份子作壓迫。對於這項

---

91 Lacan 1992: 202，我的翻譯。
92 Brue Fink提醒讀者將孩童性發展階段性劃分，乃是根基於父母親擔心孩童成為變態。見Fink 1997: 226。

指控，劉毓秀則加以回擊，認為他們搞錯對象。劉毓秀說，娼妓汙名的根源無他，就是來自於娼妓被推入魔域的「危難、受辱處境」。[93]值得注意的是，她解釋汙名心靈運作有兩個層次。在基礎層次上，她說汙名是自我抵抗死亡驅力攻擊的自我防衛機制。另一方面，汙名所指涉的正是那自我防衛機制失敗後所引發如人間煉獄般的慘狀。為了說明這點，劉毓秀特別引用了黃淑玲的色情行業婦女田野研究，將黃淑玲所區分的兩種類型娼妓做精神分析詮釋。對於過著和良家婦女沒有兩樣的「正常」型娼妓，劉毓秀說她們「有發展較為完整的自我與現實法則，對自己的需求，和客觀的情境，都比較有清楚認識的能力」。[94]另一方面，她把黃淑玲研究中歸類為「偏差」的從娼者解釋成無法自拔的另一群迷途羔羊。她說，娼妓汙名的傷害在這群人身上完全看得見，因為汙名引發了從娼者嚴重的道德自虐，遭其超我的迫害而受「凌厲的身心煎熬」。有意思的是，劉毓秀接著把酷兒對「去汙名」的動力解釋成對娼妓受苦受難的不忍，然後卻又補充說：

> 但是，務實估之，娼妓汙名並不容易除去，而且，也可能不應去除，因為它是來自於自我（ego）或現實法則的必然且合理的防護機制，是身心結構用以抵擋死亡驅力之內外交攻的利器，不管對於性服務者或社會一般人而言皆然。[95]

劉毓秀的汙名說法最奇妙的地方是，她的提法與她努力要解構後現代情境中的「自願從娼」這檔子事完全自相矛盾。讓我們再來回顧一下她是如何講這個後現代狀況的：

> 在後現代經濟社會活動與後現代論述大幅度斬斷傳統穩定、親

---

93 劉毓秀，2002a: 62。
94 見黃淑玲，1996。
95 劉毓秀，2002a: 63。

密人際關係（這種主客關係正是女性心靈結構的特質之一）之後，以及在性服務所造成的多變、異常的主客關係之下，前述癮症很容易成為從事性服務業的女性的替代性依託，如此形成惡性循環，因為這類滿足模式或「愛情故事」的附帶條件即是從娼，用社會提供給劣勢女性的這扇幾乎是唯一賺大錢的方便法門，獲取「養癮」（即維繫其「愛情」）所需的金錢。這樣的邏輯，導致「非被迫從娼」或飛蛾撲燈式的「自願從娼」現象。[96]

在花了那麼多力氣講述後現代電子生化人的愛情故事後，劉毓秀終於在文章最後露出她的道德說教的底線。因為，我們究竟該怎麼看待她在文末突然提及的超我，也就是那個迫害從娼少女的施虐的道德代理呢？也就是說，如果電子生化人從一開始就是被定義為不具有道德能力的後現代，女電子生化人又如何能夠遭受來自自身超我的凌厲煎熬呢？這巨大的矛盾似乎在暗示，道德良知是將娼妓打入永不得超生的最終極原因。畢竟，劉毓秀不斷重複從娼者被當部分客體使用的悲慘命運，唯有在來自娼妓內心的主觀聲音可以被我們聽到時，才可能在修辭上維持力道：那是耳提面命的人性呼喚，要求生化人主體要好好遵守認同好父親的女性主義理想自我。我們聽到，那個嚴厲的女性主義良知在對所有的生化人說：「你如果不好自為之而沾上了娼妓汙名，那你終將萬劫不復。」

和劉毓秀想像全然相反的，酷兒所要求的去汙名既非憐憫也沒有同情。的確，酷兒和妓權運動自始就強烈挑戰國家女性主義者所唱的道德高調。酷兒和娼妓拒絕被施恩，強而有力地質問那個女性主義者如劉毓秀所定義的「現實」，而那個「現實」其實不過是她們中產階級的自我意象以及良家婦女慾望所支撐的幻想。雖然劉毓秀自己清楚

---

96 劉毓秀，2002a: 60。

見到家庭主婦是如何被父權家庭壓榨而從事無酬家務和生殖的性工作，而且大力推動《民法‧親屬編》的變革，她卻斷然否認勞動階級婦女從事性工作的權力，拒絕在陳水扁廢娼後向被逼到懸崖邊的公娼伸出援手。不過，對國家女性主義者那種掛在口頭的「姊妹」／「助人」之愛，公娼是拒絕接受的。在廢娼後成為妓權運動者的官姐，曾經說她是如何勇敢突破汙名而投入妓運的：

> 在 [反陳水扁倉促廢娼的] 抗爭期間，碰到一些書讀很高的大
> 學生、教授、學者，可能他們出身和家庭背景好，不知外面世
> 界的人痛苦在哪裡，我是真的想讓他們知道，在台灣黑暗角落
> 掙扎的人，不是我們自己要這樣，是「社會」造成給我們的**現
> 實**。他們怎麼都不瞭解，只會說一些都是騙自己的話。我要讓
> 他們瞭解不同階層的人怎麼在活、在痛苦。[97]

令人難過的是，官姐的痛，現在變成了「我們的」痛，因為我們目睹了社會的不公不義是如何迫使官姐在2006年夏天結束自己的生命。[98]在領導無數次要求性工作除罪的戰役後，官姐在最後選擇了一個最終極的倫理行動，來抗議拒絕給她工作和尊嚴的社會象徵系統。[99] 官姐的一番話的確讓我們看到了一種不同於劉毓秀想像的「現實」，而後者的「現實」正是劉毓秀要教化「性」、要現代化「性別」的慾望場景。

丁乃非曾經提醒我們對性的汙名做歷史和象徵層次上的理解。[100]事實上，劉毓秀自己的確也曾經在呼籲國家替女性負起照顧工作的脈

---

97 王芳萍、王甄蘋，2000: 22，粗體字為我所加。
98 我在這裡刻意用了「我們」以標示出我自身的認同與政治立場。
99 關於紀念官姐的文章，見COSWAS (2007)。關於酷兒作為死亡趨力在第一世界英美語系的形構，見 Edelman 2004。
100 丁乃非，2002a，2002b。

絡裡，處理過這個特別的性別羞恥感。令人深思的是，劉毓秀把這個羞恥當作羞辱來談，而且是透過從娼者不堪之境遇得以表意的那種受虐模式來談。「佛洛伊德告訴我們」，劉毓秀寫道，「生小孩的女人、蹲在地上抹拭地板的女傭，是受虐情境的典型代表」，她接著說：「由女人承擔的生育和家務勞務被詮釋為最卑下、受蹂躪的處境。對這兩項人生要務的思考，必須要到達這裡，才足以探觸到內中的終極基進性。」[101]

為什麼生育和家務工作是卑賤的？劉毓秀解釋，那是因為父權不能也不願意面對「無盡瑣碎的勞務」。她說，這正是為什麼男人把這些沉重的勞動都全丟給女人，讓她們在「國法、權力、正義、經濟」之外的私領域裡去進行。[102] 如果劉毓秀能夠承認，生殖的性工作因為不被父權承認為勞動，而被汙名成為下賤和羞辱，而女性主義的任務就是要將之政治化，那麼，在性和生殖不必然連在一起的這個女性主義啟蒙觀點的認知上，讓我藉以下的詰問來挑戰劉毓秀所謂的「終極基進性」：為什麼生殖的性工作就比非生殖的性工作來得比較不羞辱、比較有正當性？的確，為什麼非生殖的性工作就只因為比生殖的性工作來得下賤，所以不值得國家承認？！劉毓秀在挑戰環繞於家務和性工作的羞恥時，她清楚地劃出道德區隔，拒斥了婚姻建制外要求性工作權力的主張。這條區分**性／別**的界線標誌了劉毓秀企圖將她國家女性主義理想予之象徵化（symbolise）的臨界，而這條線也是官姐奮鬥至死所要重劃的。

結論：聖后的性法西斯「一」體

在以上的討論裡，我們看到了劉毓秀在象徵化性別和性平等關係

---

101 劉毓秀，1998b。
102 劉毓秀，1998b。

的過程裡，無可避免地生產出了一個性的「真實」，而這個剩餘的「真實」，同時構成了劉毓秀所接合出的整體性——也就是那個二十一世紀台灣國家性別意識形態——的必然外在。換句話說，平權的實體必須壓抑這剩餘才得以維持其整體性。雖然聖后的整體性聲稱「萬物平等共生」，我的分析則駁斥了這個概括性的邏輯，顯示了這整體性是如何藉排斥和象徵暴力來建立的，因為在這新的國度裡，被形構為電子生化人的酷兒和娼妓顯然是次等的物種。我論證劉毓秀的性別政治所指向的是製造一個異性戀單偶制的「一」體，而這「一」體是以歇斯底里模式的女性性相作為理想規範，企圖根除所有包括了變態和濫交的陽剛性病態。然而劉毓秀教化的任務並不是沒有遭致挑戰。極力抵抗她所訂定的女性主義象徵秩序的是那個被認定為體現死亡驅力的酷兒和娼妓。他們不斷持續戳破滲透「聖后」王國所建立其上的想像「一體」，而劉毓秀則以母性超我的身分，教導被童稚化的「一般大眾」，用娼妓汙名來抵禦性變態的入侵。

　　紀傑克（Slavoj Zizek）曾指出，薩德／康德式的痛／快律令終究無法形式化而成為性的常模，因為性幻想獨特個別的本質（透過每個人差異極大的原慾經濟體而構成），使得性幻想無法被普同化。然而，雖然享受痛／快的權力似乎與被認為民主價值的「平等」「互惠」有無法並容的衝突，紀傑克則認為，當我們認真對待而不是拜物式的否認這個分裂或對立時，這個對立正是實踐民主的一種可能狀況。[103] 重要的是，這對立的狀態正是劉毓秀的「聖后」整體所除權棄絕（foreclose）的：在女人和小孩都被認定總已是男性慾望的受害者的情況下，關於情慾實踐的民主協商機制都一概被否決，而唯一的例外當然就屬婚姻裡的性愛協商。就這個意義來說，聖后的整體性一定得當成性的極權主義來理解，而晚近在台灣性自由大幅受侵害的趨勢也一定要在這個脈絡下來看待。在性變態者蠢蠢欲動的情況下，國

---

103 Zizek 1991: 168.

家宣布緊急狀態，在號稱人權治國下，進入「性」的「動員戡亂」，實行勞倫・貝蘭特（Laurent Berlant）稱之為「衛生治理」，來捍衛「聖后」整體性[104]：對所有性嫌疑犯如新移工、新移民和同志進行強制的愛滋驗血；各式各樣的新檢查制度紛紛出籠來保護童稚化了的大眾不受網路色情所危害；警察時時在網路巡邏，誘捕援助交易；SM實踐者在網路上張貼徵伴訊息而遭《刑法》起訴；更不用提家常便飯般的街道掃黃。「聖后」的平權「一體」因而就像邱妙津在《鱷魚手記》裡描述的那個居住正常心靈的圓，而那個圓始終拒絕聽見官姐的索求。[105] 然而，官姐究竟是在象徵體系留下了不可抹滅的軌跡。一直被良家婦女當成死亡驅力的她，依舊召喚著我們來繼續刺破劉毓秀所訂下的一夫一妻文化理想：正如官姐所說的，那是一則自欺欺人的中產階級謊言。

---

104 Berlant 1997: 175.

105 1994年在台灣出版的《鱷魚手記》馬上成為女同志經典，而「拉子」（書中主角名）一詞也在此書出版後，被女同志社群廣為用來自我指稱。全書有兩條不同的敘事線索，僅以鬆散的對話關係聯繫，其一是拉子大學時期苦澀的戀愛史，另一則是一隻新發現且瀕臨絕種的詼諧鱷魚，可讀成1990年代台灣女同志社群剛萌芽之寓言故事。在此文文末所說的「那個正常心靈的圓」引自《鱷魚手記》裡拉子寫的第五手記，手記裡她思考做為一個外表認同男人的女人而被社會排拒，因而產生的巨大疏離感：
「從小家人包圍在我身邊，再如何愛我也救不了我，性質不合，我根本絲毫都不讓他們靠近我的心，用假的較接近他們想像的我丟給他們。他們抱著我的偶身跳和諧的舞步，那是在人類平均想像半徑的準確圓心，經計算投影的假我虛相……而生之壁正被痛苦剝落的我，在無限遠處渙散開，遠離百分之九十的人類躋身其間，正常心靈的圓圈。」（邱妙津，引於丁乃非、劉人鵬，2007: 89）。
透過同志運動脈絡化的閱讀，丁乃非與劉人鵬分析出鑲嵌在拉子身上的痛苦，不僅來自一個恐同的社會，也來自1990年代台灣「女人認同女人」女性主義運動的崛起，這個運動排斥T做為女同志身上帶有的男性特質，將T身上的男性特質視為父權壓迫所產生的影響。其他關於小說的重要討論，見Martin 2003: 215-236；Sang 2003: 255-274。

第六章

哀悼無色青春：
反娼女性主義之濫情政治與哀傷現代「性」

　　在刻畫出國家女性主義的正規面向後，本章將從其情感向度切入，繼續詰問主流女性主義文化的性─道德體制。作為本書酷兒歷史書寫的結論，本章主要處理自90年代中期以來造就台灣反娼女性主義霸權興起的一種主流女性濫情傷感，企圖顯示，這種依戀婚姻單一伴侶關係的情感模式，如何驅動著一種以兒少保護之名，對當下非婚親密關係與公共性（public sex）日趨嚴厲管控的自由主義治理，並在最後我稱之為「哀傷現代『性』」的理論概念。

　　基於賣淫與性別苦痛在「自由」台灣的歷史偶然，在此希望藉由勞倫・貝蘭特所構思的「親密公共領域」（intimate public sphere）來檢視反娼女性主義公共文化。貝蘭特研究的對象是1990年代美國雷根新保守主義與柯林頓新自由主義霸權治理之下的性政治，她強而有力地論證，隱私帶（the zone of privacy）的概念如何在大眾媒體媒介的公共領域之中廣為傳播，建構著當代美國的性公民身分。貝蘭特主張，此一幻想式（fantasmatic）的親密文化背後的情感動力來自於一種聚焦於家庭之上的濫情傷感（sentimentality），這種國族情感戀物式地迷戀（fetishise）孩童與胚胎的形象，認為這兩者的純真無邪足以在未來撫平晚近公共場域之中少數族群認同政治崛起所帶來的傷害、挑戰，挽救白種中產階級破碎的美國大夢。貝蘭特的分析對於此篇論文特別有助益，她說明了美國親密公共領域的晚近演變，乃是透過墮胎與色情等伴隨著強烈情感的議題，編整組織各方力量。最重要的是，此種國族的濫情文化奠基於一些先存於意識形態的假定，這些假設跨越社會分層與階序，因而有效地贏得眾人同意，佔據霸權式的

支配地位。[1]

　　為了分析台灣反娼女性主義政治所孕育的親密公共領域，我選擇聚焦於黃淑玲的論述與實踐。美國學院出身的社會學家黃淑玲是反娼陣營裡一名深具代表性的人物，她的學術專長是台灣的娼妓研究，曾以民族誌的方法學，長期研究性產業中的男性、女性以及青少女，並以此撐持、強化她的女性主義立場。黃淑玲的女性主義為她在公共及社會服務的場域裡贏得頗為輝煌的資歷。她曾任台灣女性學學會理事長，現任台北市婦女救援基金會（婦援會）的董事職務，也曾受命擔任行政院婦女權益促進委員會與教育部性別平等教育委員會的委員（上述兩者皆於1997年設立於中央政府）。[2] 在此引述這些機關職位，為的是標示出體制上性別主流化的脈絡，與黃淑玲身處其中的說話位置，同時強調她所行使的象徵權力。希望藉由檢視黃淑玲的女性主義認知論、意識形態座標以及情感結構，能有助於理解一種霸權式的女性特質（hegemonic femininity），當論及性與性別向度的不公不義，這種女性特質總是帶著強大的政治影響力。

　　我將以黃淑玲1998年在第三屆全國婦女國是會議上所發表的一篇文章作為起點。希望透過閱讀這篇情緒激昂的文章，顯示黃淑玲社會學想像所構出的交易女人場景，是如何發自於丁乃非所歷史／理論化的「現代妻」主體以及強迫單一伴侶制的優勢情感位置。接著，本文將閱讀《染色的青春：十個色情工作少女的故事》（2003），這本書在黃淑玲督導之下，由婦女救援基金會與黃淑玲的研究助理繾花編著而成，企圖教育一般大眾，灌輸「情慾／性自主」的重要性。我把這本根據黃淑玲田野研究改寫成的教育性書籍視為生命權力運作下的規訓產物，並揭示這個將「不幸少女」境遇大幅濫情化的救贖性計畫，如何在性別主流化過程中建制化的「性自主」場域裡，建構了一種女

1 Berlant 1997.
2 這裡的資料來自黃淑玲所執教的國防醫學院通識教育中心網站，http://www1.ndmctsgh.edu.tw/hum/ch/teacher/teacher01.htm，2009年11月3日擷取。

人潔淨無瑕的性。本文將論證，寓於這個「性自主」的政治潛意識裡的，是無色青春作為文化理想失落的女性主義哀傷，而這樣一種情感狀態所滋養高度的保守性道德，正是台灣性的憂鬱現代性的體現。藉由對「性」福倫理的探討，我挑戰了這個親密公共領域所孕育的哀傷現代「性」，並提出一個跨越女性主義至善的邊地倫理位置，來持續攪擾那個應允我們婚後終將幸福美滿的主流敘事。

交易女人：強制異性戀與強制單偶者

黃淑玲在第三屆全國婦女國是會議的論壇「性與身體：愛的勞務或商品」發表題為〈台灣性文化對男人、家庭、政治的腐化〉的短文，會議的背景是台北市市長陳水扁廢除公娼。黃淑玲與論壇中與會的發表人共同聲明對市長陳水扁的大力支持，並嚴斥性產業將女人視為商品，在場的與會者也包括了重要的國家女性主義者林芳玫與劉毓秀。黃淑玲的主要論點為，縱使政府極力抵制賣淫，台灣的性產業仍然持續蓬勃發展，因為依據台灣的父權文化價值，性產業是男人社會化的首要場域，男人經由買春，得以成為資本主義社會定義下的成年男子。因此，買春是一項重要的儀式，男人集體為了事業也為了公司收入而消費「性」，促成霸權式異性戀男性特質的社會再生產。黃淑玲認為，台灣社會的性產業不僅僅使得男人罔顧家庭責任，造成無數婚姻支離破碎，更從根本啃噬著政治文化的根基。官員醜聞風波不斷，公私部門之間檯面下祕密協商、暗盤操作，被犧牲的卻是女人的尊嚴。

我在此想將注意力集中於黃淑玲所稱的一種「強制性的異性戀慾望」機制。對於黃淑玲而言，這項機制形構了她所抨擊的父權價值體系。

> 這套性文化價值觀使許多男性劃地自限，自囚於區分「歡場」

與「良婦」的「強制性的異性戀慾望」中。易言之，**我們的父親、兄弟、丈夫**、情人一不小心就信服了「性消費是男人的需要、權利與工作」的性觀念，視買色嫖妓為自發性的、滿足生理需求的、常態的、正當的行為，而失去思考與營造獲致他種情慾滿足的創造力與能力。這種集體的性觀念與行為深深影響了男性對待女性的身體、家庭、婚姻、性愛與工作的態度。我曾訪問過二十多位習於酒色應酬的男性。他們說「人在江湖，身不由己」，社會壓力逼使得他們不得不到聲色場所。在台灣，有多少男性終其一生沉迷於酒色應酬，年華老去才感嘆人生灰白、無趣？在同時，怨懟先生與父親忙於酒色應酬而疏於經營婚姻、親情的妻子與兒女又有多少？**請問在台灣誰最需要被性解放**？[3]

面對黃淑玲激昂的提問，會議現場的酷兒很可能會回答，正是妻子與小孩最需要被性解放。但當然，黃淑玲在提出這個問題時語中顯然不帶任何反諷的意味，因為自中央大學性／別研究室的何春蕤和卡維波所主導的性解放論述運動興起以來，黃淑玲與大多數主流的女性主義者就口徑一致與這個性權運動劃清界限。對於黃淑玲而言，許多台灣男性無論情願與否，都深陷於「強制性異性戀慾望」的布局當中，夾於妻子與妓女兩方之間，進退兩難。而根據她的認知，性解放終將導致的結果不是廢除創造出「妻子／丈夫／妓女」三角關係的婚姻制度，而是讓丈夫得以掙脫婚外妓女的枷鎖。換言之，黃淑玲所謂的性解放，是等同於強制的單一伴侶制。

我們該如何理解此一女性主義流派對於「性解放」特異的想像？或者將這個問題置換到另一個語域，我們究竟該如何理解反娼女性主義對於婚姻的依附？黃淑玲又為何將婚姻視為慾望對象（object of

---

3 黃淑玲，1998a，粗體字為作者所加。

desire），相信只要忍耐，現代單一伴侶的婚姻終將帶來幸福？[4] 我希望從歷史以及象徵語言的角度來思考上述問題。首先，黃淑玲所再現的「強制性異性戀慾望」機制，可被理解為歷史上以男性為中心、一對多妻妾／娼妓連續體（the polygyny-prostitution continuum）的結構性位置。東亞研究學者馬克夢（Keith McMahon）在其對於「前現代」中國性／別體系的研究中，就曾指出這項結構上的特色。他主張，組織此一體系的力量來自於當時主導的一夫多妻制（the institution of polygamy），這項制度在二十世紀被現代的單一伴侶婚姻所取代，但在不同的華語離散地區有著程度不一的轉進演變。[5] 丁乃非則更進一步試圖處理馬克夢的歷史性提問，分析多婚制如何透過歷史遺留續命還魂，組織著當代的性／別樣態。她在研究中記述了一個（反女性主義）的歷史書寫（historiography）脈絡，這種書寫探究的是一種尊貴可敬的女性主義主體性，與內在於其情感結構之中的矛盾、衝突。根據丁乃非，致力於性別平權的現代女性主義主體佔據了單一伴侶婚姻制度中妻子的主體位置，與之相對的是跨華語離散地區（例如香港、台灣、新加坡等地）卑賤化的婢妾生命軌跡。此一女性主義主體之所以得以確立受到婚姻契約保障的現代單婚妻子地位，主要乃是透過拒認（disavow）自身現代化的過程，將性汙名與性別化的羞恥投射至通姦者、婚姻的第三者與酷兒等人身上，這些群體位於妻妾／娼妓連續體的陰影之中，被逐於單一伴侶婚姻關係的性想像之外。[6] 我在稍後分析《染色的青春》時會再回到這點。

從此一歷史角度看來，黃淑玲所想像的「強制性異性戀慾望」布局，事實上帶出了三個相互牽連、互動的主體位置，分別由家庭主婦、丈夫（現代的多妻者）、娼妓所佔據。三者之中黃淑玲所認同的是單一伴侶婚姻制度裡的妻子，當她警告在場的女性「我們的」男性

---

4 我在此處概略地借用貝蘭特對於樂觀（optimism）這種情感形式的理論化。見Berlant 2008a: 33。

5 McMahon 1995: 1-17.

6 見Ding Naifei（丁乃非） 2007; 2009。

家庭成員很容易誤入歧途，她與聽眾說話的基準顯然較不座落於宗族血親的座標之中，而是以伴侶關係作為定位。藉由此一情感上的認同，黃淑玲與在場聽眾裡的良家婦女建立某種連結。我在此想多著墨於黃淑玲所使用的說話方式，與其所展演的親密關係。伊莉莎白・波薇妮莉（Elizabeth Povinelli）在一篇探討自由主義現代性承認政治（politics of recognition）的文章論及，自由主義治理的模式，是透過親密愛（intimate love）與親屬關係的相互交織而運作。波薇妮莉在文中援引哈伯瑪斯（Jurgen Habermas）的研究，研究探討公共領域的興起，與伴隨公共領域而生的一種新興的親密的說話方式（intimate mode of address）。波薇妮莉的論點是，親密愛取代了前現代宗族社會組織架構的階級、地位，躍升成為評斷個人價值最主要的身分標記，並在這過程中同時與「功用」和「金錢利益」等「圖謀依附」（interested attachment）的算計被分離出來。[7] 她認為，現代個人的內在情感與愛的能力是反覆自我反身性（self-reflexive）的操演所造就的；言說主體不斷檢視主體「我」對於親密的「你」（thou）的觀感情緒，從而操演式地生產出說話者「我」的內在性。重要的是，這樣的親密愛認可，同時也被國族主義所吸納統攝，置換並消除取代（lifting-up; *Aufhebung*）了你、我的辯證關係，因而造就了「我們作為人民」（We-the-People）這般說法的出現。[8] 波薇妮莉研究的論點在於揭示宗族社會如何透過親密愛的體制化，以婚姻中的伴侶關係作為聯繫，重塑轉型成為核心家庭社會，而她也進一步指出，晚近的自由主義政體則以這套關係網絡作為基準，授與公民身分，並以常規化的愛為名進行社會排斥。[9] 從這個角度予以檢視，我們就能理解黃淑玲話中潛藏的涵義。黃淑玲在會議中使用的親密的說話方式，創造出一塊一體兩面的意識形態模板（ideological template），一面是「我們

---

7 Povinelli 2002: 230.

8 Povinelli 2002: 230-231.

9 也請參照Povinelli 2006。

作為婚姻伴侶」（經由國家的見證宣誓攜手邁入愛的牢籠），另一面是「我們作為人民」（在常規化的愛裡團結合一向性產業說不）。為這塊模板注入生命的並不是主流女性主義堅信不移的互為主體性（inter-subjectivity）理想想像，而是黃淑玲自我對於婚姻伴侶關係的反身性依附（reflexive attachment）。她將自我的情感投射於台灣男性身上，想像那些身為丈夫的男性隨著年歲漸長，才驚覺生活缺乏親情，慘淡灰白，因而悔恨不已。

當然，單一伴侶者渴求親密認可與伴侶平等的慾望還得先面對當今台灣父權家庭中結構上不均等的性與家務分工。對於現代中產的職業婦女而言，追求獨立的首要要務就是擺脫磨損生命的家務重擔，而傳統上家務勞動是身為母親與媳婦的職責。因此，以政治化的手段要求國家在育幼以及年長者安養方面提供福利國家制度，就構成了台灣國家女性主義的核心政治訴求。而重點在於，對於國家女性主義主體而言，父權體系之中的性別支配關係因為性產業的存在而愈形惡化。劉毓秀在同一場論壇發表的文章裡就清楚表示：

> 男人於單方獨享經濟利益與妻子所貢獻的性、愛、家事服務之後，便有金錢和體力從事家庭外面的娛樂和應酬活動，餵養出龐大的色情產業。後一種情況，在台灣等嚴重歧視女性的國家尤然。[10]

劉毓秀在此所時間化的是一種違常的父權婚姻關係，先是妻子犧牲，丈夫繼而在婚外尋求享樂。這項時間關係上的鏈結似乎透露出作為女性主義者深層的怨恨。也就是說，對於妻子而言，無法容忍的就是丈夫犧牲自己去找樂子。然而當國家的力量已然介入，協助妻子卸下家務與照護的重擔，妻子卻始終想要改正丈夫的「惡行」，目的是以免

---

10 劉毓秀，1998。

丈夫背著自己太爽（因為妻子本身一點都不爽？）。而就算劉毓秀承認「愛的勞動」什麼也帶不來，只會導致生命在婚姻中磨損，她卻始終無法承認自我「性勞動」的交換價值，反而訴諸於單一伴侶婚姻契約賦予妻子獨有的權利，霸佔丈夫的身體使用（只能用來讓妻子爽），在婚姻的時空裡延續著她所稱的「平等、歡愉、負責的性愛」與「親情」（這些洋溢著幸福的詞彙來自於劉毓秀該篇論文的標題）。因此，劉毓秀在此處為蘿拉・姬普妮思（Laura Kipnis）所稱的「過剩的單一伴侶關係」（surplus monogamy）背書支持。這套親密關係的控管制度之所以得以延續，正是透過強制的愛的勞動。[11]

在〈男子性與喝花酒文化〉一文中，黃淑玲則是把焦點放在性產業中尋歡作樂的男性。這篇論文原先發表於2001年一場「台灣少女、色情市場、男性買色客之研究」的研討會上，會議由婦女救援基金會籌辦，與會的發表人同樣包括了劉毓秀。[12] 會議中黃淑玲面對的任務是女性主義所面臨的一項挑戰，也就是為何即便近年來台灣的婦女運動已逐漸掌握權力，本土的喝花酒文化卻仍然蓬勃發展，難以消滅根絕？對於女性主義而言這顯然關係重大。隨著色情行業的人肉市場日益擴張，無數少女正持續落入陷阱成為獵物。因此，黃淑玲在此處最主要的任務就是揭露父權體制藉以維繫與自我複製的頑強邏輯。黃淑玲將喝花酒文化的風靡，定位於冷戰時期台灣急遽現代化的歷史過程之中，當時有一群新興的社會階層正逐漸崛起，這群人是中小企業的男性企業主。黃淑玲援引布迪厄（Pierre Bourdieu）《陽性宰制》（*Masculine Domination*）一書與高夫曼（Erving Goffman）劇場模式社會學（dramaturgical sociology）中的理論視野，強化先前提及那篇短文中的基本論點。根據黃淑玲的說法，喝花酒文化為這些追求事業成功的新興中產階級男性提供了最主要的遊樂活動場所，這些男性在男

---

11 Kipnis 1998: 291-313.

12 劉毓秀在此會中發表〈後現代性產業的慾望機制，及其與後現代論述及後期資本主義的關聯〉，見第五章之分析。

性主導的社會中受到文化影響，養成陽剛的傾向與習癖（habitus），更藉由喝花酒培養帶有侵略性、專橫主導的陽剛態度，這種心態有助於從事資本主義的商業投機行為。藉由將女人視為禮物交換，男人在風月場所裡流通著並同時獲取經濟與象徵資本（symbolic capital），而這項交易女人的行為更進一步鞏固延續著社會、文化、政治場域中的男性主導。此外，黃淑玲更將喝花酒文化形容為社會現實的「後台」（backstage），是男人得以無拘無束恣意妄為的場域。黃淑玲認為，性文化的功能就有如男人的「加油站」與「鴉片館」；透過利用女性扮演「蕩婦」與「侍女」的角色，男人總是能夠回到性產業中「鴆飲男子氣概」，修補日常生活中耗損的雄風。[13]

黃淑玲在此處搬演、調度著交易女人的場景，將色情營業場所再現為文明的後台，舞台上演員依照男性中心的（androcentric）腳本搬演劇碼，演出最為傳統且刻板化的性別角色，在過程中藉由表演的形式生產男子氣概。在此黃淑玲引用高夫曼的社會學理論，高夫曼以劇場模式解釋自我呈現（self presentation），將前台與後台的行為區隔開來。在前台行為必須依循社會期望搬演，在後台則無需在意正式場合的禮節規範。黃淑玲主張，在色情營業場所，男人和女人同樣都能擺脫舉止必須合宜的約束，自由表達性慾與情感上的衝動。然而，矛盾的是，這個能夠讓人拋開禮教束縛而得以解放的場所，卻是循著性別本質論的邏輯在運作。她是這麼說的：

> 女性必須扮演平時不見容於社會的主動角色，男性也不必維持
> 正人君子的形象，需要的是展現出侵略性的性行為與言語，才
> 會覺得解放了自己。[14]

---

13 黃淑玲，2003a: 73。
14 黃淑玲，2003a: 96。

這段話顯示，黃淑玲關切的重點在於男性得以解放被假設為文明所壓抑的陽剛侵略性，然而奇妙的是，此一男性特質竟在這文明後台裡被當成文化理想，成為丈量男人性事的常模。另一方面，女性在此一境遇裡的可能解放能動性則是完全被抹殺，而這可以從黃淑玲引用人類學家安・艾利森（Ann Alison）討論日本酒店文化如何生產企業男子氣概（corporate masculinity）的研究中看出端倪。黃淑玲贊同艾利森的看法，認為性遊戲的團體儀式，製造出一種「愉快的性別支配氛圍」，有助於「讓男性感到自我膨脹」，而其中最重要的一項要件就是「小姐必須**脫去主體性**，替客人點菸」，並「順從客人的權威」。[15] 黃淑玲總結自己的論點，強調：

> 色情場所小姐的職業角色是異曲同工，同時扮演性感撩人的「蕩婦」以及百依百順的「侍女」，將這兩種女性特質**發揮到極致**，才能促成男性成功地展現男子氣概。[16]

依據黃淑玲所再現的性產業場景，當男人不再受到任何羈絆，赤裸裸地展現好色淫猥的天性，女人很可能就得拋棄日常前台尊貴可敬的女性特質，聽命於男人，極盡淫蕩、百依百順、取悅男性之能事。此處的重點當然在於黃淑玲對於「女性特質」常規化的假設。丁乃非的研究指出，這種受人尊敬、「高尚」的女性特質從單一伴侶婚姻制度裡妻子的中心位置發散而出，並透過拒斥想像中「蕩婦」、「侍女」等人所體現的卑賤女性特質而形塑自身。[17] 正是透過這些無比低賤的賤斥物（abject）體現卑賤女性特質，企圖強化現實中陽性宰制局面的

---

15 黃淑玲，2003a: 97-98，粗體字為作者所加。甯應斌（2004a）曾在他的專書，以高夫曼的理論為主軸，細緻闡述務業的專業和高度異化其實是深植於晚期現代性的動力中。他的論點反駁了女性主義單獨挑出性工作將之視為自我異化的反娼常識。

16 黃淑玲，2003a: 99，粗體字為作者所加。

17 Ding（丁乃非）2002; 2007; 2009; 2010。

男人才得以不斷獲取霸權式男性特質的泉源，或以幻想式地逼近（approximate）霸權男性特質，但在此同時這種卑賤女性特質卻又不見容於性別平等的日常生活舞台上。黃淑玲在此的確建構了一個無可摧毀的父權體系，但被犧牲的是現實生活中道德上可議的女人。這些低賤的女人被貶抑分派至文明的後台，黃淑玲同時也指稱那是一個就名義上而言「超現實」的場域。[18]

那麼依照這番布局，尊貴可敬的女人又身處何處？雖然黃淑玲也指出，根據布迪厄，婚姻制度是父權體制中象徵交換（symbolic exchange）最主要的場所，但在概略式地挪用布迪厄的理論時，黃淑玲卻將重心轉移至性產業，指稱那是受到交換邏輯架構的首要場域。黃淑玲認為性產業讓男人獲得更多象徵權力，而這些男人隨之將暴力加諸於家庭主婦身上，主婦卻只是屈從於婚姻，間接默許這項象徵暴力。換句話而言，黃淑玲無法說出的是，家庭主婦的不堪境遇事實上是非她族類的女人所造成的。依照黃淑玲的邏輯，發生於婚姻內的暴力被置換至性產業中，但這項置換（displacement）卻無法被承認（unavowable）。從這個觀點看來，黃淑玲在文章結論中對於婚姻交易制度的含蓄批判[19]，就一定得從以下的角度來理解：黃淑玲將自己從父系宗族（patrilineal genealogy）象徵交換的場景中抽離開來（黃淑玲本身對於「我們作為婚姻伴侶」與「我們作為人民」的認同即奠基於此一象徵交換之上），同時也把單一伴侶婚姻制度裡的妻子當做交易女人的「金本位制」（the gold standard），當做評斷其他象徵交換形式的基準。[20] 如此，她才得以在一個超然的位置上，去勸女人別「過分執著於」婚姻制度，而又可以同時敦促婦女運動反抗性產業，從根本截斷男子氣概經濟體系的循環運作。[21]

---

18 黃淑玲，2003a: 126。
19 關於含蓄的批判見劉人鵬、白瑞梅、丁乃非，2007。
20 Ding（丁乃非）2007。
21 黃淑玲，2003a: 126。

以上所述顯示，縱使黃淑玲引用的是布迪厄的理論，而布迪厄向來最能反思自我作為知識份子的實踐，也透過檢視學院等主流文化場域來理論化「習癖」的概念，黃淑玲依然絲毫未能覺察自身作為女性知識份子的習癖，也毫不意識她所行使的象徵權力。舉例而言，在探討黃淑玲娼妓研究中「性自主」的問題時，龔卓軍就曾指出，黃淑玲在自願擔任矯正機構輔導老師期間（在此期間她也同時進行著有關性產業的民族誌研究），如何施展分類暴力（taxonomic violence），在分類性產業中的女人時複製現行「好女孩」與「壞女孩」的常規化分野。[22] 同樣地，朱元鴻在針對娼妓研究這個領域提出深具反思性的批判時（論文中部分引用高夫曼對於社會排斥的研究），也曾指出黃淑玲的女性主義知識型（episteme）如何與一開始創造出娼妓人口的「知識／權力」體制同謀，例如黃淑玲在研究中就深信，只要在目標族群裡找到更多個案例予以佐證，就能讓研究本身更具說服力。[23] 在下一部分本文將反傷感、反濫情地閱讀《染色的青春》，進一步檢視黃淑玲透過特定情感形式行使的象徵權力。

《染色的青春》與女性主義的濫情劇

《兒童及少年性交易防制條例》才剛頒布不久，反娼女性主義陣營人士卻驚訝地發現，少女從事性工作的情形已蔚為風潮，許多少女似乎是未經脅迫，就自願從事各類性工作。這讓反娼陣營憂慮不已，也促使婦女救援基金會在2001年籌辦「台灣少女、色情市場、男性買色客之研究」研討會。隔年，黃淑玲為教育部發行的《兩性平等教育季刊》（1998年創刊）「青春性事」專刊擔任客座編輯。專刊中大篇幅處理少女賣淫的問題，黃淑玲與其研究助理纓花都為了這期專刊撰

---

22 龔卓軍，2001。
23 朱元鴻，2008: 96。

文。黃淑玲的文章題為〈叫叛逆太沉重：少女進入色情市場的導因與生活方式〉。[24] 這篇文章突顯了反娼女性主義的戀知識癖（episte-mophilia）與濫情傷感，這兩股力量驅動著主流台灣社會中關於「性」的救贖大業（the redemptive project of sex）[25]，《染色的青春》就是一個典型的例子。

黃淑玲的文章依據1990至2000年間她在三間中途之家針對49名少女的深入訪談，文章探究少女自願從娼的緣由，與進入性產業後的生活方式，並試圖找出解決雛妓問題的方法。大多數的受訪者都是逃家輟學的少女，來自不正常的家庭背景，而黃淑玲也聲稱其中大多數曾遭受性虐待的創傷。根據黃淑玲，這些少女多半經由報紙上的色情廣告進入性產業與酒店工作，雖然1995年後《兒童及少年性交易防制條例》已明文禁止媒體刊登此類廣告。進入性產業的少女很快地迷上了輕鬆快速的賺錢方式，更沉迷於享樂大肆消費的生活，將賺來的錢花費於名牌、藥物與電玩之上。黃淑玲認為少女對生活的成癮，與同儕之間流傳的性價值觀，是驅使她們選擇留在性產業中的主因，因此在結論中她主張，性教育應能力抗全面色情化的媒體環境，社會也應改變看待這些少女的方式。這些少女的行為並不是太偏差，她們只是在尋找生命中未能得到的愛。

黃淑玲在這篇文章裡似乎有意駁斥性解放運動的論述，不認為這些少女能透過性能動性（sexual agency）的發展培力自我。她堅稱少女對於家庭、學校的反叛，與經由性工作獲得的自主性，根本稱不上是性解放，因為這些女孩若非是虐童與性虐待事件中的受害者，就是

---

24 這篇文章另有較為學術的英文版本，見Hwang and Bedford 2004。

25 這個說法借自Leo Bersani 1987。在其〈直腸是墳墓嗎？〉（Is the Rectum a Grave?）經典論文裡，Bersani 把美國反色情女性主義的政治讀為企圖重新改寫卑賤性（base sex）的救贖大業。他從精神分析的觀點切入，論證在歷史文化上和（維多利亞時期所再現的）妓女）陰道、（愛滋病恐慌中所再現的男同性戀）肛門連結的卑賤性所產生的痛／快（jouissance）在心靈層面上有鬆動粉碎那個穩固且正常化的陽剛自我，因此對他而言，任何想把性向上提升美化的知識生產和政略都有鞏固現階段性／別宰制的保守文化效應。

受到同儕間性價值觀的誤導。[26] 但最耐人尋味的是，即便黃淑玲在敘述少女留在性產業中的理由時不斷強調少女對生活成癮所能帶來的嚴重心理傷害，她在文中卻也提及，有為數眾多的少女在**被安置於中途之家之前**，顯然並不知曉附加於性工作之上的社會汙名，事實上她們對於她們的生活方式與工作感到十分滿意。然而國家力量卻強行介入，截斷這些少女繼續如此生活下去的慾望，儘管少女們的確在這樣的生活裡獲得友誼與情感支持。[27] 但這些對於黃淑玲來說都不重要。她用愛的語藝囊括、統攝這些少女所追求的微小幸福。對於黃淑玲而言，這些受到童年經驗創傷的少女，是在錯的地方把愛給了錯誤的對象。因此黃淑玲認為，性教育的當務之急就是灌輸莘莘學子「真愛」的概念。她主張：

> 性教育課程需要跟大眾媒體、電腦網路、及同儕團體流傳的色情資訊相互競爭，除了強調男女平等互重的信念，協助學生建立尊重自我與他人的性價值觀，分辨何謂「性自主」的真諦，還需要提供《兒童及少年性交易防制條例》的法律知識，讓學生充分瞭解嫖妓是一種傷害他人的性行為，而從事色情也將對個人的生心理產生嚴重的後遺症。[28]

「性自主」作為台灣主流女性主義裡被廣為接受的通俗看法（doxa），言簡意賅地展現了反娼陣營的控管慾與極權主義。黃淑玲在文中所記錄的微小幸福不僅僅不被認為是正面的自我肯定，到最後甚至還遭受病理化的下場。而不論具體脈絡為何，賣淫、嫖妓一律被視為傷害自我又傷害他人的行為。黃淑玲在這段文字裡更虔誠地為法律代言，宣傳條例中第四條規定的宣導事項：

---

26 黃淑玲，2002: 67。
27 黃淑玲，2002: 72-73。
28 黃淑玲，2002: 73。

本條例所稱兒童及少年性交易防制之課程或教育宣導內容如
下：

一、正確性心理之建立。

二、對他人性自由之尊重。

三、錯誤性觀念之矯正。

四、性不得作為交易對象之宣導。

五、兒童或少年從事性交易之遭遇。

六、其他有關兒童或少年性交易防制事項。[29]

根據法律中的明文規定，所謂「性自主」的真諦在根本上就排除賣淫。這是性心理機器運作的典型範例，在反娼的條文規定之下將「性」心理化、心理醫學化，藉以建立常規化的知識體系。

我認為我們應該將《染色的青春》放置在此一主流女性主義國家文化常規化的體制脈絡中閱讀，將它視為規訓權力的產物。這本書由心靈工坊出版。這家出版社是台灣新興的幸福工業（happiness industry）中的一環，專門出版心理健康與身心靈統合的書籍。[30] 《染色的青春》由黃淑玲的研究助理縷花所執筆，書中收集了十則故事，素材大多來自黃淑玲在中途之家裡進行的深入訪談。每則故事敘述一個女孩的生命歷程，然後以社會學的角度分析，以達教育意義。換言之，我們在書中看到的是十則在生命權力運作之下生產而出的個案研究，從禁錮於收容中心的身體裡強行抽取生命經驗，再生產女性主義知識與真理。這些個案研究生產於體制化、社會學的框架之中，因此我們也可將它們視為同屬一個文類的敘事，這個文類重複了某些感情結構與美學形式上的俗套。[31] 編排上《染色的青春》在個案研究的前後細

---

29 《兒童及少年性交易防制條例》，http://childsafe.isu.edu.tw/f/f2_27.asp，2009年11月3日擷取。

30 關於文化研究對於全球「幸福文化工業」風潮的探討，見Sara Ahmed 2010: 1-12。

31 Lauren Berlant (2008b: 4) 的研究探討美國女性公共文化的濫情傷感，她在文中提議我們應將女性特質閱讀為一種文類，以強調朱帝斯‧巴特勒性別操演（gender performativity）理論裡所忽略的情感層面。

心地加上一系列的文本，層層包覆。首先，在本書開頭有四篇推薦序，撰文的人分別為：一、婦女救援基金會前董事、前任法務部部長王清峰律師；二、在《兒童及少年性交易防制條例》立法與修法過程中扮演重要角色的婦女救援基金會前董事沈美真律師[32]；三、台北市政府社工員陳淑娟；四、纓花。四篇序文之後是黃淑玲所寫的導讀。本書的附錄也相當令人印象深刻。附錄中除了摘錄《兒童及少年性交易防制條例》中的重要條文，提供洽詢求助資訊，表列所有重要的反娼與兒童保護非政府組織，更包含了「雛妓」少女 Y 的日記摘錄，雖然時至今日我們仍無法確定少女 Y 的真實身分為何。這本日記原先是警方在臨檢一間妓女戶時拾獲，之後塵封於婦女救援基金會的檔案庫裡無人知曉，直到後來才被一位基金會裡的研究人員發現。這本日記同樣也成了書中的一個個案研究。在節錄的日記後書中附上婦女救援基金會董事林方晧心理諮商師的解讀，他以「女性主義諮商」的觀點提供閱讀這本日記的方式。

在以下的分析裡將不會著重於分析故事與日記本身，而是將這本書視為一個文類。因此，分析的重點在於這本書如何動用濫情政治，生產出一種常規化的優勢女性主體位置，由這些性別平等的專家佔據。換言之，我將聚焦於分析這些專家如何部署從少女身上取得的知識，並透過濫情傷感的敘述方式將這些知識納為己用，以確認自身的理想自我，並藉以進行防堵賣淫氾濫的聖戰。更確切地說，本文欲說明的是，當這些女性主義者一再告訴我們該如何閱讀這些故事、該如何感受這些少女的苦痛，她們事實上展現了強迫症的徵候，透過不斷反覆確立自身尊貴可敬的女性特質，在過程中所動用的是現今台灣親密公共領域裡享有霸權主導的一種感情結構。這本書體現了一種「同情憐憫的強迫症」（compassion's compulsion）。[33] 我希望從這個角度

---

32 見何春蕤，2005。
33 這個詞語借用自Lee Edelman (2004: 67-109) 專書第三章的標題。

予以檢視，能清楚說明主流女性主義者是如何透過剝奪娼妓的善，累積自我的道德／象徵資本，以成全女性主義所謂的「至善」（the feminist Good）。[34]

就讓我們先從這本書的生產過程看起，根據作者／編者纓花的描述，那是一段伴隨著強烈情緒起伏、充滿淚水的歷程。在序文〈讓她們發光發亮〉中，纓花回憶自己經歷多麼艱辛的過程，才終於寫成這本書，期間歷經手稿被出版社編輯退回兩次。第一次的初稿是情緒宣洩的產物，完成於東台灣寧靜太平洋海岸的一處僻靜之地。纓花花了整整一個月的時間完成初稿，邊寫邊哭，期間她仍勤練瑜伽，或許甚至在野外「裸游」，和自己喜歡的男人或女人「在大自然裡做愛」（摘錄自書冊內頁的作者簡介）。[35] 根據纓花所言，情緒徹底宣洩的過程給了她極大的痛快。但稿件卻遭到退回，出版社的編輯與婦女救援基金會的工作人員要的是不一樣的東西，一本適合「成人跟青少年」閱讀的故事。[36] 作品審查未過，纓花回到住處重新寫過，但第二次仍舊失敗，稿件再度被退。這一次志得意滿的傲氣轉變為痛苦、絕望、憤怒和自憐，伴隨著悲痛的淚水。而讀者應該不難猜到，正當她準備放棄寫作，那些受到嚴重創傷少女的鮮明記憶又再次浮現腦際。無論多苦，那些女孩仍然堅持夢想，期待著更美好的未來。女孩在苦難中仍抱持希望，深深激勵了纓花，也使她感到羞愧不已。在與黃淑玲電話深談後，纓花終於找到了一個恰當的書寫方式。她最後終於成功了。纓花在序文末尾感謝寫作過程中給予支持的朋友。她說在這之前，總是覺得在書中致謝的儀式有些八股、噁心，但現在她卻不那麼認為了。因此她將最深的感謝獻給那些「願意透露她們真實生命經驗

---

34 我在此處的理論構思引用自Lacan (1992) 的精神分析倫理，詳見文末探討倫理的部分。

35 我在此特別標記出纓花身心靈合一、崇尚自然的生活方式。纓花喜好在野外進行無拘無束的自由性愛，那樣的性愛被認為是自然、未受汙染的，與玷汙、敗壞青少女的商業性性行為形成強烈對比。這是「性自主」的重要意義，將「性」田園詩歌化，《染色的青春》正體現了這樣的企圖（請見本文以下）。

36 纓花，2003: 20。

的美少女們」，希望這本書真的完成了她對她們的承諾。[37] 纓花自白式的說話方式確立了整本書的情感基調，這樣的情感很可能孕育出一個新的感情公眾（a feeling public）。這本書以情感作為骨幹，因而淡化了規訓、行為矯正的體制背景。少女們「被當作娼妓或雛妓對待」[38]，在脅迫下自白，自白的供詞隨後被商品化為「真實」、動人的生命故事，並透過分級制度的審查再製成適合大眾閱讀的讀物。纓花究竟為了什麼而感到宣洩式的滿足？

《染色的青春》裡仍有黃淑玲所寫的導讀，與婦援會多位前董事的序言，合力強化這本書傷感濫情的架構。更大的時代背景則是1980年代末期婦援會參與的救援雛妓運動。黃淑玲在導讀中敘述自己的一則經驗。她在閱讀作家李喬的寫實小說《藍彩霞的春天》（1985）後，情緒激動難以平復。小說描繪台灣女性被迫從娼的情形，書中少女的不人道遭遇令黃淑玲深為動容，她因而立刻決定以色情行業婦女作為博士論文的題目。在此特別標誌了此個人敘述的情感投資，這是因為黃淑玲日後的反娼和救援不幸少女大業是被李喬小說裡敘事的慣例所驅動。因此，我們在分析時必須特別注意黃淑玲如何運用修辭技巧，在論述上建構青少女的性心理與主體性。其中一個顯而易見的例子就是書中為了匿名的考量替少女們另取的別名。透過這些少女娓娓道來，讀者所見識的是一個殘酷的世界。面對這般困境，少女們早已習以為常，但對於大多數人而言這卻是難以想像。黃淑玲在以下這段文字裡解釋了命名的原理與案例分析的目的：

> 每位主角的美麗名字傳達了她的性格或夢想，如天空自由翱翔的鳥兒、靈秀芬芳的花兒與樹草、堅拔良善的仙子等等。第二部分深入分析每位主角最特殊的悲歡境遇及對人世最強烈的觀

---

37 纓花，2003: 21。
38 朱元鴻，2008: 96。

察感受，帶領讀者瞭解色情世界在少女身心上烙下的印記……
[與] 形成少女淪入色情市場的推力。[39]

這些女性化的比喻的確洋溢著田園式、伊甸園般的喜悅，對於主流女性主義而言這是無比快樂的泉源。這些詞彙描繪出一個純淨無瑕、毫無雜染的奇幻世界，世界裡居住著雙宿雙飛的仙子，人們通常不認為這些仙子有性慾，更別說他們會使用性來滿足自己的利益（就這點而言，在現實生活中極端的例外或許就屬酷兒與嬉皮）。這也就難怪王清峰會在她寫的推薦序〈社會改造尚未成功〉裡這些不受人尊敬的少女是「折翼的天使」，甚至稱她們為「菩薩的化身」。[40] 王清峰進一步解釋，這些女孩往往背負了他人的罪惡（像是將女兒賣往娼寮的父母親），也為了減輕他人的問題而甘願為他人受苦。但「菩薩」這個尊稱卻只是個矛盾修辭（oxymoronic）。王清峰才剛將這些少女尊抬到菩薩的地位，卻又立刻取消她們的資格。她斷然否認有「自願從娼」這回事，自相矛盾地表示要改造這些問題孩子並非難事。的確，智慧的菩薩到頭來還是需要性別平等教育。

　　諸如此類的前後不一、自相矛盾在《染色的青春》書裡比比皆是。儘管這些少女被認為行為偏差，各自為了不同的因素從娼賣淫，書中卻又將她們描繪成純潔、天真、善良的女孩，而黃淑玲與纓花更屢次將這些少女形容為準女性主義者（proto-feminists）。例如書中的少女亞妡就被冠上漫畫裡「無敵美少女戰士」的稱號。[41] 亞妡是書裡「最成功的」一個案例研究，被救出時是一名尚未成年的雛妓。她與其他被救援出來的少女不同，有著強烈的自我概念，而且也不像逃脫中途之家的少女那樣，把那個地方描述成「充滿約束，好像另一座監獄」；即使做乞丐亞妡也不願從娼：「因此無論被妓院生活如何折

---

39 黃淑玲，2003b: 24。
40 王清峰，2003: 7。
41 婦女救援基金會、纓花，2003: 34。

磨、傷害自己如何慘重,她的內心還是很清楚地對性行業,說『不』」。[42] 而書中的另一名被家人賣入性產業的少女憫瑗則被稱為「生活的哲學家」、「社會的心理學家」。透過憫瑗,我們得以見識性產業的醜陋生活。儘管這個年輕的心理學家似乎對家人沒有任何怨言,也不詛咒自己的命運,本書的作者卻評斷她可能是「受妓院傷害太深,深到已經不知如何喊痛抱怨」[43]。無論如何,就算這些少女試圖抗拒女性主義的凝視(the feminist gaze),反叛的行為終究還是能被「愛」的大網包覆、吸納。黃淑玲在書中就要讀者勿依循傳統的道德價值,譴責這些少女是愛慕虛榮的物質女孩。

> 但仔細聆聽她們的故事,你會發現這些外表灑脫的少女,大聲吶喊著未曾被呵護的幼時傷痛。她高傲地說,你不要問我後不後悔,她說我靈魂裡的火多過你所有的灰燼,但你仍可嗅到青春火焰燃燒著對愛的濃烈渴望與需求。[44]

於是身為讀者的我們就在作者的指示之下接受導引,共同修習女性主義「愛」的現象學(phenomenology of love)。黃淑玲想要從少女的身上嗅出渴愛的慾望是那麼的強烈,以至於她把「我靈魂裡的火多過你所有的灰燼」當作她導讀文章的標題。就如同我在本文稍早指出,主流女性主義認為這份愛足以修補、置換童年時期性虐待的創傷,但實際上創傷本身卻只是一種經由心理化、回溯式的建構,從事性工作的女孩自此與創傷脫不了關係。反色情女性主義者朵金(Andrea Dworkin)與麥金儂(Catharine MacKinnon)就感傷化地將所有生產/消費色情的女性視為年幼的女童,也因此,她們將所有色情產物本質化,認為凡是色情必定涉及兒童,這也確立了審查制度無可挑戰的

---

42 婦女救援基金會、纓花,2003: 37。
43 婦女救援基金會、纓花,2003: 71。
44 黃淑玲,2003b: 26。

必要性。勞倫‧貝蘭特在剖析這兩人的女性主義時，就曾敏銳地指出「虐童」這個議題如何運作，在色情循環式的邏輯（「色情製造了色情」）裡作為一個穩固的支點：

> [色情的循環]讓男人都成了虐童者，他們傷感濫情地談論女人，同時貶低女人身分。而又因為無論是年輕的少女或是女人，都必須在這個充滿虐待的文化裡謀求物質生存，同時保持心靈健全，她們因此上了癮似地服膺於刻板化的性價值與性別剝削，被迫成為色情裡的主角（或是被迫消費色情）。依照這套邏輯，成年女人的自主性其實是一種偽自主（pseudoautonomy），遮蔽、置換了小孩的脆弱與年輕女孩的易受傷害。未成年的年輕女孩才是居於幕後的真實面貌。這是所有美國女人發育未完全的二等公民身分。[45]

貝蘭特的論點隱約指涉著佛洛伊德對於同性戀的看法，根據佛洛伊德，就伊底帕斯生殖器導向（Oedipal genitality）的目的性（teleology）而言，同性戀是一種遲滯不全的發展（arrested development）。而貝蘭特在以上這段引文裡所敘述的循環式邏輯（circular logic），也同樣出現於黃淑玲不斷重複「愛」的強迫症（the compulsion to repeat love）裡。我認為黃淑玲所說的愛，是以異性戀單一伴侶婚姻制度下的伴侶關係作為導向，以此作為命定的終極目標。而黃淑玲所謂的性自主，正是在愛的常規化治理體系裡確立，仰賴的是不斷刺激主體言說（incitement），召喚出導致少女賣淫的性創傷經驗。對於黃淑玲而言，愛救贖了一切，足以彌補剝削的父權資本主義體系之下所有因性而起的苦難與傷痛。黃淑玲將自己困囚於愛的目的論裡，透過投射式的認同，在每個少女的心裡置入一個帶有純淨性慾（a pristine

---

45 Berlant 1997: 70.

sexuality）的小孩，讓小孩的完美形象得以延續，讓自我純淨無邪的性慾得以延續。

就是在以上所述反娼女性主義濫情政治的脈絡之下，少女 Y 的日記經由部署，成為書中統攝十個案例研究的統合式大敘事（total-ising master narrative）。書中的日記摘錄敘述少女 Y 在1984至1992年間從娼的生活，交織穿插著研究員陳家玲的評論。編排方式試圖模擬陳家玲發現那本日記時的情境，跟隨她認真逐頁閱讀，記錄閱讀時的情緒反應。因此，經由女性主義情感的中介，我們得知少女 Y 功能失調的家庭背景（她有一個帶有前科的父親，狠心地將自己的女兒賣入妓院，慈愛的繼母則是在酒家上班以扶養小孩），我們目睹身為「性奴隸」的她簽約賣身的悲慘生活（儘管少女 Y 常被酒醉的嫖客與壞心的老闆娘使喚、虐待，她仍渴望自由，渴望得到愛）。我們跟隨著家玲一同感到難以置信，難以相信少女 Y 竟然在事發五年之後，才藉由書寫日記揭露童年時期受父親與祖父性虐待的巨大創傷。我們因而推斷，一定是母愛給了少女 Y 支持下去的力量，讓她在多年以後終於能夠以言語描述亂倫的過去。更進一步閱讀，我們因為所目睹的痛苦、殘暴，幾乎再也不忍繼續閱讀下去（這時分析者告訴我們要為少女 Y 加油，少女 Y 有如活菩薩，展現了純粹的善，在苦難中仍能保有原諒、諒解、並堅持下去的能力）。但在女性主義渴求知識的慾望驅使下，我們仍執意一探究竟，繼續追索少女 Y 的後續發展（七年合約終於到期，少女 Y 逃離受困籠中的生活擁抱自由）。在日記末尾，我們無比失望地發現（但卻也頗能理解），少女 Y 重獲自由兩年後，因為缺乏在社會中生存的技能，「自我概念」又嚴重「扭曲」，已無法恢復常人生活，她於是回到了妓院重操舊業，從此病痛纏身獨自一人過活。[46]

所以最後家玲為少女 Y（或是「小薔」，少女 Y 在日記裡的自

---

46 婦女救援基金會、纓花，2003: 157-176。

稱）感到非常非常遺憾，思索著為何明明兩人出生年代相距不遠，這樣的磨難卻會發生在一個女孩子身上。[47] 而少女 Y 又為何會「丟下相伴多年的日記？」心理諮商師林方晧在詮釋這個個案研究時這樣問著。[48] 至今少女 Y 的身分仍是個謎，沒有人知道她的下落，國內的婦女救援團體合力協尋卻也是一無所獲。林方晧引用女性主義創傷理論解讀少女 Y 的案例，強調創傷的惡性循環與性虐待／性剝削的循環式邏輯，字裡行間透露少女 Y 存活的機率可能微乎其微[49]，而黃淑玲則驟下結論，斷定少女 Y 必定早已香消玉殞，悲劇式地在孤獨中結束她短暫的生命。[50]「或許，」本書封底的簡介告訴我們，「她的苦痛早已隨著短暫的一生悄然消逝了。」

> 然而，她的故事卻還沒有止息，仍以各種不同的版本在某些少女身上流轉著。本書呈現了十位色情工作少女的真實故事，仔細聆聽，你會發現她們大聲吶喊著未曾被呵護的傷痛。青春火焰燃燒著對愛的濃烈渴望與需求。透過她們的生命故事，我們可以進一步思索現代家庭、學校、社會的種種危機和改善之道。[51]

黃淑玲要我們依據少女 Y 的案例研究加以對照閱讀書中的十個個案，如此方能「深入這些被賣女孩的心靈幽處」。[52]

然而我們無法確定少女 Y（小薔）是否已不在人世。 黃淑玲為何如此斬釘截鐵地確信，即使少女 Y 心地善良，又已度過那麼多痛苦與苦難，她絕不可能存活，繼續追求屬於她的幸福，無論幸福的形式

---

47 婦女救援基金會、纓花，2003: 175。
48 林方晧，2003: 190。
49 林方晧，2003: 190。
50 黃淑玲，2003b: 25。
51 引自封底簡介。
52 黃淑玲，2003b: 25。

為何？我們又該如何理解這些主流女性主義者的決斷，在遵循法律規定進行教育宣導時（《兒童及少年性交易防制條例》明文規定教育人士應宣導「兒童或少年從事性交易之遭遇」[53]）如此輕易地判人死刑，如林方晧一般猜測、或如黃淑玲一般斷定他人生命的逝去，而在此同時又如纓花一般帶著極大的愉悅哀悼死亡？勞倫‧貝蘭特曾引用佛洛伊德一篇極具影響力的文章〈哀悼與憂鬱〉（Mourning and Melancholia），分析國家與公共文化在面對特定從屬社會階級的傷痛（subaltern pain）時，如何透過暴力式的哀悼形塑「感情公眾」。貝蘭特寫道：

> 哀悼發生於當穩固主體基礎的對象（a grounding object）失落了、死去了、或是（對你而言）不再活著，那是一種將彼此一分為二、框定界線的經驗，我在這兒，我活著，他死了，我在哀悼，分隔的兩者再也無法化約為一。那同時也是一種美好（卻非崇高）的解放經驗，藉由哀悼，主體得以獲得定義上的完美，將失落的對象定義為永遠不再變動的存在（a being no longer in flux）。而哀悼總是隔著一段距離上演，即便引發失落感與無助的對象並未死去，所在之處與你也相距不遠。換言

---

53 《兒童及少年性交易防制條例》，http://childsafe.isu.edu.tw/f/f2_27.asp，2009年11月3日擷取。勞倫‧貝蘭特在其編著的一本關於同情的文化政治文選導論裡，藉著一串關於傅柯生命政治權力觀下的現代治理和情感政治糾結的提問，提醒了吾人在面對人道同情政治時所要有的置疑和「保留」。她寫道：
[在一個訴諸同情的] 一個場景裡，其所牽涉的是個人的還是一個人口群的苦痛受難？當一個同情場景流傳時，所牽扯到的是哪類的範例被用來組織——不論是美學、經濟還是政治上的——公眾反應？當我們要救援x的時候，我們想到的是每個像 x 一樣的人嗎？還是我們看到的是一個單一的個案？當某個群體被一個個案所象徵化的時候，我們如何能持續不被做出倫理反應所需規模的要求所淹沒？（Berlant 2004: 6）
就這些提問來看，《兒少法》做為救援雛妓運動的歷史產物，其所明訂的反性交易性別平等教育之內容，顯然是泯滅從娼個體間的不同差異（因此從事性交易的兒少只會有一種悲慘的下場）的檢查言論機制。同時，重要的是，這個法律也預設了被教育大眾所本的普同悲憫情懷。這種情感結構是那麼的優勢霸道（已被制約成為敲膝蓋式的公眾反應？！），以至於它可以完全不需要理會、處理倫理層面上所要求的深刻反思工程，而這正是少女 Y 的悲慘故事必須被當成《染色的青春》其他個案卑賤生命基調的主因。關於這種由公權力和主流悲憫情懷相互支撐所形成的感情公眾及其暴力，見下文闡述。

之，哀悼也可能是一項帶有侵略性的行為，將之置於社會死亡的狀態（social deathmaking）[54]，從實際存在的主體身上撤除意義。就連自由主義者這麼做的時候，也有人會說，他們（把「他者」視為鬼魂哀悼）是在做好事。[55]

貝蘭特清楚說明了社會中主導的「感情公眾」如何透過同情的淚水凝聚自身，並藉以強化自我現有的社會─象徵邊界（socio-symbolic boundary），將異他性（alterity）與各式不同的差異性拒於界線之外。黃淑玲與她的女性主義同夥藉由哀悼小薔，將小薔視為鬼魂看待，在女性主義的象徵秩序裡築起一道邊界，將娼妓隔絕於外。而我們正應該從這個角度，理解家玲所感知的「不遠的過去」。主流女性主義者藉由哀悼，「將之置於社會死亡的狀態」，將小薔永久置於遲滯、發展未完全的青少女時期，並藉以在現實生活中劃下界線，維持著性別平等女性主義者與小薔之間無法跨越的鴻溝。畢竟，儘管後來已經成年的小薔仍持續進行書寫，但她作為一個全然受害者與性奴隸的這個身分是小薔能夠被歸檔成案的理由。丁乃非在追索反女性主義的歷史書寫時，閱讀台灣與華文世界知名的文學大家，這些作者佔據了單一伴侶婚姻制度裡妻子的位置，他／她們在作品中所展現的正是這項製造死亡的幻想（death-making fantasy）。在邁向現代性的進程裡，琦君等尊貴可敬的女性作家試圖將自己與童年時期親密的分身、疊影（doubles）分隔開來，一心希望那些在象徵意義上帶著卑賤女性特質的婢妾早日死去。心存憐憫的（compassionate）琦君認為，這些卑賤的女性在高度現代性的世界毫無容身之地，與其要她們活著忍受

---

54 這裡「社會死亡」的概念和生理上的生命終結有所區隔，它所指的是主體在象徵秩序的層次上被流放而絕緣於社會參與、權力和權利皆被褫奪的化外之人。關於社會死亡和奴役制度的經典研究，見 Patterson 1982。

55 Berlant 2002: 106.

磨難，或許死了還好過些。[56]

　　沈美真在她所寫的推薦序裡提到，讀完少女 Y 的故事，她哭了，那讓她清楚回想起自己在1980年代參與婦女救援運動的親身經歷。她明確地回想起一篇文章，作者是一名中途之家被救的少女。女孩在文中寫道，老鴇如何威脅自己，要是不遵從命令，就要罰她吃蟑螂。而女孩也被迫在一個狹小的房間裡接客，房間裡散發著一股腐屍的惡臭，據說前一個女孩就是在那間房裡被活活打死。[57] 我並非質疑這個故事的真實性，與故事中歷歷描繪的人性醜惡，也堅信那些犯下如此駭人惡行的罪犯應被繩之以法。我反對的是沈美真將這樣的描述擴而大之，概括地宣稱雖然近年來「台灣少女被押賣從娼的案例大幅減少」，從事性交易的少女「一樣在人肉市場上受到各種傷害」。[58] 儘管確實有反面的例子存在，但從事性工作的少女也能是快樂的，就連黃淑玲本身也在本文稍早提及的研究裡透過拒認（disavowal）承認了這項事實。我認為反娼女性主義者之所以如此堅持將「痛苦」與「性工作者」劃上等號，乃是徵候式地展現了她們對於性工作的拒認，這些女性主義者決然否認性工作者能透過性工作獲得性方面的能動性與自我培力（self-empowerment）。[59] 很重要的是，少女雛妓／性奴隸的形象已成了台灣親密公共領域裡的一種戀物。經由策略性地部署這項戀物，沈美真要刺激我們對雛妓少女／性奴隸產生**反面、嫌惡的認同**（aversive identification）。根據貝蘭特的論點，這樣的感情政治建築於人們對於痛苦的情緒反應（emotive response）之上，痛苦被當成一種普世皆準、普同的「真實」感受（a universal "true" feeling），藉由前意識形態的假定而成功運作，並經由有效的部署就

---

56 丁乃非，2002。
57 沈美真，2003: 11。
58 沈美真，2003: 13。
59 關於青少女性能動性與性工作的專業化，見Ho 2000；何春蕤，2003。

位，製造出取得霸權主導所需的社會贊可（consent）。[60] 從這個觀點看來，將青少女／性奴隸戀物化是一項相當成功的政治手段，主流女性主義陣營藉此凝聚社會共識，並用以正當化他／她們的訴求，要求國家嚴格執行、增修《兒童及少年性交易防制條例》，讓兒童及少年在成長過程中能免於性的汙染。

無疑地，沈美真對於青少女與未成年雛妓所感到的同情憐憫，一直是她作為一名女性主義者反娼生涯裡的一大動力。但讓我們在此回顧另一個同情憐憫的場景，沈美真也參與其中。我指的是1997年9月3日所舉辦的一場座談會，會中各路女性主義者與政治黨派互異的婦女團體齊聚一堂，討論究竟是應該支持陳水扁廢除公娼的決定，還是該支持前公娼，座談會上也有許多前公娼出席。沈美真在座談會裡堅決地表示陳水扁的決定是對的，她聲稱廢除公娼是為了把火坑裡的女人救出來。[61] 但令在場所有人驚訝的是，前公娼官姐卻在這時起身駁斥沈美真，向與會的女性主義者們說道：

> 阮是崖邊的查某，退一步就掉到海裡，恁攏是坐在冷氣房的高尚查某，不懂阮的痛苦。[62]

官姐的發言迫使在場專業、中產的女性知識份子正視她們自身享有的「霸權式的舒適」（hegemonic comfort）。[63] 官姐僅僅只是懇求這些女性主義者別與國家權力站在同一陣線，但沈美真當然回拒了官姐的要求。多年之後，公娼鬥士官姐因轉經營私娼生意，向地下錢莊借貸而積欠巨額債務，在債務龐大的負擔壓迫之下，官姐在2006年於海邊的懸崖投海自盡。毫無疑問地，拒絕同情、拒絕憐憫的沈美真絕

---

60 Berlant 2002.

61 見日日春關懷互助協會，2000: 11。

62 http://gsrat.net/news/newsclipDetail.php?ncdata_id=3046，2009年11月10日擷取。

63 這個詞語借用自Lauren Berlant 1998: 287。

對要為官姐的死與其他前公娼的苦難負大部分責任，因為她奪走了這些公娼婦女唯一能安全工作的環境，在那兒她們不必跟那些受奴役的少女一樣遭到非人道的對待。這些公娼之中許多人和小薔有著類似的生命經歷，而沈美真正是為了那些受困少女非人道的遭遇感到無可忍受。然而沈美真竟然能夠忍受前公娼被推入社會邊緣，藉由地下經濟苟活。這提醒了我們一項令人戰慄的事實，當主流女性主義以性奴隸少女作為對象，傷感、濫情、戀物、膜拜，核心裡卻是這樣欲置人於死地、不留人活路的凶殘慾望。

「性」福的倫理與性自主作為哀傷式的除權棄絕（Melancholic Foreclosure）

> 從什麼良？我們本來就是很善良，要怎麼樣才叫從良？[64]

> 閱讀林老師的文章，對照Y的日記和幾位少女的自述，更能深入這些被賣女孩的心靈幽處。感受她們的良善之餘，盼能檢思孝道思想一旦遭到濫用，孩童的人權毫無保障的情形。[65]

> 意志行善的人的慾望是做善事、去做對的事，而那個一心一意要幫助你的人會這樣做是為了讓自己自我感覺良好（feel good）、讓自己與自身和諧一致、去認同或是順服於某種常規。[66]

依據本文中追溯並歷史化的台灣親密公共領域，我接下來想藉著闡述以上三段引文的意義，探討「性」福的倫理，並將「性自主」這

---

64 日日春關懷互助協會，2000: 98。

65 黃淑玲，2003b: 25。

66 Lacan 1992: 237.

個反娼女性主義所高舉的圭臬理論化作為一種哀傷式的除權棄絕。第一段引文出自《九個公娼的生涯故事》書中前公娼真真的故事。這本書由日日春關懷互助協會編集而成，九位前公娼在書中的訪談裡描述自己身為從屬者「厚實的」生命經驗[67]，並反思她們參與妓權運動的歷程。她們的生命軌跡是一種歷史產物，源自於冷戰時期以來台灣極度壓縮的現代性。真真家境貧苦，十三歲時被母親賣入娼館，她在書裡描述自己先是簽約在一間私娼寮提供性勞動，工作了十年，過著極為困苦的生活，每天只能睡三小時，工作了卻拿不到一毛錢。而後真真終於在一間公娼館找到庇護，再也不用接受老鴇無止盡的勞力剝削，和沙文主義黑道嫖客的暴力虐待。真真對她的家人毫無怨懟，透過性工作她為家裡提供了主要的經濟來源，而她也十分驕傲自己能善盡女兒的職責，雖然對真真而言，要善盡女兒的責任就表示必須妥協自己對於好生活的渴望，例如有一棟自己的房子。真真對於市長陳水扁突然吊銷公娼執照的舉動感到憤怒不已，那使得她的家庭頓失生計。主流社會長久以來要求娼妓放棄卑賤的生活方式，如此她們便能有微乎其微的機會能登上好公民的道德高位，並因而享有一些烏托邦式的公民特權（utopian civil privileges）。[68] 面對主流社會的呼籲，真真不屑一顧，挑釁地表示：「我們本來就是很善良。」

在第二段引文裡，黃淑玲要我們重新思考儒家所說的孝道，因為孝道作為一種家庭價值，可能被用來剝奪兒童的「基本」權利。在晚期現代性自由主義的治理之下，這些權利被視為一種普同的價值，預設兒童就該有（同時也保證他／她們能夠擁有）一個快樂、天真的童年，免於性的汙染，不「過早」接觸罪惡的性。黃淑玲將自己定位成家族系譜脈絡中的「女兒」，藉由婚姻制度操演式地生產出「我們作

---

67 這裡關於「厚實生命」的說法，借自Povinelli 2006: 45。

68 根據馬修・松末（Matthew Sommer）對清朝性的法律研究，「從良」作為一個法律範疇，在清朝初期普遍被用來指稱從不自由賤民到自由良民的提升，而到十八世紀晚期，這個範疇後來有了道德上的意涵，變為指涉妓女不再操淫業。（Sommer 2000: 235-236）感謝丁乃非提醒我「從良」一詞的歷史性。

為婚姻伴侶」與「我們作為人民」一體兩面的意識形態模板，遂行反性的濫情政治。她無法看見，對於那些身處於開發中資本主義社會壓縮現代性底下的從屬階級女性而言，孝道這個根深蒂固、卻又帶著矛盾的文化價值是如何運作，反倒用受到婚姻伴侶關係定義、約束的「性自主」，強行否認那些藉由性工作支持家庭生計的下層階級女兒能擁有能動的主體性，也絲毫不顧這些人是否是在高度多重決定的（over-determined）經濟狀況下自願從事性工作。黃淑玲顯然毫無意識自己所享有的霸權式舒適，她要我們去感受那些從屬者的傷痛，一同見證苦難的場景，並為那些娼妓所展現的「善」一掬同情之淚。然而事實上那卻是黃淑玲所搬演的死亡場景，將從娼生涯置於社會死亡的狀態。過程中我們藉由見證他人死亡再次確認自己身為「我們作為婚姻伴侶」與「我們作為好國／公民」的一員，因而感到無比舒坦。黃淑玲在宣告社會死亡的現場立了一座名為「單一伴侶婚姻理想」的紀念碑塔，見證了反娼女性主義之至善，同時也悼念了那個在當下明亮潔淨的女性主義空間裡必須要逝去的卑賤女性特質。

第三個來自拉岡探討精神分析倫理的引文，一針見血地指出了作好人好事的慾望，是如何膺服於正典自我理想想像與做公益的自私自利本質。這裡重要的是拉岡如何歷史化地來解釋現代功利社會裡「善」的作用，進而用痛／快（jouissance）——也就是座落於潛意識場域、由驅力驅使消解自我（the ego）本位的快感滿足——來置疑至善。在他的精神分析講座的第七講「精神分析的倫理」，拉岡挑戰了十九世紀邊沁功利主義的律令，也就是要求現代個人去為最大多數人創造最大的功利，以謀求最大的幸福。拉岡檢視自亞里斯多德倫理學將「善」（the good）作為愉悅（the pleasurable）的命題（也就是他著名的幸福論），是如何在被功利主義接合成為「有用的」（the useful），並顯示功利是如何在象徵秩序構成。在此體系裡，「先行決定的需要」，透過區分、分類和分發，而在貨物／善的功利經濟（the utilitarian economy of goods，這裡的 "goods"，根據第七講的譯注

「除了具有物質上的意義,也含有 "good"作為單數在倫理上的意涵」[69])中被組織成為有用之物。然而,拉岡指出,任何一件由人所製造的物件(他的例子是一塊布),總有著溢出於它自身、無法被盡其用的東西,也就是這東西的痛/快用途(jouissance use)。[70] 因此,對拉岡而言,一旦「善」成為「有用」時,它就變成主體可以支配使喚之物,而重要的是,「善」所座落的場域造就了權力運作:

> 眾所皆知,要對自己的貨物/善有所掌控就意味著某種失序狀態,而這失序狀態則是彰顯了這回事的真正本質,也就是說,要對自己的貨物/善有所掌控就是有權去剝奪他人的貨物/善……保衛個人的貨物/善和禁止自己享用自己的貨物/善,到頭來是同一回事。[71]

換句話說,對上述失序狀態的掌控,是個人在功利主義的至善—愉悅法則(the Good-pleasure principle)和律令下得以成為既定秩序下有用主體的前提:為成就最大多數人的最大幸福,主體必須放棄自己的慾望,並阻絕自己和他人享用自身的痛/快。而這裡必須要指出的是,痛/快對拉岡而言,是人作為有機生物體所與生俱來的唯一資產,也是一種個人獨特的「小善」(拉岡以英文小寫和「至善」區隔)。拉岡對邊沁的批判在於功利主義把愉悅和現實視為連帶,而抹滅了驅使主體追求「小善」之慾望的中心位置。[72]

但話說回來,至善的概括性邏輯必定同時生產出在既定象徵/文明秩序下被認定為反社會(anti-social)性質的痛/快。值得注意的是,拉岡把「全民意志」(the general will)這種社群(或共同體的想

---

69 Lacan 1992: 216.
70 Lacan 1992: 229.
71 Lacan 1992: 229-230.
72 這裡對拉岡精神分析倫理的闡釋,受益於和謝莉莉的深入討論,在此特別致謝。

像）所倚賴構成的共通性，視為至善的一種體現模式，並指出，本著「全民意志」所制訂出來的平等法律，必然有其排除特殊性的象徵暴力運作。酷兒理論家李・艾德曼在引介拉岡對「全民意志」的批判時，寫到：

> 對拉岡而言，雖然這樣的平等法律也許能使「一般所通稱的尊重特定權益」得以確立，但它也同樣能以「一種排除的形式，將無法被它種種要求所統整的一切摒除在外，故而不在它的保護範圍之內」。也就是說，全民意志之所以能夠普同，它就得否決某種特殊性，而想當然爾，這樣的否決根本地反映了「全民意志」這樣的一個特殊建構。[73]

換句話說，「全民意志」作為平等的想像，以及至善所代表的公眾利益（the common good），必然是一種否定排除其他特殊性且發自優勢主導位置的特定想像，而非其所聲稱的普世價值。[74] 因此，從拉岡的倫理稜鏡看來，吾人可以將前公娼真真對她自身「善」的堅持重新讀作為對女性主義至善所提出的倫理挑戰。如果說，如丁乃非所指出的，現代單一伴侶制度裡妻被提升成為交易女人象徵體系中的金本位制[75]，又，如果說，「性自主」的概念，在性別平等的全民意志之下，成為「允諾」最大多數人的最大多數伴侶幸福，那麼痛／快就代

---

73 Edelman 2007: 471.

74 在這裡，讓我舉一個例子，來說明拉岡所嘲諷為「一般通稱尊重特定權益」的排他性。2007年所修訂的《就業服務法》，在原有規定雇主不得對受雇者的性別和婚姻有所歧視外，另外增列了不得歧視年齡、出生地和性傾向的項目。然而令人深思的是，這被同志團體視為平權進步的修法，同時也有個立法的附議，那就是將「變童戀、動物戀、性虐癖及其他病態傾向者」，排除在「性傾向」的定義外。（陳志瓶、朱淑娟，2007）很清楚的，當（過去被視為變態的）同性情慾傾向能被公眾化時、當「尊重同性戀」開始成為晚期現代自由社會的普世目標而開始被建制化時，立刻就出現一堆「不合格」的性傾向。這些因著年齡、物種和權力越界的差異而被斷定為有礙、危害新平等性體制秩序的變態痛／快，則構成了負面社會性。

75 Ding 2007.

表了婚外性的那個負面社會性。[76] 為了反對性騷擾、色情暴力，反娼女性主義所建立的感情公眾訴諸那個原先就將她們宰制的父權「國」「家」權力，藉以撫平性別創傷。 借用溫蒂‧布朗（Wendy Brown）的話來說，由於反娼女性主義者對公權力的「受傷依戀」，她們的女性主義滋養了一種尼采式的妒恨政治：她們「站在父權的肩膀上」[77]，複製了公權力的邏輯，並以「性自主」之名，對非婚性進行管制排除。的確，「性自主」已儼然成為當下台灣的性別常模，而（作為成雙配對的）「我們」則是「熱情」地依附並臣服於它。[78] 如果說，在自由主義治理下的「性自主」這個範疇已經被解構為「我們不能不要」的權利[79]，那麼拉岡另一段關於痛／快和所謂普世人權的洞見，則更進一步點出了這個權利所蘊含的規訓效應：

> 除了我自己的身體外，沒有人會給我或者可以給我痛／快（jouissance）。那不是立即清楚的，但被存疑過，而人們在這個痛／快——由於這自身的痛／快是個善（good），因而算是我的資產——的周圍立起一道防禦性藩籬，稱它為人權宣言的所謂普世律法：沒有人可以阻止我自我決定如何使用自己的身體。而這結果的侷限便是……人人的痛／快都乾竭掉。[80]

這個普世的律法，本來是要來授予保障個人使用自己肉體痛／快的專有權利，在效應上，卻有著禁止他人決定使用自己身體的禁令[81]，也就是說，維護每個人性自主的代價就是阻絕自身痛／快。因此，在這

---

76 這裡「幸福的允諾」的提法借自Sara Ahmed (2010) 專書書名 *The Promise of Happiness*。Ahmed以現象學為方法，精闢詰問了幸福快樂作為正向情感是如何導引主體人生、養成身體慣習，並造就正規的社會眼界。她的提法對本文有著深刻的啟發。

77 這裡借用趙曉玲 [婦運人士化名]（1996）在反思批判反雛妓運動所蘊含的深層忌性政治的用語。

78 Brown 1995.

79 Brown 2002.

80 Lacan引於Fink 1995: 101。

81 Fink 1995: 101.

個意義之上，當黃淑玲要男人（在單一伴侶的想像內？）去「思考與營造獲致他種情慾滿足的創造力與能力」[82] 而揚棄性產業所提供的五花八門讓人作嘔的變態性服務時，她立基於性自主上提出的多元情慾自由主義說法終究是遮掩住了單一伴侶中的新好男人和良家婦女自身痛／快乾枯掉的可悲事實。[83]

最後，我提議將黃淑玲所展現的保守道德做為一種巴特勒所理論化的性別哀傷來理解，並將「性自主」作為哀傷式的除權棄絕。在她的名著《性別麻煩》裡，巴特勒透過系譜式的詰問，顯示亂倫禁忌的作用需要建立在對同性戀的禁制上：由於正統精神分析理論裡認同和慾望的互斥，這樣的異性戀矩陣生產了哀傷的異性戀，藉以維持二元化的性別認同。[84] 在她的另一本著述《權力的心靈生涯》裡，她則進一步把這個瀰漫的異性戀哀傷與美國主流文化無法哀悼因為愛滋死去的同志的公共情感作了連結。 同性戀依戀的失落在恐同的文化建制裡（如同性友愛的軍隊）不值得讓人垂淚，正是由於一個雙重否認的心靈機制在陽剛異性戀主體上運作，透過兩個「從未」的發聲而彰顯：「我從未愛過他，也從未失去過他」。[85] 巴特勒特別借用了拉岡所提出的精神病除權棄絕的概念（也就是和壓抑有所區別、構成主體所先行執行的否認），將這個愛和悲傷的雙重否認解釋為哀傷式的除權棄絕：這是一個由拒斥認同（refused identification）所構成的場域，而寓於這個場域的正是一個無法被承認的失落。[86] 在這個理論架構裡，我們可以把黃淑玲所佔據的良家婦女女性特質當作哀傷式的除權棄絕來理解。在黃淑玲的文化想像裡，單一伴侶婚姻被用來定義現代的女性特質，而那些只能在女性主義的文明後台出現的侍女和蕩婦

---

82 黃淑玲，1998a。

83 有人可能會對這個嘲諷的論點提出性別權力不平等的經典女性主義詰問，認為色情行業所販售的多樣性變態的服務都是在作賤女人。然而，拉岡的痛／快概念的基進處，正是在於痛／快無法被常規化。

84 Butler 1990.

85 Butler 1997: 138.

86 Butler 1997: 140.

則是被形構為讓男人玩物喪志的鴉片。從良家婦女的單一伴侶位置看來，這種有色情毒害的女性特質是既前現代（因為傳統上屬於公娼似的卑賤）又後現代（因為成癮般的青少女生活方式），因此體現這個不良特質的「非」現代主體落得被打入兩性平等世界外、黃淑玲所謂的「超現實」時空。如果說，1990年中期以降、由主流女性主義所主導推動關於「性」的修法所欲革除的正是被標誌為陽剛性別的性變態和色情，以確立「性自主」、強化女性自我，又，假若精神分析所言的理想自我是理想性（ideality）的自我體內（incorporation），那麼單一伴侶做為女性主義法制的理想性則構成了反娼女性主義的理想自我，而反娼女性主義主體也同時在她的幽微心靈深處保存了除權棄絕（foreclose）非婚性相（non-marital sexualities）所生產且無法被承認的失落，而這個失落尤其在主流女性主義面對當下由新興科技媒介而快速轉變中、並多元複數化的親密關係更是清楚。黃淑玲說，「神女生涯原是夢」[87]，並嚴斥台北市政府花納稅人的錢補助妓權運動所舉辦的國際娼妓文化節，深怕妓運腐蝕人心，讓寶島變成「極樂台灣」[88]；她義正詞嚴地說，台灣本土婦運「哪堪反反色情」[89]，拒絕承認青少女的能動性與其追求的微小「性」福。套用巴特勒所講的雙重否定語態來說，黃淑玲的哀傷展現的正是，「我從未愛過公娼，也從未失去過她；我從未愛過染色的少女，也從未失去過她」；黃淑玲所不能被言說的失落是那個停滯在異性戀愛目的論裡、永遠長不大的純潔少女 Y。

令人深思的是，這個女性主義的深沉哀傷在親密公眾領域裡滋養了高度的保守性道德。舉例來說，2008年的6月20日晚間，在反娼／兒少保護集團居領導地位的勵馨基金會在台北市的大安森林公園，舉辦了她們創立二十週年的慶祝活動。勵馨特別選擇了這個地點，是因

---

87 劉毓秀、黃淑玲，2004。
88 黃淑玲，2004。
89 黃淑玲，1998b。

為那是1996年婦女團體集結守夜悼念被謀殺的彭婉如女士。勵馨點燃、高舉「馨火」（象徵女性美德之火），照亮在暗夜裡無數「遭家暴」、「被性侵」、「被販運」、「被剝削」而受創的女性，再次象徵性地喚出、強化了婦運以受害客體為基礎的反性暴力政治。而在誓言要「終止性暴力」、「創造性別公義的社會」時，勵馨替台灣許了個美麗的願景：在那個不用擔心婦幼人身安全的未來，「女人自信地打扮自己，在展現自己身體與活力的同時不需要承擔被罵『風騷』的壓力」。[90] 這個關乎未來的自製幻想，當然是從當下投射出來的，而處在這當下的女人，盡可以運用她們的性自主權，只要她們不風騷、不性挑逗。這個幻想清楚地顯示了特定的霸權性別正義的慾望，及其是多麼想遠離、消除那個和卑賤女性特質所常恆連結在一起、帶有性別印記的羞恥。因此，或許每個和勵馨活動相隨的愛和希望所展現的主流含蓄規訓，可以藉由李歐・伯撒尼（Leo Bersani）在批判美國反色情女性主義之性救贖大業所說嘲諷的話來講清楚：「女人 [反色情女性主義者] 狂想地以溫柔滋潤這樣的非暴力理想為名，呼籲兩腿永遠合攏緊閉。」[91]

反娼女性主義文化對於婚姻的濫情傷感因此為今日台灣的酷兒和妓權的抗爭帶來相當嚴峻的政治挑戰。在《兒童及少年性交易防制條例》的屏護之下，「性自主」的神聖光環正以保護兒童為名挾持了性自由，以女性主義之眼（the Feminist Eye）全景敞視地監控著（panoptic surveillance）網路上的言論與互動。借用麥可・寇柏（Michael Cobb）的詞彙來說，此一「強迫式親密關係」（forced intimacy）的

---

90 見「勵馨基金會二十周年宣言」，http://www.goh.org.tw/20th/main.html，2009年11月25日擷取。
91 Bersani 1987: 22. 李昂（2002）的《北港香爐人人插》是這個「兩腿永遠合攏緊閉」意象的本土鮮明反喻。對伯撒尼而言，「一般大眾」（作為愛滋恐慌下所被召喚出來的意識形態建構），對「性」有著無比的嫌惡，而他們所無法容忍的那個幻象，正是那些壞女人娼妓（北港香爐），以及在歷史象徵秩序上被類比於和她們一樣低賤的男同性戀者：她/他們閒人無數，並且是如此受虐地、不可自己地（雙腿張開）在非陽具中心的生殖目的論下、貪得無厭地享受無法被滿足、粉碎穩固自我的痛/快。這種下流作賤、不堪入目、荒淫無度的「性」挑戰了有著兩性平權女性主義思維的好父權「國」「家」，也是「善良風俗」一「性自主」這個自戰後台灣迄今的常規理想連續體所欲賤斥的。

治理體系[92]，透過哀傷的機制除權棄絕，陰魂不散地盤旋在女性主義時空的上端。它以自由主義國家治理的形式維繫自身，對今日台灣的性表現進行更強力的控管。在遠處性別平等常規化的地平線上赫然聳現一幢幻影，純真無瑕的女孩舉著炙人的火炬，許諾台灣人將在婚姻裡找到幸福。然而，在這火炬所照出的女孩的巨影之外，有著一抹影外微陰[93]，那是公娼阿姨們在逆著憂鬱現代「性」（melancholic sexual modernity）進程向前行時，所細心呵護、有如風中蠟燭般閃爍微弱火光的微小性／幸福。[94] 在抵抗反娼女性主義的哀傷時，作為非婚性罔兩的我們，可以選擇佔據女性主義至善之外的倫理位置[95]，隨著公娼精神在追求「性」福時展現如野地日日春般韌性所立下的永不妥協的倫理典範。[96] 沒錯，我們在人生的初期都需要被餵養和照顧才能存活下去，但精神分析也告訴我們，我們在襁褓中所受到的照顧同時也生產出一樣東西，而那個遠遠溢出照顧者溫柔呵護下日趨穩固自我的東西就是我們的「性相」。[97] 在跨越女性主義至善的邊地位置上，被潛意識驅使的我們，被我們自身痛／快的善所導引去追求「性」福，以持續攪擾挑戰那個應允我們婚後都將幸福美滿的主流敘事。

---

92 Cobb 2007: 450.

93 這裡關於影外微陰的說法，來自劉人鵬、白瑞梅、丁乃非（2007）的著述《罔兩問景》。

94 這裡的微小性／幸福的概念來自日日春協會的麗君所演唱的「幸福」（日日春協會詞、陳伯偉曲）。 http://coswas.org/04civilian/soundmovie/451，2009年11月15日擷取。

95 這裡酷兒反社會性作為倫理位置的提法深受艾德曼（2004）所啟發。

96 有讀者可能會認為我在強調公娼抗爭展現如日日春般的韌性時，亦顯露了我批判黃淑玲的傷感情懷（畢竟，她不是也用堅忍不拔的仙子、花草來形喻那些善良但被染色的美少女嗎？），在這篇論文裡，我並沒有要否定人作為有豐富情感的言說社會動物，也沒有否認情感能做為所動員認同政治的重要向度。這篇論文想做的是去勾勒出一個佔據優勢性別位置女人的宰制情感結構。作為被壓迫的性少數主體當然也有其自身的情感結構。美國愛滋運動學者／藝術家葛瑞格‧波德維茲（Gregg Bordowitz）曾就雷蒙‧威廉斯深具影響力的「情感結構」說法，提出酷兒情感結構（queer structures of feeling）作為一種「反文化策略」的解釋。他很重要地點出酷兒結構情感是一種社群集結的反抗、是被壓迫者在異性戀正典宰制關係下依賴「生存」的辯證產物。見Bordowitz 2004: 49。就這個意義上來說，「日日春」作為公娼自我政治化的自我命名，以及這野花隱喻所承載她們生存情境的情感結構，當然跟黃淑玲作為一個女性訓育者替不良少女命名的溫馨濫情有著天壤之別。

97 Laplanche 1976.

後序

　　1990年代中晚期，當我還在英國攻讀博士學位時，台灣發生了一件事對我產生極大影響，就是陳水扁（前總統，當時的台北市長）在1997年廢公娼所引發的妓權運動。當時我藉由《孽子》一書企圖形構近代台灣男同性戀之政治與歷史，在研究過程中，我雖發現透過小說再現的「玻璃圈」與娼妓淫穢的性汙名之間有其緊密連結，而白先勇筆下描述的正是新公園男娼妓次文化，然而要不是因為妓權運動，我必然無法（因我中產階級的出生）清楚看出兩造不同再現領域間的連結。一張張照片上，公娼們手拉手牽起防衛線以抵禦警方棍棒，勇敢地用身體反抗國家權威，深深撼動了長久以來固著在我身上的中產性。在那一刻，我開始發現，縱然我和她們的生命軌跡是多麼的不一樣，我仍能強烈感受到她們所承載的性汙名。作為不同的性邊緣主體，我們都在力抗性汙名的強大壓迫力量。廢娼事件促使我去探究公權力和性部署之間的關聯，刻畫出正規力道所造就的性汙名及其特定形構。受到公娼們身上「執拗政治」（willful style of politics）的啟發（在此借用莎拉・阿赫美〔Sara Ahmed〕一場研討會主題演講的標題）[1]，我得以將論點清晰延伸至主流性別政治與國家暴力兩者間的共謀共構。在被公娼再教育後，我才得以明確勾勒出本書的問題意識，也就是在《孽子》的不同歷史時刻中出現、和酷兒歸屬有關的兩種文化想像。

　　我將這些酷兒想像分別置放在國民黨與民進黨執政下所建立的國族文化空間裡，檢視了性別與性相如何被安排部署，並特別詰問由正規侷限性所生產的偏差主體。這樣的性部署發生在三個交疊的場域，

---

1 Sara Ahmed, "Sitting Apart: Willfulness as a Style of Politics," keynote speech given at "Dissident Sexual Citizenship: Queer Postcolonial Belonging," University of Sussex, Brighton, 10-11 June 2010.

分別為：透過心理學機制所劃分出的生殖能力性的性（第一、二、四章）、國家掌控下商業化的性（第二、三、四章）、以及主流女性主義文明教化與救贖計畫下的性（第三、五、六章）。受宰制的男同性戀與娼妓，以及在統治位置上的國家女性主義者，於是在這樣的系譜分析裡浮現。這本書透過重新詮釋《孽子》一書而描繪出一段酷兒史，追溯了這三個人物間必然破碎卻又彼此糾纏的歷史，以及在這之中縱橫交錯的歷史軌跡與所生成的政治。

　　鑲嵌在一個自第二次大戰後即高度壓縮的台灣現代化進程裡，伴隨著這三個人物的生產而來的是刻畫台灣現代「性」的不同形式暴力。值得注意的是，這種現代「性」的暴力之所以得以施展，乃是透過佔據了聖王／聖后說話位置的那些人，而他們經常擺出一副自我傷感的慈悲姿態。這個支配性的、家父長制的說話位置主要銘刻在一個宰制結構的社會整體想像裡，律定一個拒斥社會病態（如：同性戀、娼妓，或兩者兼具）的性秩序，因此，我們不難看出這些憂心忡忡的專家們如：老師、心理醫師、醫生以及新聞記者們如何專心致力於倡導正常性心理，極盡可能地及早預防性別錯亂或是性變態。除此之外，我們亦可看出冷戰時期國民黨極權政體如何透過規訓與懲戒娼妓，以捍衛這號稱為「善良風俗」的國家性道德。以及，「玻璃圈」這個想像出來的男同性戀社群，作為一個墮落且變態的娼妓實體，是如何在性監控的文化裡成為愛滋病的象徵[2]。最後，我們看到主流女性主義政治，不斷推動國家反娼妓政策，一邊助長著充滿高度性道德的憂鬱文化，卻又同時將酷兒與單偶制外的人排除於福利國家想像之外。這些歷史分析對當代同志政治寓意深遠。台灣的同志運動在1990年代剛萌芽之際，即受限於（後）冷戰結構下的性地緣政治，被壓縮在後殖民的社會文化裡，無法處理在象徵層次上依附於男同性戀者與娼妓這些卑賤主體的性汙名與其歷史性。當運動持續發展之際，伴隨

---

2 參照何春蕤，2009。

著新自由主義脈絡下的性別治理，因而獲取越來越多的正當合理性，我仍堅持同志運動應該批判性地挑戰國家女性主義所欽定的性秩序。

面對近年來逐漸晉紳化的同志運動，想像性異議公民權的批判任務有其迫切性。2009年台灣同志大遊行的主題即徵兆性的顯露此一隱憂。自2003年以新公園作為最初象徵起點開始，這個集結當地同志團體所共同組織而成的遊行，幾年來規模急遽擴大，並號稱是全東亞最大同志的遊行，不僅吸引來自華語國家的同志們一起參加，也招徠來自鄰近國家的觀光客（如日本、韓國）。遊行主題每年變更，為的是喚起同志公民權的意識，而2009年的遊行主題就是「同志愛很大」（Love Out Loud），希望藉由愛的話語以呼籲更廣大的社會大眾共同支持同志權利：

同志的愛，無所不在

同志是真實存在的族群，就在你我的身邊。我們愛家人、愛朋友、盡義務，為社會奉獻一己之力。每一個家族、每一個行業、每一個公司都有同志，也有無數同志，長期獻身公益，為了社會和諧美好的明天而努力。雖然同志對人群和社會的愛從來不曾稍減，卻始終無法享有和異性戀者相同的權利。

同志驕傲愛自己

同志對人群、對社會奉獻關愛，卻往往忽略「愛自己」的重要。唯有先懂得如何愛自己，才能推己及人，對他人和社會付出關愛。在遊行中，我們不僅要向世人展現同志自信、驕傲的神采，更要以行動證明：即使世界不夠愛你，你仍可以有上萬種方式善愛自己。

同志要你的愛

因為無知、誤解和偏見，同志族群至今仍然遭受歧視。同志切

身的人身、伴侶、空間、教育、社會福利等需求，亦始終被刻意忽視。同志亦被迫淪為次等公民。日常生活中，同志亦必須不斷面對漠視、譏嘲、騷擾甚至攻訐的無禮對待。「唯異性戀關係獨尊」的價值，使非異性戀族群均被視為異端，或不合理、不正常的存在。尊重差異、傾聽異見，是現代公民的必要素養，亦是邁向社會和諧的必經之路。同志持續不斷與社會進行對話，並不因己身處境而停止，正是「以愛為名」的行動展現。我們歡迎「支持相愛、拒絕仇恨」的人們，加入同志遊行的隊伍，一齊把愛大聲喊出來。[3]

這是渴望進入常規的吶喊，已經不再是馬嘉蘭分析1990年代同志運動時筆下那個戴著保護面具的同志[4]，同志公民在此被召喚入列，驕傲出櫃，表達他們對這個將他們拒斥於公民權之外的社會無止盡的愛，將認同投身於國家理想，積極證明自己做為一個有用的且具生產力的個人對社會的愛，並要求這個社會回報給予等同的愛[5]。 透過多元文化的語言以標示出同志差異，同志公民清楚道出遊行的運動目的在更進一步推進、打造一個和諧社群，卻不是進一步曝露這個看似和諧的社會性框架之下所箝制而生的階層治理。從何春蕤回應遊行主題的分析看來[6]，這種亟欲贏取社會大愛的訴求確實看來毫無說服力也去政治化，她強調此刻台灣的性自由隱含莫大危機，因為同志出版品不僅持續被國家與商業審議檢查，同志運動也面對基督教團體的反挫。

　　1975年，在《逃避婚姻的人》出版之後，光泰也用了類似的修辭策略來呼籲社會接納同性戀。1970年代西方精神醫學將同性戀去病理

---

3 2009年台灣同志大遊行，http://www.twpride.info/，2010年7月23日擷取。

4 Martin 2003: 187-251.

5 在此，我援用莎拉·阿赫美對佛洛伊德慾望與認同理論的辯證性思考，在她的論點裡，愛做為情感現象重新被闡釋為導向（"toward-ness"）。參照Ahmed 2004: 122-143。

6 參照何春蕤，2009。

化給了光泰一個新的正當性，而我在第一章已經論證，他的懇求是個妥協的反轉論述，因為作為一個自律的產物，它表達了趨近正常的慾望，期盼一個有品有德的同性戀能被納入一個理應更為寬容的「中華」文化。從歷史的後見之明來看，在當時的正規侷限性下，光泰獨自一人站出來說話的勇敢作為可以理解，並給予他應得的歷史評價。但，現在同志運動面臨的正規狀況早已不同，而這也是此書亟欲描繪的輪廓。二十年後的今天，同志運動使用的仍舊是相同的論述，這都再再地顯示出由一個無所不包的聖王／聖后位置，所一手打造出來的共榮和諧理想，是如何成功滲透到同志族群渴求回歸正常的想像裡。若臣服於這樣的敘事邏輯之下，將可能對酷兒運動構成威脅，因這樣的邏輯不僅再次強化白先勇悲天憫人胸懷下所形構的那群「孽子」，同時也再製了國家女性主義者多愁善感情懷底下對娼妓的欺凌舉動。在這個歷史關鍵時刻，我們看到一個全球普遍共有的現象，恰是麗薩・杜根（Lisa Duggan）所批判的「同志正典性」（homonorma-tivity）[7]。在此容我援引海澀愛（Heather Love）的話[8]，我認為同志運動應該發展出一種「拒絕政治」（politics of refusal）以拒絕聖后體制所供給的人性與愛[9]。

陳光興曾引用並提倡查特吉（Partha Chatterjee）所提出「政治社會」（political society）的重要概念來進行去殖民政治，以對抗現代性所帶來的多重疊且複雜的效應，並反抗國家與公民社會在現代化進程裡連帶而來的社會暴力。查特吉所稱的「政治社會」從他分析後殖民印度脈絡中的現代性暴力而來，其指的是被認為過時的底層人民在抵抗國家與公民社會時所佔據、啟動的斡旋空間。在眾多舉例中，陳

---

7 參照Duggan 2004。欲見對性規範有力的分析，亦可參照Warner 1990，Halberstam 2005。
8 出自海澀愛提出的「結盟政治」（politics of coalition），參照Love 2007b: 146。
9 這個「拒絕政治」在劉人鵬、丁乃非與白瑞梅的《罔兩問景：酷兒閱讀攻略》（2007）一書中有更進一步的分析。

光興也舉了台北公娼事件作為體現政治社會的例證[10]。和本書的論證有特別關連的是，陳光興所主張的去殖民之政治要務，不但截斷了「國民」這個範疇（其自台灣戰後以來就挾持了自由主義概念下的「公民」），更詰問了「公民」所內建的中產性格（其被假定為促成新興民主政體裡社會變遷的唯一作用者和促媒）[11]。本書揭示了「國民」在不同歷史環節中的生產，並凸顯了由變態、同性戀、娼妓和酷兒所形構出的負面性，而此負面性正是社會得以奠基的構成必要外在。因此，同志運動處理社會不平的公民發聲固然重要，但我們也必須持續地從政治社會的空間來詰問同志公民權的概念，以抵禦憂鬱現代「性」的暴力。

---

10 陳光興，2010: 224-245。
11 陳光興，2010: 237-245。

參考書目

中文書目

丁乃非，1995，〈是防治條例還是罪犯懲罰條例？〉，《婦女新知》第163期，頁2-3。

丁乃非，2002，〈看／不見疊影──家務與性工作中的婢妾身影〉，《台灣社會研究季刊》第48期，頁135-168。

丁乃非、劉人鵬，1999，〈新台灣人是不習於淫行的女人？〉，《性／別研究》第5 & 6期，頁438-443。

丁乃非、劉人鵬，2007，〈鱷魚皮、拉子餡、半人半馬邱妙津〉，收於丁乃非、劉人鵬、白瑞梅，《罔兩問景：酷兒閱讀攻略》，中壢：中央大學性／別研究室，頁67-106。

丁維新，1994，《行政警察業務（第3版）》，台北：中央警官學校。

文榮光，1971，〈譯者後記〉，收於文榮光（譯），《少女朵拉的故事》，台北：志文，頁145-147。

文榮光，1978a，《愛與性》，台北：時報文化。

文榮光，1978b，《如何與子女談性》，台北：健康世界。

文榮光，1982，〈玻璃圈內：同性戀預期行為治療〉，《益世雜誌》第2卷4期，頁42-44。

文榮光（編），1980，《臨床性醫學》，[JF Oliven (1974) *Clinical Sexuality: A Manual for the Physician and the Profession*, third edition中譯本]，台北：大洋。

婦女救援基金會、纓花（編），2003，《染色的青春：十個色情工作少女的故事》，台北：心靈工坊。

日日春協會（編），2000，《日日春：九個公娼的生涯故事》，台北：台灣

工運雜誌社。

王芳萍、王甄蘋，2000，〈官姐的故事〉，收於日日春關懷互助協會
　　（編），《日日春：九個公娼的生涯故事》，台北：台灣工運雜誌社。

王清峰，2003，〈社會改造尚未成功〉，收於婦女救援基金會、纓花
　　（編），《染色的青春：十個色情工作少女的故事》，台北：心靈工坊，
　　頁7-9。

王晉民，1994，《白先勇傳》，台北：幼獅文化。

王烈民，1958，《保安警察》，台北：中央警官學校。

王烈民，1969，《保安警察學》，台北：中央警官學校。

王蘋、丁乃非、倪家珍、隋炳珍，1998，〈誰的基金會、什麼樣的運
　　動？〉，《當代》第127期，頁90-96。

王志弘，1996，〈台北新公園的情慾地理學：空間再現與男同性戀認同〉，
　　《台灣社會研究季刊》第22期，頁195-218。

王雅各，1999，《台灣男同志平權運動史》，台北：開心陽光。

史都華‧霍爾，黃非虹（譯），1993，〈最少的自我〉，《島嶼邊緣》第8
　　卷，頁25-29。

朱偉誠，1988a，〈（白先勇同志的）女人、怪胎、國族：一個家庭羅曼史
　　的連接〉，《中外文學》第26卷12期，頁47-66。

朱偉誠，1998b，〈台灣同志運動的後殖民思考：論「現身」問題〉，《台
　　灣社會研究季刊》第30期，頁35-62。

朱偉誠，2000，〈建立同志「國」？朝向一個性異議政體的烏托邦想像〉，
　　《台灣社會研究季刊》第40期，頁103-151。

朱偉誠，2005，〈台灣同志文學（小說）史論〉，《台灣同志小說選》，台
　　北：二魚，頁9-35。

朱元鴻，2008，〈娼妓研究的另類提問〉，收於朱偉誠（編），《批判的性
　　政治》，台北：唐山出版社，頁87-113。

司法行政部犯罪問題研究中心（編），1967，《妨害風化罪問題之研究》，台北：司法院。

司法院刑事廳（編），1993，《社會秩序維護法法規函令法律問題文書例稿彙編》，台北：司法院。

本刊記者，1955a，〈一群墮落在火坑的婦女──北投公娼訪問記〉，《婦友》第9期，頁12-14。

本刊記者，1955b，〈軍中樂園一瞥〉，《婦友》第10期，頁15-16。

本刊記者，1954，〈可憐酒家女天涯歸何處？特種酒家訪問記〉，《婦友》第2期，頁14-19。

台大男同性戀研究社（編），1994，〈同志新聲音〉，《同性戀邦聯》，台北：號角，頁7-9。

台大男同性戀研究社（編），1994，《同性戀邦聯》，台北：號角，頁51-70。

白先勇，1983，《孽子》，台北：遠景。

白先勇，1986，〈不是孽子：給阿青的一封信〉，《人間雜誌》第7期，頁42-46。

白先勇，1989，《寂寞的十七歲》，台北：允晨文化。

白先勇，1992，《孽子》（第二版），台北：允晨文化。

白先勇，1995，《第六根手指》，台北：爾雅。

江萬瑄，1986，〈恐怖的愛滋病〉，《中國時報》，1月5日。

江萬瑄，1990 [1976]，〈讓它去吧！〉，收於光泰，《逃避婚姻的人》，台北：號角，頁242-245。

江宜樺，1998，〈當前台灣國家認同論述之反省〉，《台灣社會研究季刊》第29期，頁163-229。

行政院衛生署（編），1990，《愛滋病概況》，台北：行政院。

杜文靖，1975，〈矯正性心裡，接觸性神祕〉，《自立晚報》，3月12日。

杜修蘭，1996，《逆女》，台北：皇冠。

光泰，1976，〈我為什麼寫《逃避婚姻的人》〉，《中國時報》，4月9日。

光泰，1990，《逃避婚姻的人》，台北：號角。

同志空間行動陣線，1996，〈同志尋找同志連署〉，台灣。

西門博士，1968，〈妨害風化〉，《中華日報》，5月7日。

何振奮，1968，〈旅館出租應屬公有亦私用？〉，《聯合報》，1月20日。

何華，1989，〈天堂之門：評白先勇孽子的救贖主題〉，《聯合報》，11月
15日。

何春蕤（編），1994a，《豪爽女人：女性主義與性解放》，台北：皇冠。

何春蕤，1994b，〈女性主義與女性小說〉，<http://sex.ncu.edu.tw/members/
Ho/Flist_23.htm>，2009年2月擷取。

何春蕤，1996，《豪爽女人誰不爽：呼喚台灣新女性》，台北：元尊文化。

何春蕤，1997，〈性革命：一個馬克思主義觀點的美國百年性史〉，收於何
春蕤（編），《性／別研究的新視野：第一屆四性研討會論文集》，台
北：元尊文化，頁33-99。

何春蕤，2005b，〈從反對人口販賣到全面社會規訓：台灣兒少NGO的牧世
大業〉，《台灣社會研究季刊》第59期，頁1-42。

何春蕤（編），2006，《動物戀網頁事件簿》，中壢：中央大學性／別研究
室。

何春蕤，2009，〈同志遊行 首要面對危機〉，《蘋果日報》，10月26日。

何春蕤、丁乃非、甯應斌（編），2005，《性政治入門：台灣性運演講
集》，中壢：中央大學性／別研究室。

李淑娟，1985a，〈北市同性戀者頂多一萬人〉，《民生報》，9月4日。

李淑娟，1985b，〈風暴對準玻璃圈：AIDS是教訓也是機會〉，《民生
報》，9月11日。

李鴻禧，1979，〈違警罰法修廢之商榷〉，《中國論壇》第8卷8期，頁22-

28。

李錦珍，1981，〈如何取締同性戀──男娼〉，《中警四十五週年校慶特刊》，頁96。

李清如、胡淑雯，1996，〈從女人治國到性別解放──劉毓秀專訪〉，《騷動》，第2期，頁20-26。

李文邦，1980，〈警方掃蕩斷袖癖，月來查獲六十幾〉，《聯合報》，4月23日。

李昂，2002，《北港香爐人人插》，台北：麥田。

呂英敏，1976，〈台灣娼妓問題之研究〉，碩士論文，中央警官學校。

沈美真，1990，《台灣被害娼妓與娼妓政策》，台北：前衛。

沈美真，2003，〈為受害婦女開一扇窗〉，收於婦女救援基金會、櫻花（編），《染色的青春：十個色情工作少女的故事》，台北：心靈工坊，頁11-13。

沈松僑，2002，〈國權與民權：晚清的「國民」論述，1895-1911〉，《中央研究院歷史語言研究所集刊》第73卷4期，頁685-734。

邪左派，1995，〈姓「性」名「別」，叫做「邪」〉，《島嶼邊緣》第4卷第2期，頁43-44。

余俊亮，1972，〈風化管制〉，收於余俊亮（編），《行政警察幹部講習班講習錄》，台北：中央警官學校，頁21-45。

周華山，1997，《後殖民同志》，香港：香港同志研究社。

或慕芳，1994，〈我們之間〉，收於台大男同性戀研究社（編），《同性戀邦聯》，台北：號角，頁11-28。

金行，1965，〈心理衛生專家談：性心理不正常的原因與預防〉，《衛生雜誌》第26卷6期，頁6-9。

金一歎，1985，〈撬開那扇玻璃窗之後〉，《民族晚報》，9月17日。

林方晧，2003，婦女救援基金會、櫻花（編），《染色的青春：十個色情工

作少女的故事》，台北：心靈工坊，頁177-192。

林芳玫，1998，〈當代婦運的認同政治：以公娼廢存為例〉，《中外文學》
　　第27卷1期，頁56-87。

林弘東（編），1989，《新編基本六法全書》，台北：五南圖書。

林弘勳，1997，〈台北市廢娼與台灣娼妓史〉，《當代》第122期，頁106-
　　115。

林炯仁，1981，〈鬧同性戀者的悲歌〉，《台灣日報》，9月，頁12-14。

林全洲，1987，〈戲院裡黑漆漆，同性戀火辣辣〉，《聯合報》，5月19
　　日。

林山田，1979，〈訂立行政罰法以代違警罰法〉，《中國論壇》第8卷8期，
　　頁12-17。

林信義，1974，〈旅館房間是否為公共場所？〉，《自立晚報》，8月7日。

林志鵬，1994，〈同性戀團體刊物介紹〉，收於台大男同性戀研究社
　　（編），《同性戀邦聯》，台北：號角，頁43-50。

孟維駛，1983，〈同性戀的違法性〉，《警學叢刊》第14卷2期，頁41-44，
　　頁127。

其林，1964，〈專家談同性戀〉，《大眾醫學》第14卷20期，頁388-390。

邱妙津，1994，《鱷魚手記》，台北：時報文化。

吳壁雍，1987，〈樂園的追尋：試論孽子〉，《文星雜誌》第104期，頁101-
　　106。

吳翠松，1998，〈報紙中的同志：十五年來同性戀議題報導的解析〉，碩士
　　論文，中國文化大學新聞研究所。

吳瑞元，1998，〈孽子的印記——台灣近代男性「同性戀」的浮現（1970-
　　1990）〉，碩士論文，國立中央大學歷史研究所。

吳永毅，2007，〈無HOME可歸：公私反轉與外籍家勞所受之時空排斥的個
　　案研究〉，《台灣社會研究季刊》第66期，頁1-74。

紀大偉，1997，〈台灣小說中男同性戀的性與流放〉，收於林水福、林耀德（編），《蕾絲與鞭子的交歡：當代台灣情色文學論》，台北：時報文化，頁129-164。

紀大偉（編），1997，《酷兒啟示錄：臺灣當代酷兒論述讀本》，台北：元尊文化。

范喬可，1968，〈當前娼妓問題內幕重重——如何整頓當局煞費苦心〉，10月18日。

洪復琴，1973，〈滋蔓中的色情理髮業〉，《警學叢刊》第4卷，頁34-39。

胡亦云，1985，《透視玻璃圈的祕密》，台北：隆泉書局。

胡幼慧，2004，〈三代同堂：迷思與陷阱〉，台北：巨流。

胡淑雯、張娟芬、劉慧君、鄭至慧、蘇芊玲（編），1997，《婉如火金姑：彭婉如紀念全集（下）》，台北：女書文化。

姚季韶，1949，〈論娼妓廢存問題〉，《警民導報》第2期，頁15-16。

柯瑞明，1991，《台灣風月》，台北：自立晚報。

柯永河，1990 [1976]，〈不能視為異常行為〉，收於光泰（著），《逃避婚姻的人》，台北：號角，頁246-249。

高愛倫，1986a，〈再忤逆也不敢扮孽子〉，《民生報》，2月23日。

高愛倫，1986b，〈把孽子當話題，作家同抒己見〉，《民生報》，4月30日。

高興宇，1985，〈消滅AIDS病媒；緊急追蹤男娼資料〉，《民族晚報》，8月30日。

桂京山，1991，〈剖析社會秩序維護法與違警罰法的異同〉，《警學叢刊》第22卷2期，頁66-69。

馬紀先，1989，〈零與一遊戲，愛滋籠罩；震碎玻璃，圈外開天地〉，《自由時報》，1989年5月27日。

馬陸，1994a，〈同志共和國：同性戀邦聯〉，收於台大男同性戀研究社

（編），《同性戀邦聯》，台北：號角，頁51-70。

馬陸，1994b，〈發現同志〉，收於台大男同性戀研究社（編），《同性戀邦聯》，台北：號角，頁147-168。

倪家珍，1997，〈九〇年代同性戀論述與運動主體在台灣〉，收於何春蕤（編），《性／別研究新視野：第一屆四性研討會論文集》，台北：元尊文化，頁125-148。

翁玉華、葉福榮，1979，〈文榮光醫師做的同性戀個案報告揭開了玻璃圈的外衣〉，《民生報》，11月26日。

秦，1965，〈防治不正常的性心理〉，《新生報》，9月3日。

秦公，1958，〈從義、日、印三國的禁娼法案說起〉，《警民導報》第334期，頁5-6，頁19。

秦德全，1983，〈「玻璃圈」病態變本加厲，「斷袖癖」風氣應予遏止〉，《中國時報》，4月11日。

夏林清（編），2000，《工娼與妓權運動：第一屆性工作權利與性產業國際行動論壇會議實錄》，台北：日日春關懷互助協會。

徐梅屏，1974，〈同性戀可能造成悲劇下場〉，《中央日報》，5月7日。

徐聖熙，1972，〈談「禁止青少年涉足妨害身心健康場所辦法」〉，《中國義警》第41期，頁7-9。

徐聖熙，1979，〈色情案件之偵查〉，《法學叢刊》第24卷4期，頁84-89。

殷寶寧，2000，〈「中山北路」：地景變遷歷程中之情慾主體與國族認同建構〉，博士論文，國立台灣大學。

袁良駿，1991，《白先勇論》，台北：爾雅。

袁則難，1984a，〈兩訪白先勇〉，《新書月刊》第5期，頁17-21。

袁則難，1984b，〈城春草木深：論孽子的政治意識〉，《新書月刊》第5期，頁52-57。

陳國祥、祝萍，1987，〈台灣報業演進四十年〉，《自立晚報》。

陳光興，1995，〈國族主義與去「殖民」〉，《島嶼邊緣》第4卷第2期，頁25-28。

陳佩周，1992，〈從梅毒、淋病到愛滋：走過台灣性病史〉，《聯合報》，12月13日。

陳榮生，1968，〈小型夜總會弊竇叢生〉，《商工日報》，7月11日。

陳淑蓉，1985，〈推開那扇玻璃窗：正視國內同性戀問題〉，《濃濃月刊》10月號，頁34-41。

陳文福，1971，〈熟悉法令對象環境，才能做到百舉百發〉，《警光雜誌》第146期，頁15。

陳芳明，2003，〈認同的放逐與追尋〉，收於曾秀萍序（著），《孤臣·孽子·台北人——白先勇同志小說論》，台北：爾雅，頁4-8。

陳秋滿，1980，〈青年沉溺「同性戀」；新公園內談「交易」〉，《台灣日報》，8月26日。

陳權欣，1985，〈愛死病病例已現形；玻璃圈裡人人震撼〉，《自立晚報》，8月30日。

陳聲悅，1983，〈「零」與「一」多少滄桑內幕〉，《自立晚報》，7月6日。

陳文和，1975，〈兇殺莫非揮刀「斷袖」〉，《自立晚報》，3月5日。

陳文和、杜文靖，1974，〈古今奇觀同性戀，中外殊途不可說〉，《自立晚報》，5月6日。

陳新添、梅中和，1986，〈玻璃穴藏汙納垢，愛死病最易蔓延〉，《台灣時報》，7月11日。

陳志瓶、朱淑娟，2007，〈就服法修正：求才不得限年齡、性傾向〉，《聯合報》，5月5日。

陳奕麟，1999，《解構中國性：論族群意識作為文化作為認同之曖昧不明》，《台灣社會研究季刊》第33期，頁103-131。

崔桂清，1968，〈滌淫穢，正民風〉，《警光雜誌》第84期，頁20-22。

梁饒宗，1971，〈同性戀面面觀〉，《自立晚報》，11月5-7日。

梁玉芳，1998，〈罰娼也罰嫖，婦女團體提出修正社違法〉，《聯合報》，9月19日。

梅可望，1951，〈總統：中國警察之父〉，《警民導報》第67期，頁4。

推動縮減性產業政策聯盟，2004，〈反性產業除罪化〉，< http://www.twrf.org.tw/news8.htm>，2004年3月4日擷取。

婉青，1994，〈台灣同性戀團體介紹〉，收於台大男同性戀研究社（編），《同性戀邦聯》，台北：號角，頁91-100。

許佑生，1999，《同志共和國》，台北：開心陽光。

莊惠秋（編），2002，《揚起彩虹旗：我的同志運動經驗，1990-2001》，台北：心靈工坊。

張小虹，1995a，〈同志來牽成〉，《中國時報》，11月4日。

張小虹，1995b，〈在張力中互相看見：女同志運動與婦女運動之糾葛〉，《婦女新知》第158期，頁5-8。

張小虹，1996，〈同志情人，非常慾望：台灣同志運動的流行文化出擊〉，《中外文學》第25卷1期，頁6-25。

張小虹，1998，〈不肖妖孽文學史：以孽子為例〉，陳義之編著，《台灣現代小說史縱論》，台北：聯經，頁165-202。

張璨文，1995，〈感染愛滋病是自作孽？〉，《中國時報》，12月9日。

張民忠，1983，〈孔雀多男飛：警方破獲金孔雀餐廳色情營業〉，《時報週刊》第268期，頁98-99。

張文軍，1960，〈處理姦宿暗娼違警之商榷〉，《警民導報》第392期，頁7-8。

張雄潮，1962，〈台灣之色情風氣與妓女問題〉，《台灣風物》第12卷3期，頁19-24。

張志清，1995，〈六成台大女學生看過A片〉，《中國時報》，5月16日。

張義德，1960，〈意圖得利與人姦宿違警處理之研究〉，《警民導報》第376期，頁9-10。

黃海鵬、吳平，1971，〈數都市色情業，看新觀光面〉，《台灣日報》，9月20日。

黃淑英，2004，〈嫖客的社會成本〉，<http://twl.ngo.org.tw/other13.htm>，2004年2月28日擷取。

黃思堂，1990 [1976]，〈代序〉，收於光泰（著），《逃避婚姻的人》，台北：號角，頁10-12。

黃樾，1949，〈私娼能禁絕嗎？〉，《警民導報》第4期，頁9-10。

黃淑玲，1996，〈台灣特種行業婦女：受害者？行動者？偏差者？〉，《台灣社會研究季刊》第22期，頁103-151。

黃淑玲，1997，〈「性批判」專號序〉，《思與言》，第35卷1期，頁i-iv。

黃淑玲，1998a，〈台灣性文化對男人、家庭、政治的腐化〉，第三屆全國婦女國是會議，<http://taiwan.yam.org.tw/nwc/nwc3/papers/forum311.htm>，2009年5月20日擷取。

黃淑玲，1998b，〈台灣婦運哪堪反反色情？〉，《騷動》第5期，頁35-43。

黃淑玲，2002，〈叫叛逆太沉重：少女進入色情市場的導因與生活方式〉，《兩性平等教育季刊》第20期，頁66-73。

黃淑玲，2003a，〈男子性與喝花酒文化：以Bourdieu的性別支配理論為分析架構〉，《台灣社會學》第5期，頁73-132。

黃淑玲，2003b，〈我靈魂裡的火多過你所有的灰燼〉，收於婦女救援基金會、纓花（編），《染色的青春：十個色情工作少女的故事》，台北：心靈工坊，頁23-27。

黃淑玲，2004，〈極樂台灣？〉，《自由時報》，2月15日。

甯應斌（卡維波），1997，〈獨特性癖與社會建構：邁向一個性解放的新理

論〉，《台灣社會研究季刊》第26期，頁67-128。

甯應斌（卡維波），2001，〈婦權派與性權派的兩條路線在台灣〉，<http://intermargins.net/repression/theory/difference.htm>，2010年3月29日擷取。

甯應斌（卡維波），2002，〈不是性心理變態也不是性虐待〉，《中國時報》，1月7日。

甯應斌（卡維波），2004a，《性工作與現代性》，中壢：中央大學性／別研究室。

甯應斌（卡維波），2004b，《身體政治與媒體批判》，中壢：中央大學性／別研究室。

彭寬，1968，〈宣導倫理道德的觀念，重訂特定營業管理法〉，《警光雜誌》第88期，頁11-12。

游千慧，2000，〈1950年代台灣的「保護養女運動」：養女，婦女工作與國／家〉，碩士論文，國立清華大學歷史研究所。

曾吉豐，1988，《違警罰法論》，台北：登文出版社。

曾清言，1989，〈父母和社會的隱憂：孩子性心理異常〉，《聯合報》，3月31日。

曾秋美，1998，《台灣媳婦仔的生活世界》，台北：玉山。

曾瑞欽，1975，〈「玻璃」圈內同性勾搭〉，《中國時報》，3月6日。

曾炆煋，1969，〈青年之性心理〉，收於中國心理衛生協會（編），《青年心理》，台北：中國心理衛生協會，頁39-57。

曾炆煋，1971b，〈談性異常〉，收於林克明（譯），《性學三論：愛情心理學》，台北：志文，頁211-223。

曾炆煋，1971a，〈曾序〉，收於林克明（譯），《性學三論：愛情心理學》，台北：志文，頁1-4。

曾秀萍，2003，《孤臣・孽子・台北人——白先勇同志小說論》，台北：爾雅。

趙彥寧，1997a，〈出櫃或不出櫃？這是一個有關黑暗的問題〉，《騷動》第3期，頁59-64。

趙彥寧，1997b，〈人妖詐欺史〉，《自立早報》，10月22日。

趙彥寧，1997c，〈面具與真實：論台灣同志運動的「現身」問題〉，《民族學研究所季刊》第84期，111-135。

趙彥寧，1998，〈痛之華：五〇年代國共之間的變態政治／性想像〉，《性／別研究》第3期&第4期，頁260-299。

趙彥寧，2000c，〈同志研究的回顧與展望：一個政治經濟學的觀點〉，《文化研究在台灣》，台北：巨流，頁237-279。

微言，1968，〈罰得不公〉，《自立晚報》，3月29日。

楊憲宏，1985，〈同性戀只是另一種新式性行為〉，《聯合報》，9月30日。

楊永智，1983，〈同性戀仍為社會不恥；應獲正常心理治療〉，《自立晚報》，8月5日。

楊蔚，1961，〈駭俗、骯髒、卑劣和不堪入耳……三水街的男妓〉，《徵信新聞報》，7月26日。

葉于模，1985，〈同性戀貞操觀〉，《民族晚報》，10月10日。

葉德宣，1995，〈陰魂不散的家庭主義魍魅：對詮釋孽子諸文的論述分析〉，《中外文學》第26卷9期，頁66-88。

葉德宣，1998，〈兩種露營／淫的方法：永遠的尹雪豔和孽子〉，《中外文學》第26卷12期，頁67-89。

葉德宣，2005，〈「不得不然」的父系認同：評曾秀萍《孤臣、孽子、台北人》〉，《文化研究月報》第49期，<http://hermes.hrc.ntu.edu.tw/csa/journal/49/journal_park376.htm#b4>，2010年1月20日擷取。

墨鑑，1999，〈小心！恐同勢力大反撲〉，《熱愛雜誌》9月號，頁24-33。

廖毓文，1962，〈台北市三水街的穢業〉，《台灣風物》第1卷12期，頁

　　5-9。

蒲松齡，1943，《聊齋誌異》，上海：人民出版社。

鮑家驄，1959，《問題少年》，台北：幼獅書局。

鮑家驄，1960，《青年心理衛生》，台北：幼獅書局。

鮑家驄，1962，《變態心理學》，台北：幼獅書局。

鮑家驄，1963，《心理衛生》，台北：幼獅書局。

鮑家驄，1964，《如何訓導學生》，台北：教育部。

鮑家驄，1965，《學校心理衛生》，台北：幼獅書局。

鮑家驄，1966，《犯罪少年個案研究》，台北：教育部。

蔡源煌，1983，〈孽子二重奏〉，《新書月刊》第1號，頁78-86。

蔣介石，1964，〈一切工作須從基層做起〉，收於中央警官學校（編），
　　《總統對警察人員訓辭選集》，台北：中央警察學校，頁104-109。

德才，1970，〈警察取締猥褻表情〉，《大眾日報》，3月19日。

劉重善，1995，〈忐測不安，黑街探險〉，《聯合報》，10月24日。

劉人鵬，2000，《近代中國女權論述──國族、翻譯與性別政治》，台北：
　　學生書局。

劉紀蕙，2001，〈壓抑與復返：精神分析論述與台灣現代主義的關係〉，
　　<http://www.srcs.nctu.edu.tw/joyceliu/mworks/mw-taiwanlit/modernity.htm>，
　　2010年1月24日擷取。

劉俊，1995，《悲憫情懷：白先勇評傳》，台北：爾雅。

劉俊，2007，《情與美：白先勇傳》，台北：時報。

劉明詩，1973，〈談風化之整頓〉，《警學叢刊》第4卷1期，頁11-18。

劉清景、施茂林（編），1994，《最新詳明六法全書》，台北：大為書局。

劉清景（編），1996，《刑法分則》，台北：學者出版社。

劉毓秀，1995，〈男人的法律，男人的國家及其蛻變的契機：以民法親屬編
　　及其修正為例〉，《台灣社會研究季刊》第20期，頁103-149。

劉毓秀，1996a，〈飲鴆止渴的外勞政策應速終止〉，《中國時報》，5月17日。

劉毓秀，1996b，〈走出唯一，流向非一：從佛洛伊德到依蕊格萊〉，《中外文學》第24卷11期，頁8-39。

劉毓秀，1997a，〈文明的兩難：精神分析理論中的壓抑及其機制〉，《思與言》，第35卷1期，頁39-85。

劉毓秀（編），1997b，《女性，國家，照顧工作》，台北：女書文化。

劉毓秀，1997c，〈瑞典性教育運動〉，《聯合報》，9月30日。

劉毓秀，1997d，〈娜拉的後代〉，《聯合報》，7月8日。

劉毓秀，1998a，〈去商品化、公私融合及平等歡愉負責的性愛與親情〉，<http://taiwan.yam.org.tw/nwc/nwc3/papers/forum313.htm>，2006年2月24日擷取。

劉毓秀，1998b，〈美人魚的國度vs. 自由女神的國度〉，《聯合報》，3月3日。

劉毓秀，1999b，〈從社區治安到社區照顧〉，《新世紀智庫論壇》第8期，頁81-84。

劉毓秀，2002a，〈後現代性產業的慾望機制，及其與後現代論述及後期資本主義的關連〉，《中外文學》，第31卷2期，頁39-67。

劉毓秀，2002b，〈客家女性與社區托育〉，收於張維安（編），《客家公共政策研討會論文集》，台北：客家委員會，頁1-31。

劉毓秀，2002c，〈正視性變態論述的腐化作用〉，《中國時報》，1月11日。

劉毓秀，2002d，〈台灣女性人權現況分析：全球化與女性角色交集下的困境及其出路思考〉，《國家政策季刊》第1卷2期，頁85-116。

劉毓秀，2004，〈建立萬物平等共生之整體性〉，<http://cwrp.moi.gov.tw/WRPCMain/Project_Show.asp?Project_ID=12>，2006年10月11日擷取。

劉毓秀、女學會（編），1995，《台灣婦女處境白皮書：1995》，台北：時報文化。

劉毓秀、黃淑玲，2004，〈神女生涯原是夢〉，《中國時報》，2月8日。

魯青，1958，〈談特種營業的管理〉，《警民導報》第327期，頁4-5。

慕銘，1974，〈論旅館出租房間是否為公共場所及干涉情侶幽會的問題〉，《警光雜誌》第212期，頁38-40。

潘家珠，1983，〈少年犯帶來同性戀問題〉，《民生報》，11月7日。

鄭美里，1997，《女兒圈：台灣女同志的性別家庭與圈內生活》，台北：女書文化。

諸葛更亮，1985，〈人妖貴族的無恥妖言——痛斥同性戀大作秀〉，《掃蕩週刊》第296期，頁26-27。

賴正哲，2005，《去公司上班：新公園男同志的情慾空間》，台北：女書文化。

龍應台，1984，〈淘這盤金砂〉，《新書月刊》第6期，頁52-55。

蕭炎垚，1990 [1976]，〈婚姻不是特效藥〉，收於光泰（著），《逃避婚姻的人》，台北：號角，頁254-258。

謝佩娟，1999，〈台北新公園同志運動：情慾主體的社會實踐〉，碩士論文，國立台灣大學。

謝家孝，1983，〈黑暗王國的神話〉，《中國時報》，9月12日。

謝瑞智，1979，〈違警罰法修正方向之探討〉，《中國論壇》第8卷8期，頁18-21。

謝文聰，1982，〈正視同性戀問題〉，《中央日報》，7月29日。

應鳳凰，1983，〈好書詳讀：白先勇的孽子〉，《中央日報》，5月2日。

鍾伯英，1966，〈談違警罰法的執行〉，《自立晚報》，1月17-18日。

鍾俊陞，1988，〈台灣的娼婦經濟：戰爭色情與貿易色情對台灣經濟的貢獻〉，《人間》第37期，頁73-76。

顧燕翎，1997，〈台灣婦運組織中性慾政治之轉變——受害客體抑或情慾主體〉，《思與言》，第35卷1期，頁87-118。

酆裕坤，1958，〈總統對我國警察之貢獻及其影響〉，《警民導報》第321期，頁3-6。

纓花，2003，〈讓她們發光發亮〉，收於婦女救援基金會、纓花（編），《染色的青春：十個色情工作少女的故事》，台北：心靈工坊，頁19-21。

龔卓軍，2000，〈性政治中的主體、習性與結構：以何春蕤的性論述為線索〉，收錄於陳光興（編），《文化研究在台灣》，台北：巨流，頁183-233。

龔卓軍，2001，〈性欲主體性之疑雲：以黃淑玲之娼妓研究為例〉，《文化研究月報》第8期，<http://www.ncu.edu.tw/~eng/csa/journal/journal_park48.htm>，2001年5月22日擷取。

〈台北市風化問題座談會記錄〉，1973，《警學叢刊》第4卷1期，頁49-55。

〈第三屆婦女國是會議1998紫色行動宣言〉，< http://taiwan.yam.org.tw/nwc/nwc3/purple.htm>，2006年12月20日擷取。

〈編輯報告〉，《島嶼邊緣》第4期之2，頁3-4。

〈編輯報告〉，〈婉如媽媽般守護〉，《婉如之友季刊》第9期，<http://www.pwr.org.tw/Monograph_UploadFile1/UploadFile1_000082.pdf>，2007年8月12日擷取。

《中文大辭典》，1976，台北：中央研究院。

《性心理學》（譯本），1970，台北：第一文化社。

《性心理學》（譯本），1972，台北：仙人掌出版社。

《性／別研究》，第1 & 2期，中壢：中央大學性／別研究室。

《辭源》，1990，北京：商務出版社。

《大華晚報》，1968，〈茶變了質〉，5月23日。

《大眾日報》，1971，〈新公園人妖幢幢〉，8月14日。

《大眾日報》，1971，〈無聊的中年男子〉，8月21日。

《中央日報》，1959，〈九個養女新娘昨獲美滿歸宿〉，7月25日。

《中央日報》，1968，〈觀看色情表演將受違警罰法處罰〉，9月13日。

《中央日報》，1983，〈同性戀色情營業大本營，金孔雀酒店被查獲〉，8月10日。

《中央日報》，1984，〈三十四名圈內人，「唐街酒店」中尋樂〉，8月20日。

《中國晚報》，1969，〈理療院〉，6月25日。

《中國晚報》，1971，〈請速取締淫窩賭窟〉，6月15日。

《中國晚報》，1983，〈金孔雀有男陪酒，斷袖人趨之若鶩〉，8月10日。

《中國晚報》，1985a，〈派遣先鋒隊混入玻璃圈〉，7月7日。

《中國晚報》，1985b，〈侵襲寶島〉，8月30日。

《中國晚報》，1995，〈消失的古戰場〉，12月9日。

《中華日報》，1985，〈小說作家光泰與防疫處長對話〉，9月5日。

《中華日報》，1985，〈衛生署正考慮調查男同性戀盛行率〉，7月5日。

《中華日報》，1986，〈衛生署調查男同性戀者；估計全省人數位於五千人〉，12月26日。

《中華日報》，1988，〈孽子逢場作戲玩得凶悍〉，5月15日。

《民族晚報》，1965，〈一項具有教育意義的社會活動〉，6月16日。

《民族晚報》，1969，〈旅館？公寓？〉，12月16日。

《民族晚報》，1970a，〈社會一個大毒瘤急需割除〉，7月27日。

《民族晚報》，1970b，〈陋巷人妖，招蜂引蝶被捕〉，12月4日。

《民族晚報》，1968，〈浴室、酒家、花茶室、理療院裡暗藏春色〉，4月13日。

《民族晚報》，1983，〈謹防後天免疫不全症候群的侵襲〉，9月23日。

《民族晚報》，1985，〈斥舔不知恥的玻璃論調〉，9月14日。

《民族晚報》，1986，〈群龍孽子賠錢〉，9月17日。

《民生報》，1985，〈同性戀者多有唯美傾向〉，9月22日。

《民生報》，1986a，〈田威威這個孽子是女孩〉，5月15日。

《民生報》，1986b，〈驗審三次還要再剪〉，8月28日。

《台灣日報》，1968a，〈陪浴陋習〉，2月5日。

《台灣日報》，1968b，〈廢止公娼制度之必要無可商量〉，6月18日。

《台灣日報》，1968c，〈做好廢止公娼的工作〉，10月16日。

《台灣日報》，1986，〈孽子管教從嚴〉，8月22日。

《台灣新生報》，1986，〈國內首名愛滋病患常出入新公園〉，2月28日。

《台灣時報》，1983，〈南風吹遍臺北市，入夜時唱後庭話〉，4月10日。

《台灣時報》，1986，〈板橋那條黑街玻璃圈內的天堂，十之八九孽子，陋室裡打情罵俏〉，7月11日。

《自立晚報》，1951a，〈人妖曾秋煌案，高院審訊終結〉，10月18日。

《自立晚報》，1966，〈勿為黃色交易張目〉，1月16日。

《自立晚報》，1951b，〈人妖案複審宣判〉，10月22日。

《自立晚報》，1968a，〈廢除公娼的困難在哪裡？〉，6月14日。

《自立晚報》，1968b，〈公娼制度應該廢止〉，6月16日。

《自立晚報》，1968c，〈禁娼態度必須堅決〉，10月17日。

《自立晚報》，1971a，〈掃蕩色情的阻力與漏洞〉，1月13日。

《自立晚報》，1971b，〈割除台北市色情之癌〉，2月13日。

《自立晚報》，1973，〈再論消弭色情〉，4月28日。

《自立晚報》，1974，〈多年「閨秀」心存厭，揮刀「斷袖」之為財〉，5月5日。

《自立晚報》，1978，〈男士陪酒，不倫不類；談起心裡，莫非變態〉，6月21日。

《自立晚報》，1986，〈新公園內同性戀者聚集〉，3月18日。

《青年戰士報》，1969，〈旅館房間禁掛裸女照〉，6月17日。

《商工日報》，1968，〈從「禁止公務人員冶遊賭博」說起〉，11月28日。

《商工日報》，1969，〈查房間〉，6月7日。

《經濟日報》，1968，〈在咖啡廳睡眠，一男子被罰〉，5月27日。

《徵信新聞報》，1961，〈駭俗、骯髒、卑劣和不堪入耳……三水街的男妓〉，7月26日。

《徵信新聞報》，1962，〈看來似女實男，察是販毒老闆〉，10月3日。

《聯合報》，1951a，〈人妖曾秋煌難為了看守〉，10月18日。

《聯合報》，1951b，〈太保狎男妓，事後竊款而去〉，11月18日。

《聯合報》，1959，〈新公園變成男娼館，應速裝燈派警巡邏〉，1月22日。

《聯合報》，1968，〈補習學生純喫茶，行為放蕩他和她〉，12月30日。

《聯合報》，1969，〈為解決旅客旅館業與警察的矛盾提建議〉，5月4日。

《聯合報》，1983，〈玻璃圈內稱相公，吃喝玩樂全男人〉，4月10日。

《聯合報》，1980，〈斷袖怪癖，同性畸戀〉，8月22日。

《聯合報》，1984，〈鬚眉脂粉腔，陪酒賣笑郎〉，4月15日。

《聯合報》，1985，〈戲院成為男同性戀交易聚會場所，板橋「黑街」盛名不虛〉，10月24日。

英文書目

Abelove, Henry (1993) "Freud, male homosexuality, and the Americans". In Henry Abelove, Michele Anina Barale and David M. Halperin (eds.) *The Lesbian and Gay Studies Reader*, London: Routledge, 381-396.

Ahmed, Sara (2010) *The Promise of Happiness*, Durham: Duke University Press.

Anderson, Benedict (1991) *Imagined Communities*, London: Verso.

Althusser, Louis (1971) *Lenin and Philosophy, and other Essays*, London: New Left Books.

Berlant, Lauren (1997) *The Queen of America Goes to Washington City: Essays on Sex and Citizenship*, Durham: Duke University Press.

Berlant, Lauren (1998) "Intimacy: A Special Issue", *Critical Inquiry* 24.2: 281-288.

Berlant, Lauren (2002) "The subject of true feeling: Pain, privacy and politics". In Wendy Brown and Janet Halley (eds.) *Left Legalism/Left Criticism*, Durham: Duke University Press, 105-133.

Berlant, Lauren (2004) "Introduction: Compassion (and withholding)". In Lauren Berlant (ed.) *Compassion: The Culture and Politics of an Emotion*, London: Routledge, 1-13.

Berlant, Lauren (2008a) "Cruel optimism: On Marx, loss, and the senses", *New Formations* 63: 33-51.

Berlant, Lauren (2008b) *The Female Complaint: The Unfinished Business of Sentimentality in American Culture*, Durham: Duke University Press.

Berry, Chris, Fran Martin and Audrey Yue (eds.) (2003) *Mobile Cultures: New Media in Queer Asia*, Durham: Duke University Press.

Bersani, Leo (1986) *The Freudian Body: Psychoanalysis and Art*, New York: Columbia University Press.

Bersani, Leo (1987) "Is the rectum a grave?", *October* 43: 197-222.

Bordowitz, Gregg (2004) *The AIDS Crisis Is Ridiculous*, Cambridge, Massachusetts:

The MIT Press.

Bourdieu, Pierre (1988) *Homo Academicus,* Peter Collier (trans.), Stanford, California: Stanford University Press.

Brown, Wendy (1995) *States of Injuries: Power and Freedom in Late Modernity,* Princeton, New Jersey: Princeton University Press.

Brown, Wendy (2002) "Suffering the paradoxes of rights". In Wendy Brown and Janet Halley (eds.) *Left Legalism/Left Criticism,* Durham: Duke University Press, 420-434.

Butler, Judith (1990) *Gender Trouble: Feminism and the Subversion of Identity,* London: Routledge.

Butler, Judith (1991) "Imitation and gender insubordination". In Diana Fuss (ed.) *Inside/Out: Lesbian Theories, Gay Theories,* London: Routledge.

Butler, Judith (1993) *Bodies That Matter: On the Discursive Limits of "Sex",* London: Routledge.

Butler, Judith (1997a) *Excitable Speech: A Politics of the Performative,* London: Routledge.

Butler, Judith (1997b) *The Psychic Life of Power: Theories in Subjection,* Stanford, California: Stanford University Press.

Chang, Sung-sheng Yvonne (1993) *Modernism and the Nativist Resistance: Contemporary Chinese Fiction from Taiwan,* Durham, NC: Duke University Press.

Chao, Antonia Yen-ning (1996) "Embodying the Invisible: Body Politics in Constructing Contemporary Taiwanese Lesbian Identities", Cornell University, Ph.D. Dissertation.

Chao, Antonia Yen-ning (2000a) "So who is the stripper? State power, pornography and the cultural logic of representability in post-martial law Taiwan", *Inter-Asia Cultural Studies* 1(2): 233-248.

Chao, Antonia Yen-ning (2000b) "Global metaphors and local strategies in the construction of Taiwan's lesbian identity", *Journal of Culture, Health & Sexuality* 2(4): 377-390.

Chatterjee, Partha (2004) *The Politics of the Governed: Reflections on Popular Politics in Most of the World*, New York: Columbia University Press.

Chen, Chin-pao (2000) "Betel-nut beauties", *Inter-Asia Cultural Studies* 1(2): 301-304.

Chen, Kuan-hsing (1998) "Introduction". In Kuan-hsing Chen (ed.) *Trajectories: Inter-Asia Cultural Studies*, London: Routledge, 1-53.

Chen, Kuan-hsing (2000) "The imperialist eye: The cultural imaginary of subempire and a nation-state", *Positions* 8(1): 9-76.

Chen, Kuan-hsing (2002a) "Why is 'great reconciliation' impossible? DeCold War/decolonisation, or modernity and its tears (Part I)", *Inter-Asia Cultural Studies* 3(1): 77-99.

Chen, Kuan-hsing (2002b) "Why is 'great reconciliation' impossible? DeCold War/decolonisation, or modernity and its tears (Part II)", *Inter-Asia Cultural Studies* 3(2): 235-251.

Chen, Kuan-hsing (2010) *Asia as Method: Towards Deimperialisation*, Durham: Duke University Press.

Ching, Leo TS (2001) *Becoming Japanese: Colonial Taiwan and the Politics of Identity Formation*, Berkeley, Los Angeles: University of California Press.

Cho, Han Haejoang (2000) "'You are entrapped in an imaginary well': The formation of subjectivity within compressed development—a feminist critique of modernity and Korean culture", *Inter-Asia Cultural Studies* 1(1): 49-69.

Cho Hee-yeon (2000) "The structure of the South Korean developmental regime and its transformation: Statist mobilisation and authoritarian integration in the anticommunist regimentation", *Inter-Asia Cultural Studies* 1(3): 408-426.

Chun, Allen (1994) "From nationalism to nationalising: Cultural imagination and state formation in postwar Taiwan", *Australia Journal of Chinese Affairs* 31: 49-69.

Cobb, Michael (2007) "Lonely", *South Atlantic Quarterly* 106(3): 445-457.

Copjec, Joan (1994) *Read My Desire: Lacan against the Historicists*, Cambridge,

Massachusetts: The MIT Press.

Crimp, Douglas (2002) *Melancholia and Moralism: Essays on AIDS and Queer Politics*, Cambridge, MA: The MIT Press.

Davidson, Arnold (1987) "How to do the history of psychoanalysis: A reading of Freud's *Three Essays on the Theory of Sexuality*", *Critical Inquiry* 14: 252-277.

Davidson, Arnold (1990a) "Sex and the emergence of sexuality". In Edward Stein (ed.) *Forms of Desire: Sexual Orientation and the Social Constructionist Controversy*, London: Routledge, 89-132.

Davidson, Arnold (1990b) "Closing up the corpses: Diseases of sexuality and the emergence of the psychiatric style of reasoning". In George Boolos (ed.) *Meaning and Method: Essays in Honor of Hilary Putman*, Cambridge: Cambridge University Press, 295-325.

Dean, Tim (2000) *Beyond Sexuality*, Chicago: University of Chicago Press.

De Lauretis, Teresa (1994) *The Practice of Love: Lesbian Sexuality and Perverse Desire*, Bloomington, Indiana: Indiana University Press.

Ding, Naifei (2000) "Prostitutes, parasites, and the house of state feminism", *Inter-Asia Cultural Studies* 1(2): 305-318.

Ding, Naifei (2002b) "Feminist knots: Sex and domestic work in the shadow of the bondmaid-concubine", *Inter-Asia Cultural Studies* 3(3): 449-467.

Ding, Naifei (2007) "Wife-in-monogamy and 'the Exaltation of Concubines'", *Interventions: International Journal of Postcolonial Studies* 9(2): 219-237.

Ding, Naifei (2009) "Querying marriage", paper presented at the Feminist Transitions Conference, Edge Hill University, Liverpool, UK, 19-21 June .

Ding, Naifei (2010) "Imagined concubinage", *Positions: East Asia Cultures Critique* 18.2: 321-349.

Dikötter, Frank (1995) *Sex, Culture and Modernity in China: Medical Science and the Construction of Sexual Identities in the Early Republican China*, Honolulu: University of Hawaii Press.

Du Gay, Paul, Stuart Hall, Linda Janes, Hugh Mackey and Keith Negus (eds.) (1997) *Doing Cultural Studies: The Story of the Sony Walkman*, London: Sage Publications.

Duggan, Lisa (2004) *The Twilight of Equality?: Neoliberalism, Cultural Politics and the Attack on Democracy*, Boston M.A.: Beacon Press.

Edelman, Lee (1993) "Tearooms and sympathy, or, the epistemology of the water closet". In Henry Abelove, Michele Anina Barale and David M. Halperin (eds.) *The Lesbian and Gay Studies Reader*, London: Routledge, 553-574.

Edelman, Lee (2004) *No Future: Queer Theory and the Death Drive*, Durham: Duke University Press.

Edelman, Lee (2007) "Ever after: History, negativity and the social", *South Atlantic Quarterly* 106(3): 469-476.

Evans, Dylan (1996) *An Introductory Dictionary of Lacanian Psychoanalysis*, London: Routledge.

Evans, Harriet (1997) *Women and Sexuality in China*, New York: Continuum.

Fink, Bruce (1995) *The Lacanian Subject: Between Language and Jouissance*, Princeton: Princeton University Press.

Fink, Bruce (1997) *A Clinical Introduction to Lacanian Psychoanalysis: Theory and Technique*, Cambridge, M.A.: Harvard University Press.

Foucault, Michel (1980) *Power/Knowledge: Selected Interviews and Other Writings 1972-1977*, London: Harvester.

Foucault, Michel (1990 [1976]) *The History of Sexuality Volume I: An Introduction*, Robert Hurley (trans.), London: Penguin.

Foucault, Michel (1991 [1977]) *Discipline and Punish: The Birth of Prison*, London: Penguin.

Foucault, Michel (1992 [1984]) *The History of Sexuality. Volume II: The Use of Pleasure*, Robert Hurley (trans.), London: Penguin.

Foucault, Michel (1997 [1969]) "The abnormals". In Paul Rabinow (ed.) *Michel Foucault: Works of Michel Foucault 1954-1984, Ethics*, London: Penguin, 51-58.

Foucault, Michel (2000 [1982]) "Space, knowledge, power". In James Faubion (ed.) *Michel Foucault: Power, the Essential Works, Volume Three*, London: Penguin, 349-364.

Foucault, Michel (2001) "The political technology of individuals". In James Faubion (ed.) *Michel Foucault: Power, the Essential Works, Volume Three*, London: Penguin, 403-417.

Freud, Sigmund (1985 [1930]) "Civilisation and its discontents", *The Standard Edition of the Complete Psychological Works of Sigmund Freud, vol. 21*, London: The Hogarth Press, 57-146.

Freud, Sigmund (1990 [1973]) "Totem and Tabbo", *The Penguin Freud Library, vol. 13*, London: Penguin Books, 43-159.

Freud, Sigmund (1991a [1917]) "The development of the libido and the sexual organization", *Introductory Lectures on Psychoanalysis, The Penguin Freud Library, vol. 20*, London: Penguin Books, 362-382.

Freud, Sigmund (1991b[1917]) "Mourning and Melancholia", *On Metapsychology, The Penguin Freud Library*, vol. 11, London: Penguin Books, 251-268.

Halberstam, Judith (2005) *In a Queer Time and Space: Transgender Bodies, Subcultural Lives*, New York: NYU Press.

Hall, Stuart (1988) "Minimal selves", *ICA-Documents 6*: 44-46.

Hall, Stuart (1990) "Cultural identity and diaspora". In J. Rutherford (ed.) *Identity, Community, Culture and Difference*, London: Lawrence and Wishart, 222-237.

Hall, Stuart (1992 [1980]) "Cultural studies and the centre: Some problematics and problems". In S. Hall, D. Hobson, A. Lowe and P. Willis (eds.) *Culture, Media Language: Working Papers in Cultural Studies*, London: Routledge, 15-47.

Hall, Stuart (1996) "Gramsci's relevance for the study of race and ethnicity". In Kuan-hsing Chen and David Morley (eds.) *Stuart Hall: Critical Dialogues in Cultural Studies*, London: Routledge, 441-440.

Hall, Stuart (1997) "The work of representation". In Stuart Hall (ed.) *Representation:*

Cultural Representation and Signifying Practices, London: Sage Publication, 15-74.

Harrington, Milton (1933) "Mental hygiene versus psychoanalysis", *Psychiatric Quarterly* 7(3): 357-368.

Hershatter, Gail (1997) *Dangerous Pleasures: Prostitution and Modernity in Twentieth-Century Shanghai*, Berkeley: University of California Press.

Hinsch, Bret (1992) *Passions of the Cut Sleeve: The Male Homosexual Tradition in China*, Berkeley: University of California Press.

Ho, Josephine Chuen-juei (2000) "Self-empowerment and 'professionalism': Conversations with Taiwanese Sex Workers", *Inter-Asia Cultural Studies* 1(2): 283-299.

Ho, Josephine Chuen-juei (2003) "From Spice Girls to Enjo-Kosai: Formation of teenage girls' sexuality in East Asia", *Inter-Asia Cultural Studies* 4(2): 325-336.

Ho, Josephine Chuen-juei (2005a) "From anti-trafficking to social discipline, or the changing role of women's NGOs in Taiwan". In Kamala Kempadoo, Jyoti Sanghera and Bandana Pattanaik (eds.) *Trafficking and Prostitution Reconsidered: New Perspectives on Migration, Sex Work and Human Rights,* Boulder, CO: Paradigm, 83-105.

Ho, Josephine Chuen-juei (2007) "Sex revolution and sex rights movement in Taiwan". In Jens Damm and Gunter Schubert (eds.) *Taiwanese Identity from Domestic, Regional and Global Perspectives*, LIT: Münster, 123-139.

Ho, Josephine Chuen-juei (2008) "Is global governance bad for East Asian queers?", *GLQ* 14(4): 457-479.

Hocquenghem, Guy (1993) *Homosexual Desire*, Daniella Dangoor (trans.), Durham and London: Duke University Press.

Hung, Chiming Leonard (2007) "Gay rave culture and HIV prevention: A subcultural intervention in public policy", MA Thesis, Department of English, National Central University.

Hwang, Shu-Ling and Olwen Bedford (2004) "Juveniles' motivations for remaining in prostitution", *The Psychology of Women Quarterly* 28: 136-146.

Jackson, Peter and Gerard Sullivan (eds.) (2001) *Gay and Lesbian Asia: Culture, Identity, Community*, Binghampton, NY: Haworth, 2001.

Kang, Wenqing (2009) *Obsession: Male Same-Sex Relations in China, 1900-1950*, Hong Kong: Hong Kong University Press.

Kipnis, Laura (1998) "Adultery", *Critical Inquiry* 24(2): 289-327.

Laplanche, Jean (1976) *Life and Death in Psychoanalysis*, Baltimore: John Hopkins University Press.

Lacan, Jacques (1992) *The Seminar of Jacques Lacan, Book VII: The Ethics of Psychoanalysis, 1959-1960*, London: Routledge.

Lee, Chiahsuan (2004) "Translating homosexuality: From Pai Hsienyung's *Niezi* (1983) to the Public Television TV Series *Crystal Boys* (2003)", MA Thesis, Graduate Institute of English, National Central University.

Leung, Helen Hok-Sze (2008) *Undercurrent: Queer Culture and Postcolonial Hong Kong*, Hong Kong: Hong Kong University Press.

Lewis, Kenneth (1988) *The Psychoanalytic Theory of Male Homosexuality*, New York: Simon and Schuster.

Lim, Song Hwee (2008) "How to be Queer in Taiwan: Translation, Appropriation and the Construction of a Queer Identity in Taiwan". In Fran Martin, Peter Jackson, Mark McLelland, Audrey Yue (eds.) *AsiaPacifiQueer: Rethinking Genders and Sexualities*, Urbana and Chicago: University of Illinois Press, 2008, 235-250.

Liu, Jen-peng (2001) "The disposition of hierarchy and the late Qing 'Discourse of Gender Equality'", Petrus Liu (trans.) *Inter-Asia Cultural Studies* 2(1): 69-70.

Liu, Jen-peng and Ding Naifei (n.d.) (1999) "Crocodile skin, lesbian stuffing, Qiu Miaojin's half-man half-horse", paper presented at The Third Super-Slim Conference on Politics of Gender/Sexuality, National Central University, Zhongli, 27 November.

Liu, Jen-peng and Ding Naifei (2005) "Reticent poetics, queer politics", *Inter-Asia*

Cultural Studies 6(1): 30-55.

Liu, Petrus (2007) "Queer Marxism in Taiwan", *Inter-Asia Cultural Studies* 8(4): 517-539.

Liu, Yu-hsiu (1999) *The Oedipus Myth: Sophocles, Freud, Pasolini*, Taipei: Bookman.

Love, Heather (2007a) "Compulsory happiness and queer existence", *New Formations* 63: 52-64.

Love, Heather (2007b) *Feeling Backward: Loss and the Politics of Queer History*, Cambridge: Harvard University Press.

Martin, Fran (2003) *Situating Sexualities: Queer Representation in Taiwanese Fiction, Film and Public Culture*, Hong Kong: Hong Kong University Press.

McMahon, Keith (1995) *Misers, Shrews, and Polygamists: Sexuality and Male-Female Relations in Eighteenth-Century Chinese Fiction*, Durham and London: Duke University Press.

Merck, Mandy (1993) *Perversions: Deviant Readings*, New York: Routledge.

Merck, Mandy (1998) "Savage Nights". In Mandy Merck, Naomi Segal, and Elizabeth Wright (eds.) *Coming Out of Feminism?*, Oxford: Blackwell, 214-243.

Miller, D.A. (1992) *Bring out Roland Barthes*, Berkeley, CA: University of California Press.

Muñoz, Jose Esteban (2009) *Cruising Utopia: The Then and There of Queer Futurity*, New York: New York University Press.

O'Hara, Albert (1973) *Social Problems: Focus on Taiwan*, Taipei: Meiya Publication.

Pai, Hsien-yung (1990) *Crystal Boys*, Howard Goldblatt (trans.), San Francisco: Gay Sunshine Press.

Patterson, Orlando (1982) *Slavery and Social Death: A Comparative Studies*. Cambridge, Massachusetts: Harvard University Press.

Patton, Cindy (1986) *Sex and Germs: The Politics of AIDS*, New York: Black Rose.

Patton, Cindy (1990) *Inventing AIDS*, London: Routledge.

Patton, Cindy (2002) *Globalising AIDS*, Minneapolis: University of Minnesota Press.

Richardson, Theresa (1989) *The Century of the Child: The Mental Hygiene Movement and Social Policy in the United States and Canada*, Albany: State University of New York Press.

Povinelli, Elizabeth (2002) "Notes on gridlock: Genealogy, intimacy, sexuality", *Public Culture* 14(1): 215-238.

Povinelli, Elizabeth (2006) *The Empire of Love: Toward a Theory of Intimacy, Genealogy and Carnality*, Durham: Duke University Press.

Ragland, Ellie (2001) "Lacan and the *Hommosexuelle*: 'A Love Letter'". In Tim Dean and Christopher Lane (eds.) *Homosexuality and Psychoanalysis*, Chicago: University of Chicago Press, 98-119.

Rofel, Lisa (1999) *Other Modernities: Gendered Yearnings in China after Socialism*, Berkeley and Los Angeles: University of California Press.

Rofel, Lisa (2007) *Desiring China: Experiments in Neoliberalism, Sexuality and Public Culture*, Durham: Duke University Press.

Rose, Jacqueline (1986) *Sexuality in the Field of Vision*, London: Verso.

Rose, Nikolas (1996) *Inventing Ourselves: Psychology, Power and Personhood*, New York: Cambridge University Press.

Said, Edward (1985) *Orientalism: Western Concepts of the Orient*, London: Penguin.

Sang, Tze-Lan Deborah (2003) *The Emerging Lesbian: Female Same-Sex Desire in Modern China*, Chicago: University of Chicago Press.

Sedgwick, Eve Kosofsky (1990) *Epistemology of the Closet*, Berkeley, California: University of California Press.

Sedgwick, Eve Kosofsky (1993a) "Queer performativity: Henry James's *The Art of the Novel*", *GLQ* 1(1): 1-16.

Sedgwick, Eve Kosofsky (1993b) *Tendencies*, Durham: Duke University Press.

Sommer, Matthew (2000) *Sex, Law and Society in Imperial China*, Stanford, California: Stanford University Press.

Song, Hwee Lin (2008) "How to be queer in Taiwan". In Fran Martin, Peter Jackson,

Mark McLellend and Audrey Yue (eds.) *AsiaPaciffiQueer: Rethinking Genders and Sexualities*, Champaign: University of Illinois Press, 235-250.

Taiwaner, A. (1996) "Pseudo-Taiwanese: *Isle Margin* editorials", *Positions* 4(1): 145-171.

Tu, Wei-ming (1991) "A Confucian perspective on global consciousness and local awareness", *IHI Bulletin: A Quarterly Publication of the International House of Japan* 11(1): 1-5.

Warner, Michael (1990) "Homo-narcissism; or heterosexuality". In Joseph A. Boone and Michael Cadden (eds.) *Engendering Men: The Question of Male Feminist Criticism*, New York: Routledge, 190-206.

Warner, Michael (1993) "Introduction". In Michael Warner (ed.) *Fear of a Queer Planet: Queer Politics and Social Theory*, Minneapolis: University of Minneapolis, vii-xxxi.

Warner, Michael (1999) *The Trouble with Normal: Sex, Politics and the Ethics of Queer Life*, New York: The Free Press.

Weeks, Jeffery (1986) *Sexuality*, Chichester: Ellis Horwood Ltd.

Williams, Raymond (1985) *Marxism and Literature*, Oxford: Oxford University Press.

Williamson, Judith (1989) "Every virus tells a story: The meanings of HIV and AIDS". In Erica Carter and Simon Watney (eds.) *Taking Liberties: AIDS and Cultural Politics*, London: Serpent's Tail, 69-80.

Yang, Mayfair Mei-Hui (1999) "Introduction". In Mayfair Mei-Hui (ed.) *Spaces of Their Own: Women's Public Sphere in Transnational China*, Minneapolis: University of Minnesota Press.

Zeitlin, Judith (1993) *Historian of the Strange: Pu Songling and the Chinese Classical Tale*, Stanford, CA: Stanford University Press.

Zhang, Jingyuan (1992) *Psychoanalysis in China: Literary Transformation 1919-1949*, Ithaca: Cornell University Press.

酷兒政治與台灣現代「性」

著者：黃道明
執行編輯：許家泰
編輯協力：簡玉欣

出版單位：香港大學出版社
　　　　　香港田灣海旁道 7 號興偉中心 14 樓

　　　　　國立中央大學出版中心
　　　　　桃園縣中壢市中大路 300 號 國鼎圖書資料館 3 樓

　　　　　遠流出版事業股份有限公司
　　　　　台北市南昌路二段 81 號 6 樓

展售處／發行單位
遠流出版事業股份有限公司
地址：台北市南昌路二段 81 號 6 樓
電話：(02)23926899　傳真：(02)23926658
劃撥帳號：0189456-1
網站：http://www.ylib.com
E-mail: ylib@ylib.com

著作權顧問：蕭雄淋律師
法律顧問：董安丹律師

2012 年 11 月　初版一刷
2013 年 12 月　初版二刷
行政院新聞局局版台業字第 1295 號
售價：新台幣 400 元

如有缺頁或破損，請寄回更換
有著作權．侵害必究 Printed in Taiwan
ISBN 978-986-87944-9-8（平裝）
GPN 1010102031
香港版 ISBN 978-988-8139-65-1

香港大學出版社
地址：香港田灣海旁道 7 號興偉中心 14 樓
電話：(852) 25502670　傳真：(852) 28750734
網站：www.hkupress.org

國家圖書館出版品預行編目（CIP）資料

酷兒政治與台灣現代「性」／黃道明著 . -- 初版.
　-- 桃園縣中壢市：中央大學出版中心；臺北市：
　遠流，2012. 11
　　面；　公分
　ISBN 978-986-87944-9-8（平裝）

　1. 性別研究 2. 性別政治 3. 女性主義

544.7　　　　　　　　　　101017306